高职高专水利工程类专业"十二五"规划系列教材

水工混凝土结构

主　编　段凯敏　丁灿辉　张宪明

副主编　潘永胆　张国锋　侯林峰

参　编　黄世涛　路立新　王　涛

主　审　邹　林

华中科技大学出版社

中国·武汉

内 容 提 要

本教材是全国水利工程类专业高等职业教育规划教材,是根据国家和地方教育部门对高职高专中长期教育改革和发展规划纲要的精神编写的,依据我国现行的《水工混凝土结构设计规范》(SL 191—2008)、《水工混凝土结构设计规范》(DL/T 5057—2009)和《新编水工混凝土结构设计手册》对水利工程中常见结构的规定和要求,以"必须、够用"为原则编写而成。全书分为上、中、下三篇,共计十三个项目,就从构件到结构的设计方法和应用进行全面分析和讲解,每个项目均配有工程设计实例、例题、习题,并附有完成作业和课程设计所需的常用图表。

本书可以作为水利类高职院校的专业教材,亦可供水利水电工程技术人员参考。

图书在版编目(CIP)数据

水工混凝土结构/段凯敏　丁灿辉　张宪明　主编.-武汉:华中科技大学出版社,2013.8
ISBN 978-7-5609-9190-0

Ⅰ.水…　Ⅱ.①段…　②丁…　③张…　Ⅲ.①水工结构-混凝土结构-高等职业教育-教材
Ⅳ.TV331

中国版本图书馆 CIP 数据核字(2013)第 145131 号

水工混凝土结构　　　　　　　　　　　　　段凯敏　丁灿辉　张宪明　主编

策划编辑:谢燕群　熊　慧
责任编辑:江　津
封面设计:李　嫒
责任校对:刘　竣
责任监印:周治超
出版发行:华中科技大学出版社(中国·武汉)
　　　　　武昌喻家山　　邮编:430074　　电话:(027)81321915
录　　排:武汉金睿泰广告有限公司
印　　刷:华中理工大学印刷厂
开　　本:787mm×1092mm　1/16
印　　张:19
字　　数:498 千字
版　　次:2013 年 8 月第 1 版第 1 次印刷
定　　价:38.00 元

前　言

"水工混凝土结构"是水利工程类高职院校中各专业的一门专业基础课程,是一门涉及面广、理论与实践紧密结合的应用型课程。通过对本课程的学习,学生应具备水利工程中小型构件和结构的看图、制图、设计的能力,并能顺利指导施工。

本教材依据我国现行的《水工混凝土结构设计规范》(SL 191—2008)、《水工混凝土结构设计规范》(DL/T 5057—2009)和《新编水工混凝土结构设计手册》对水利工程中常见构件和结构的规定和要求,从高职教育的实际出发,在内容上按照最新高职高专教材编写要求,以项目为导向,以任务为驱动,由浅入深、循序渐进。本书内容加强了知识的针对性和实用性,注重了实践能力的培养。精简理论推导,以应用为主,够用为度,不过分苛求学科的系统性和完整性,努力避免贪多和高度浓缩等现象。同时,本教材在编写过程中,邀请到一线工程人员参与编写,最大程度地保证了理论与实践相结合,充分体现了高职教育的特色。

全书分为上、中、下三篇、共计十三个项目,就从构件到结构的设计方法和应用进行全面分析和讲解,每个项目均配有工程设计实例、例题、习题,并附有完成作业和课程设计所需的常用图表。

本书可以作为水利类高职院校的专业教材,亦可供水利水电工程技术人员参考。

参加本教材编写的有:长江工程职业技术学院的段凯敏(项目 1,2,4,13)、湖南水利水电职业技术学院的丁灿辉(项目 5,12)、广西水利电力职业技术学院的张宪明(项目 3,6,11)、长江工程职业技术学院的侯林峰(项目 7)、长江工程职业技术学院的潘永胆(项目 8,10)、南水北调河南直管建管局的张国锋(项目 9,附录),全书由段凯敏修改并统稿。同时,长江工程职业技术学院的黄世涛、路立新,糯扎渡水电站的王涛工程师也参与了部分内容的编写,在此一并感谢。

本教材在编写过程中,参考、引用了国内同行的著作、教材及有关资料,在此,谨对所有文献的作者深表谢意。由于编者水平有限,不足之处在所难免,恳请读者批评指正。

编　者

2013 年 7 月

目　　录

中篇（上）　基本构件在承载能力极限状态下的相关计算

中篇（下） 基本构件在正常使用极限状态下的相关验

上篇　结构的性能需求和设计原则

项目1　混凝土结构的概念及其发展

项目重点

混凝土结构的概念；选择钢筋和混凝土共同工作的原因；钢筋混凝土结构的优缺点。

教学目标

掌握混凝土结构的概念；掌握钢筋和混凝土共同工作的原因；了解混凝土结构设计规范的发展。

任务1　混凝土结构的基本概念

知识目标

掌握混凝土结构的概念；掌握钢筋和混凝土共同工作的原因。

能力目标

能根据构件受力特点初估钢筋的设置位置。

模块1　混凝土结构的基本概念

混凝土结构是土木建筑工程中按材料来区分的一种结构，其材料组成是混凝土和钢筋等增强材料，混凝土结构主要包括素混凝土结构、钢筋混凝土结构和预应力混凝土结构。事实上，混凝土结构的范围还可以更广泛一些。19 世纪中叶以后，人们开始在素混凝土中配置抗拉强度高的钢筋来获得加强效果。如果用"加强"的概念来定义钢筋混凝土结构（reinforced concrete structure），则钢纤维混凝土结构、钢管混凝土结构、钢-混凝土组合结构、钢骨混凝土结构、纤维增强聚合物混凝土结构等，均可以属于钢筋混凝土结构的范畴。

在现代土木建筑工程结构中，混凝土结构比比皆是。但是，对混凝土结构的认识不能仅停留在"混凝土结构是由水泥、砂、石和水组成的人工石"，也不能只停留在"混凝土中埋置了钢筋就成了钢筋混凝土结构"的简单概念上，而应从本质（即力学概念）上去认识、了解混凝土结构的基本工作原理。

钢筋混凝土是由钢筋和混凝土两种物理力学性能不相同的材料所组成的。混凝土的抗压强度高、抗拉强度低，其抗拉强度仅为抗压强度的 $1/20 \sim 1/8$，混凝土是一种非均质、非弹性、非线性的建筑材料。同时，混凝土破坏时具有明显的脆性性质，破坏前没有征兆。因此，素混凝土结构通常用于以受压为主的基础、柱墩和一些非承重结构。与混凝土材料相比，钢筋的抗拉强度和抗压强度均较高，破坏时具有较好的延性。为了提高构件的承载力和使用范围，将钢筋和混凝土按照合理的方式结合在一起协同工作，使钢筋承受拉力，混凝土承受压力，充分发挥两种材料各自的特点，则可以大大提高结构的承载能力，改善结构的受力特性。

现以一根简支梁为例，图 1-1(a)所示为素混凝土梁在外加荷载及自重作用下的受力情况。梁受弯后，截面中和轴以上部分受压，中和轴以下部分受拉（见图 1-1(b)），由于混凝土的抗拉性能很差，在较小荷载作用下，梁的下部混凝土即行开裂，梁立即断裂，破坏前变形很小，无预

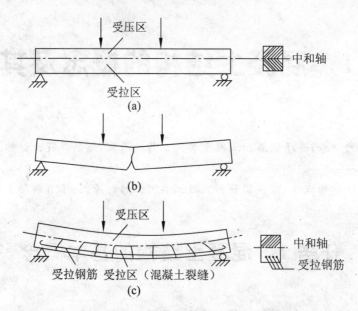

图 1-1　钢筋混凝土简支梁受力及破坏情况

兆,属于脆性破坏。若在梁的受拉区配置适量的钢筋,构成钢筋混凝土梁(见图 1-1(c))。梁受弯后,混凝土开裂,中和轴以下部分的拉力可由钢筋承受,中和轴以上部分的压力由混凝土承受。随着荷载的增加,钢筋达到强度极限,上部受压区的混凝土被压碎,梁才破坏。破坏前变形较大,有明显预兆,属于延性破坏。这样,混凝土的抗压能力和钢筋的抗拉能力均得到了充分的利用,与素混凝土梁相比,钢筋混凝土梁的承载能力和变形能力都有很大程度的提高。

模块 2　选择钢筋和混凝土共同工作的原因

不了解钢筋混凝土工作原理的非专业人员,常常以为埋置了钢筋的梁,就一定能提高其承载力,其实不然。试想,如果把钢筋埋在梁上方受压区,则梁的承载力几乎不能提高,仍然会发生如同素混凝土梁那样的"一裂即穿"的脆性破坏,白白浪费钢筋。

除了钢筋的布置位置要正确外,承载力得以提高的另一重要条件是钢筋和混凝土之间必须保证共同工作。钢筋和混凝土之间的良好黏结使两者有机地结合为整体,而且这种整体还不致由于温度变化而破坏(钢筋和混凝土的线膨胀系数相近,钢材的为 1.2×10^{-5} ℃$^{-1}$,混凝土的为 $1.0 \times 10^{-5} \sim 1.5 \times 10^{-5}$ ℃$^{-1}$),同时钢筋周围有足够的混凝土包裹,使钢筋不易生锈,从而保证黏结力的耐久性,所以两者的共同工作是可以得到保证的。

由上述可知,正确理解钢筋混凝土结构的工作原理,主要有以下几点:

(1)钢筋和混凝土之间存在黏结力,混凝土硬化后可与钢筋牢固地黏结成整体,在荷载作用下,相互传递应力;

(2)钢筋和混凝土的温度线膨胀系数接近,当温度变化时,两者不会产生较大的相对滑移而使黏结力破坏;

(3)钢筋表面的混凝土保护层,防止钢筋生锈,保证结构的耐久性。

理解了这种工作原理,就不难理解钢筋混凝土的英文名称"reinforced concrete"(缩写为 RC)的科学性,也就不难理解为什么前面提及的各种混凝土乃至于 20 世纪 50 年代我国曾使用过的竹筋混凝土结构均可以归属于"钢筋混凝土结构"的范畴,均可以广义地称为"钢筋混凝土结构"。

任务2　混凝土结构的优缺点及其应用与发展

知识目标

掌握混凝土结构、钢结构和砌体结构的优缺点;了解混凝土结构的应用及发展情况。

能力目标

能针对结构所处环境条件正确选择合理的结构形式。

模块1　水利工程中常用结构的特点

1.钢筋混凝土结构的特点

钢筋混凝土结构是水利水电工程中应用最多的结构,例如,发电厂房的梁、板、柱等。

1)钢筋混凝土结构的优点

钢筋混凝土结构除了合理地利用了钢筋和混凝土两种材料的特性外,与其他材料的结构相比,还具有下列优点。

(1)耐久性好。混凝土耐受自然侵蚀的能力较强,其强度也随着时间的增长有所提高,钢筋因混凝土的保护而不易锈蚀,无需经常维护和保养。

(2)耐火性好。由传热性差的混凝土作为钢筋的保护层,在普通火灾情况下不致使钢筋达到软化温度而导致结构的整体破坏。

(3)整体性好。现浇的整体式钢筋混凝土结构具有较好的整体刚度,有利于抗震和防爆。

(4)可模性好。可根据使用需要浇筑制成各种形状和尺寸的结构,尤其适合建造水利工程中外形复杂的大体积结构及空间薄壁结构。

(5)取材方便。钢筋混凝土结构中所用的砂、石材料,一般都可就地采取,减少运输费用,降低工程造价。

2)钢筋混凝土结构的缺点

钢筋混凝土结构存在着下列主要缺点。

(1)自重偏大。钢筋混凝土结构的截面尺寸较大,重度也大,因而自重远远超过相应的钢结构的重量,不利于建造大跨度结构和超高层结构。

(2)抗裂性较差。混凝土抗拉强度低,容易出现裂缝,影响结构的使用性能和耐久性,这一特点对水工混凝土结构尤为不利。裂缝的存在不仅降低了混凝土抗渗、抗冻的能力,而且会使钢筋生锈,加速构件的破坏。

(3)施工较复杂。钢筋混凝土易受气候和季节的影响,建造期一般较长。

(4)承载力有限。与钢材相比较,普通混凝土抗压强度较低,因此,普通钢筋混凝土结构的承载力有限,用做承重结构和高层建筑底部结构时,不可避免地会导致构件尺寸过大,减小有效使用空间。因此对于一些超高层的结构,采用混凝土结构有其局限性,而更多地选择钢结构。

2.钢结构的特点

水利工程中,很多部位受到很大的拉力或扭矩,且不允许开裂。而普通的钢筋混凝土抗裂性差,承载力有限,难以满足此项要求,因此,在这些特殊部位(如起挡水作用的闸门)通常设置钢结构。

1)钢结构的优点

钢结构是用钢材制作而成的结构,与其他结构相比,它具有以下优点。

(1)重量轻而承载能力高。钢结构与钢筋混凝土结构、木结构相比,由于钢材的强度高,构件的截面一般较小,重量较轻。钢材的抗拉强度、抗压强度均较高,所以,钢结构的受拉、受压承载力都很高。

(2)理实接近。钢材质地均匀,其受力的实际情况与力学计算结果接近。

(3)抗震性能好。钢材的塑性和韧性好,能较好地承受动力荷载,因而钢结构的抗震性能好。

(4)方便快捷。钢结构制作简便、施工速度快、工期短,具有良好的装配性。

钢结构由各种型材组成,可在工厂预制、现场拼装,施工方便、速度快,且便于拆卸、加固或改建。

2)钢结构的缺点

钢结构存在以下主要缺点。

(1)造价高。钢结构需要大量钢材,钢材的价格较其他材料的高,使得钢结构的造价相应提高。

(2)易于锈蚀。钢材在湿度大和有侵蚀性介质的环境中容易锈蚀,影响使用寿命,因而钢结构经常需要维护,费用较大。

(3)耐热性好,但耐火性差。钢材耐热但不耐高温,当温度在 250℃ 以下时,材质变化较小;当温度达到 300℃ 时,其强度逐渐下降;当温度达到 450～600℃ 时,钢结构完全丧失承载能力。

因而对有特殊防火要求的建筑,必须用耐火材料加以保护。

模块 2　钢筋混凝土结构的应用与发展

1.材料

1)混凝土材料

混凝土材料的应用和发展主要表现在混凝土强度的不断提高、混凝土性能的不断改善、轻质混凝土和智能混凝土的应用等方面。

早期的混凝土强度比较低,随着高效减水剂的应用,混凝土的抗压强度大幅度提高。目前,我国在结构工程中采用抗压强度为 60MPa 以上的高强混凝土已相当普遍。

为了改善混凝土抗拉性能差、延性差等缺点,提高混凝土抗裂、抗冲击、抗疲劳等性能,在混凝土中掺入纤维来改善混凝土性能的研究发展较为迅速。纤维的种类有钢纤维、合成纤维、玻璃纤维和碳纤维等。其中,钢纤维混凝土的技术最为成熟。近年来,水泥基复合材料(ECC)的成功研制极大地改善了混凝土材料的抗裂性能,水泥基复合材料的极限拉应变可以达到 3% 以上,已初步应用于桥面板、大坝和渡槽等工程。

数十年来,由天然集料(浮石、凝灰石等)、工业废料(炉渣、粉煤灰等)、人造轻集料(黏土陶粒、膨胀珍珠岩等)制作成的轻质混凝土得到了广泛的应用和发展。轻质混凝土的容重小,具有优良的保温和抗冻性能。同时,天然集料和工业废料制作的轻质混凝土具有节约能源、减少堆积废料占用地以及保护环境等优点。在力学性能方面,由于轻质混凝土弹性模量低于同等级强度的普通混凝土,吸收能量快,能有效减小地震作用力。轻质混凝土已在许多实际工程中得到应用。

混凝土智能材料也越来越受到各国的高度重视,在混凝土中添加智能修复材料和智能传感材料,可以使混凝土具有损伤修复、损伤愈合和损伤预警功能。具有损伤预警功能的智能混凝土已在实际工程中试用。再生骨料混凝土是解决城市改造拆除的建筑废料、减少环境污染、变废为宝的途径之一。将拆除建筑物的废料(主要是混凝土)加工成新混凝土的粗骨料或者细骨料,可以全部替代或者部分替代天然的砂石骨料。

另外,由于工程的需要,一些特殊性能的混凝土也不断应用于实际工程,如膨胀混凝土、自密实混凝土、聚合物混凝土、耐腐蚀混凝土和水下不分散混凝土等。

低碳经济发展战略的实施,对混凝土材料提出了更大的挑战。由于作为混凝土主要组成材料水泥的生产过程消耗了大量的能源和资源,这就迫切需要发展耐久性好、高节能、高环保的高性能混凝土。目前,高性能混凝土被认为是适应低碳经济发展战略的新材料和新技术。

2)配筋材料

随着冶金科学技术的发展,钢筋的强度不断提高。我国目前用于普通混凝土结构的钢筋强度已达到 500MPa,预应力构件中采用的钢绞线强度达到 1960MPa。为了提高钢筋的防锈能力,带有环氧树脂涂层的钢筋和钢绞线已经用于沿海以及近海地区的一些混凝土结构工程中。

近年来,采用纤维增强聚合物(简称 FRP)筋代替混凝土结构中的钢筋是一种新的思路。FRP 筋是由纤维和聚合物复合而成,具有强度高、质量轻、耐腐蚀、抗疲劳性能高等优点;其缺点是不像钢筋那样具有屈服点,而且无延性,所以目前关于这方面的工程应用还比较少。常用的 FRP 筋有碳纤维增强聚合物筋、玻璃纤维增强聚合物筋和芳纶纤维增强聚合物筋。

2.结构形式的发展

早期混凝土结构中的基本受力构件主要以钢筋混凝土结构构件(梁、板、柱和墙等)为主。随着预应力技术的发展,预应力混凝土结构逐步在桥梁、空间结构中得到广泛应用,并在大跨度、高抗裂性能等方面显示出优越性。为了适应重载、延性等需要,钢-混凝土组合结构得到迅速的发展和应用,如钢板-混凝土组合结构用于地下结构、压型钢板-混凝土板用于楼板结构、型钢-混凝土组合梁用于桥梁结构,型钢-混凝土重载柱用于超高层建筑等。在钢管内填充混凝土形成的钢管混凝土结构,由于钢管能有效地约束核心受压混凝土的侧向变形,使得核心混凝土处于三向受压状态,从而提高混凝土的抗压强度、极限应变、承载力和延性等;同时钢管可以兼做模板,加快施工速度,节约建设成本。这些新型组合结构具有充分利用材料、延性好、施工简便等特点,极大地拓宽了钢筋混凝土结构的应用范围。

FRP 混凝土结构是近年来出现的一种新型组合结构,主要包括 FRP 管混凝土柱、FRP-混凝土组合桥面板等。由于 FRP 具有耐腐蚀、强度高等优点,故这种结构在沿海及近海工程、桥梁结构中具有广阔的应用前景。

习　　题

1. 判断题

1.1　由块材和砂浆砌筑而成的结构称为钢筋混凝土结构。　　　　　　　　　　（　　）

1.2　混凝土中配置钢筋的主要作用是提高结构或构件的承载能力和变形性能。　（　　）

1.3　钢筋混凝土构件比素混凝土构件的承载能力提高幅度不大。　　　　　　　（　　）

2. 选择题

2.1　钢筋和混凝土能够结合在一起共同工作的主要原因之一是（　　　）。

　　A. 二者的承载能力基本相等　　　　　　B. 二者的温度膨胀系数基本相同

　　C. 二者能相互保温、隔热　　　　　　　D. 混凝土能握裹钢筋

2.2　钢结构的主要优点是（　　）。

　　A. 重量轻而承载能力高　　　　　　　　B. 无须维修

　　C. 耐火性能较钢筋混凝土结构的好　　　　D. 造价比其他结构的低

项目2 混凝土结构材料

项目重点

混凝土结构的材料性质;钢筋与混凝土黏结性能的保证条件。

教学目标

掌握混凝土结构的材料性质;掌握钢筋与混凝土黏结性能的保证条件;掌握引起混凝土徐变的原因和后果。

任务1 混凝土结构对材料的要求

知识目标

掌握混凝土结构对混凝土的要求;掌握混凝土结构对钢筋的要求。

能力目标

能根据构件受力特点合理地选择材料。

1. 混凝土结构对混凝土性能的要求

水利工程中,混凝土在结构中主要承受压力,因此要求混凝土具备足够的抗压强度和刚度。由于水利工程规模大、施工难,损坏后果严重,因此又要求混凝土结构具备较好的耐久性。

2. 混凝土结构对钢筋性能的要求

(1)材料强度高。钢筋的屈服强度是混凝土结构设计的主要依据之一,采用较高强度的钢筋可以节省钢筋用量,降低工程造价。

(2)塑性变形能力大。塑性变形能力大的钢筋可以使构件在破坏前产生明显的破坏预兆,对于所有的钢筋均应满足现行规范规定的伸长率和冷弯性能的要求。

(3)良好的焊接性能。保证钢筋焊接后不产生裂纹及过大的变形。

(4)与混凝土的黏结性能强。黏结性能直接影响钢筋的受力与锚固,从而影响钢筋与混凝土的共同工作,因此钢筋与混凝土之间应具有良好的黏结性能。

任务2 混凝土的性质

知识目标

掌握混凝土结构的强度指标;理解引起混凝土变形的原因;掌握徐变的概念和控制方法。

能力目标

能根据结构所处环境条件合理地选择混凝土的强度指标;能通过控制影响徐变的各因素来限制混凝土变形。

模块 1　混凝土的强度

混凝土的强度指标主要有立方体抗压强度、轴心抗压强度和轴心抗拉强度。

1.立方体抗压强度 f_{cu} 和强度等级

混凝土的立方体抗压强度是衡量混凝土强度大小的基本指标,是评价混凝土强度等级的标准。《混凝土结构设计规范》(GB 50010—2010)规定混凝土立方体抗压强度的确定方法:用边长为 150mm 的标准立方体试件,在标准养护条件(温度为 (20 ± 3)℃,相对湿度不小于 90%)下养护 28 天后,按照标准试验方法(试件的承压面不涂润滑剂,加荷速度为 $0.15\sim0.3\text{N}/(\text{mm}^2 \cdot \text{S})$)测得的具有 95% 保证率的抗压强度,称为混凝土的立方体抗压强度标准值,用符号 $f_{cu,k}$ 表示。

《混凝土结构设计规范》(GB 50010—2010)规定的混凝土强度等级是按立方体强度标准值(即有 95% 超值保证率)确定的,用"C"表示。字母 C 后面的数字表示以 N/mm^2 为单位的立方体抗压强度标准值。水利工程中采用的混凝土强度等级分为 10 级,即 C15、C20、C25、C30、C35、C40、C45、C50、C55、C60。

混凝土立方体抗压强度是在一定的试验条件下得出的,试验方法对试验结果有一定影响。试件在试验机上受压时,试件的上、下表面和试验机垫板之间有摩擦力,摩擦力就如同在试件上、下端各加了一个套箍,它阻碍了试件的横向变形,这就延缓了裂缝的开展,从而提高了试件的抗压极限强度。如果在试件的上、下表面加润滑剂,试件在受压时没有"套箍"作用的影响,横向变形几乎不受约束,测得的混凝土抗压强度低,而且试件破坏情况与前述情况也不相同。试验还表明,混凝土的立方体抗压强度还与试块的尺寸有关,立方体尺寸越小,测得的混凝土抗压强度就越高。

2.轴心抗压强度 f_c（棱柱体强度）

在实际工程中,钢筋混凝土受压构件大多数是棱柱体而不是立方体,工作条件与立方体试块的工作条件有很大差别,采用棱柱体试件比立方体试件更能反映混凝土的实际抗压能力。

我国采用 150mm×150mm×300mm 的棱柱体试件作为标准试件,测得的混凝土棱柱体抗压强度即为混凝土的轴心抗压强度,用符号 f_c 表示。试验表明,随着试件高宽比 $\dfrac{h}{b}$ 增大,端部摩擦力对中间截面约束减弱,混凝土抗压强度降低。

根据试验结果对比得出,混凝土棱柱体试件的轴心抗压强度 f_c 与立方体抗压强度 f_{cu} 之间大致呈线形关系,平均比值为 0.76,考虑到实际结构构件与试件在尺寸、制作、养护条件的差异、加荷速度等因素的影响,取用关系式:

$$f_c = 0.67 f_{cu} \qquad (2-1)$$

3.混凝土的轴心抗拉强度 f_t

混凝土的轴心抗拉强度是确定混凝土抗裂度的重要指标。常用轴心抗拉试验或劈裂试验来测得混凝土的轴心抗拉强度,其值远小于混凝土的抗压强度。一般为其抗压强度的 $1/18\sim1/9$,且不与抗压强度成正比。

根据试验结果对比得出,混凝土试件的轴心抗拉强度 f_t 与立方体抗压强度 f_{cu} 之间存在如下关系:

$$f_{t} = 0.26 f_{cu}^{\frac{2}{3}} \qquad (2\text{-}2)$$

考虑实际构件与试件各种情况的差异,对试件强度进行修正,偏安全地取用

$$f_{t} = 0.23 f_{cu}^{\frac{2}{3}} \qquad (2\text{-}3)$$

混凝土强度值可参见附录表 A-1、附录表 A-2。

模块 2 混凝土的变形

影响混凝土变形的因素很多,主要有两类:一类是由于荷载作用而产生的变形,包括一次短期加荷时的变形和荷载长期作用下的变形;另一类是非荷载作用下的变形,包括混凝土的化学收缩、干湿变形、温度变形等。

1. 受力变形

1)混凝土在一次短期荷载作用下的变形

混凝土在短期荷载作用下的应力-应变曲线(见图 2-1)通常用棱柱体试件进行测定,它是研究钢筋混凝土构件强度、裂缝、变形、延性所必需的依据。

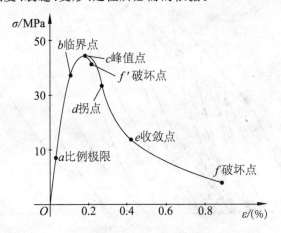

图 2-1 一次短期加载下的混凝土应力-应变曲线

从图不难得知,混凝土的极限压应变 ε_{cu} 越大,表示混凝土的塑性变形能力越大,即延性越好。

混凝土受拉时的应力-应变(σ-ε)曲线与受压时的相似,但其峰值时的应力、应变都比受压时的小得多。计算时,一般混凝土的最大拉应变可取$(1\sim1.5)\times10^{-4}$。

2)混凝土在重复受压荷载作用下的变形

混凝土棱柱体在重复受压荷载的作用下,其应力-应变曲线与一次短期加载下的曲线有明显不同。在荷载加至某一较小应力值后再卸载,混凝土的部分应变(弹性应变 ε_{e})可以立即得以恢复或经过一段时间后得以恢复;而另一部分应变(塑性应变 ε_{p})则不能恢复,如图 2-2 所示。因此在一次加卸载循环的过程中,混凝土的应力-应变曲线形成闭合环。随着加、卸载重复次数的增加,混凝土的残余变形将逐渐减小,其应力-应变曲线的上升段与下降段也逐渐靠近;经过一定次数(5~10 次)的加、卸载,混凝土应力-应变曲线退化为直线且与一次短期加载时混凝土应力-应变曲线上过原点的切线基本平行,表明混凝土此时基本处于弹性工作状态,如图 2-3 所示。

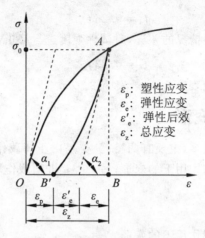

图 2-2　混凝土在一次短期加、卸载的应力-应变曲线

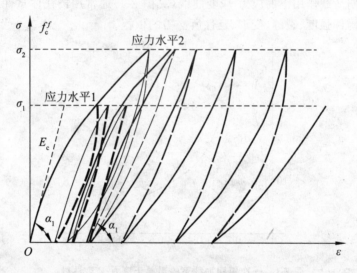

图 2-3　混凝土在重复荷载下的应力-应变曲线

当在较高的应力水平下对混凝土施加重复荷载时,经多次重复加、卸载后,应力-应变曲线仍会退化为一条直线。但若继续重复加、卸载,应力-应变曲线则逐渐由向上凸的曲线变成向下凸的曲线,同时加、卸载循环的应力-应变曲线不再形成闭合环。这种现象标志着混凝土内部裂缝显著地开展。随着重复加、卸载的次数增多,应力-应变曲线的倾角越来越小,最终混凝土试件因裂缝过宽或变形过大而破坏。这种因荷载重复作用而产生的破坏称为混凝土的疲劳破坏。

混凝土的疲劳破坏强度与其应力最小值与最大值的比值 ρ' 和荷载的重复次数有直接关系,ρ' 值越小、荷载重复次数越多,混凝土的疲劳强度越低。

混凝土疲劳强度为承受 200 万次重复荷载而发生破坏的压应力值,例如,当应力比值为 0.15 时,荷载的重复次数为 200 万次,混凝土的受压疲劳强度为 $0.55 f_c \sim 0.60 f_c$。

3)混凝土在长期荷载作用下的变形——徐变

（1）徐变产生的原因。

混凝土在荷载长期持续作用和其应力水平不变的条件下,其变形会随时间的延长而增大,这种现象称为混凝土的徐变。

混凝土徐变曲线如图 2-4 所示。从图中可以看出,在加载($\sigma < 0.5f_c$)瞬间,混凝土试件产生瞬时弹性应变,若荷载保持不变,则混凝土的应变会随时间延长而继续增大,初期增大较快,后期则逐渐减缓,经过相当长的时间才趋于稳定。最终的徐变为瞬时受力应变的 2～4 倍。

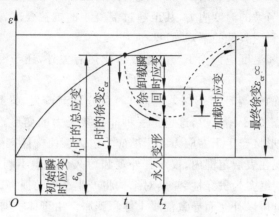

图 2-4　混凝土徐变与时间增长的关系

当徐变产生后,再将混凝土试件上的荷载卸去,则混凝土的应变将减小。荷载卸除后立刻减小的部分应变为混凝土的弹性应变,另一部分应变在卸载后的一段时间内可以逐渐减小,这部分应变称为弹性徐回。大部分的徐变应变是不可恢复的,称为残余变形。如果再开始加载,则瞬时应变和徐变即刻产生,又重复前面的变化。

混凝土产生徐变的原因主要有两方面,一是在荷载的作用下,混凝土内的水泥凝胶体产生过程漫长的黏性流动,二是混凝土内部微裂缝在荷载长期作用下的扩展和增加。

(2)影响徐变的因素。

混凝土的组成成分和配合比是影响徐变的直接因素。

骨料的弹性模量越大,骨料体积在混凝土中所占的比重越高,则由凝胶体流变后转给骨料压力所引起的变形越小,徐变亦越小。水泥用量大,凝胶体在混凝土中所占比重也大,水灰比高,水泥水化后残存的游离水也多,会使徐变增大。养护时温度高、湿度大,则水泥水化作用充分,徐变减小。受荷载后混凝土在湿度低、温度高的条件下所产生的徐变要比湿度高、温度低时明显增大。构件体表比(构件体积与构件表面积的比值)越小,徐变越大。受荷载时混凝土龄期越长,水泥石中结晶所占的比例越大,凝胶体黏性流动相对越少,徐变也越小。

(3)徐变的影响。

徐变对钢筋混凝土结构的影响有时是明显的,例如,钢筋混凝土轴心受压构件在不变荷载的长期作用下,混凝土将产生徐变。由于钢筋与混凝土的黏结作用,两者共同变形,混凝土的徐变将迫使钢筋的应变增大,钢筋应力也相应增大,但外荷载保持不变,由平衡条件可知,混凝土的应力必将减小,这样就产生了应力重分布,使得构件中钢筋和混凝土的实际应力和设计计算时所得出的数值不一样。另外,徐变使受弯构件和偏压构件变形增大。在轴压构件中,徐变使钢筋应力增加,混凝土应力减小;在预应力构件中,徐变使预应力发生损失;在超静定结构中,徐变使内力发生重分布。

2. 非受力变形（温度变形和干缩变形）

1）温度变形和干缩变形产生的原因

混凝土因外界温度的变化及混凝土初凝期的水化热等原因而产生温度变形，这是一种非直接受力的变形。当构件变形受到限制时，温度变形将在构件中产生温度应力。大体积混凝土常因水化热而产生相当大的温度应力，甚至超过混凝土的抗拉强度，造成混凝土开裂，严重时会导致结构承载能力和耐久性的下降。

混凝土的温度变形和温度应力除了与温差或水化热有关外，还与混凝土的温度膨胀系数有关。

当混凝土处在干燥的外界环境下时，其体内的水分逐渐蒸发，导致混凝土体积减小（变形），此种变形称为混凝土的干缩变形，这也是一种非直接受力的变形。当混凝土构件受到内部、外部约束时，干缩变形将产生干缩应力。干缩应力过大会使构件产生裂缝。对于厚度较大的构件，干缩裂缝多出现在表层范围内，仅对其外观和耐久性产生不利影响；而对于水利工程的薄壁构件而言，干缩裂缝多为贯穿性裂缝，对结构将产生严重的损害。而水工混凝土多处在潮湿环境下，因体内水分得以补充而导致混凝土体积膨胀。由于体积增大值比缩小值小很多，加之体积膨胀一般对结构将产生有利影响，因此设计中可以不考虑湿胀对结构的影响。

干缩变形的大小与混凝土的组成、配合比、养护条件等因素有关。施工过程中，水泥用量多、水灰比大、振捣不密实、养护条件不良、构件外露表面积大等因素都会造成干缩变形增大。

2）防止措施

为了减小温度变形和干缩变形对结构的不利影响，可以从施工工艺、施工管理及结构形式等方面采取措施减小结构的非受力变形。例如，三峡水利枢纽工程采用添加冰块来拌制混凝土或布置循环水管道、利用快速浇筑设备（塔带机）浇筑，缩短浇筑时间等措施来减小温度变形；可以通过减小构件的外表面积和加强混凝土振捣及养护等来减小干缩变形；还可以通过设置伸缩缝来降低温度变形和干缩变形对结构的不利影响。对处在环境温度及湿度剧烈变化的混凝土表面区域内设置一定数量的钢筋网可以减小裂缝宽度。

任务 3　　水利工程对钢筋性质的要求

知识目标

掌握水利工程常用钢筋的品种及相关物理力学性能；掌握软钢和硬钢的受力破坏特点。

能力目标

能根据构件受力特点和环境条件合理选择钢筋的种类。

模块 1　　水利工程常用钢筋的品种

我国目前水工钢筋混凝土结构常用的钢筋为热轧钢筋和冷拉钢筋，用于预应力的钢筋为消除应力钢丝、钢绞线、热处理钢筋。

1. 热轧钢筋

热轧钢筋是由低碳钢、普通低合金钢在高温状态下轧制而成。热轧钢筋按其力学指标高低分为 HPB235 级（Ⅰ级钢筋，符号 ϕ）、HRB335 级（Ⅱ级钢筋，符号 ϕ）、HRB400 级（Ⅲ级钢筋,符号ϕ)和 RRB400 级(热处理钢筋,符号ϕ^R)等四个种类。建筑结构的用钢以前三类为主。

HPB235 级钢筋属于低碳钢,是光圆钢筋,强度最低,锚固性能差,但延性和可焊性好,常用的直径为 6mm、8mm、10mm,常用于现浇钢筋混凝土楼板中的受力钢筋以及梁、柱的箍筋和拉结钢筋等。

HRB335 级钢筋、HRB400 级钢筋属于普通低合金钢,强度、延性和锚固性能均较好。为了增强钢筋与混凝土的黏结力,其表面是带肋的,称为带肋钢筋或变形钢筋。带肋钢筋常用的直径为 12～25mm,在钢筋混凝土结构中常作为受力钢筋,并宜优先采用 HRB400 级的热轧钢筋。

钢筋混凝土结构所采用的钢筋,有柔性钢筋和劲性钢筋两种。柔性钢筋的外形可分为光圆钢筋和变形钢筋(形式上可分为螺纹钢筋、人字纹钢筋、月牙纹钢筋)。柔性钢筋可绑扎成钢筋骨架,用于梁、柱结构中,或焊接成焊接网,用于板、墙结构中。劲性钢筋是由各种型钢、钢轨或用型钢与钢筋焊成的骨架作为结构构件的配筋。钢筋的各种形式如图 2-5 所示。

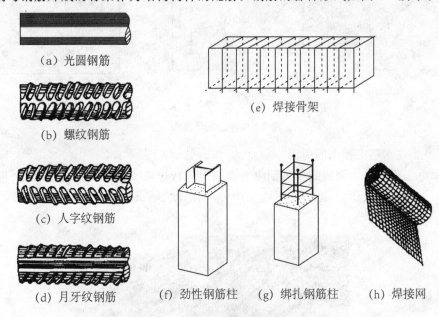

（a）光圆钢筋

（b）螺纹钢筋

（c）人字纹钢筋

（d）月牙纹钢筋

（e）焊接骨架

（f）劲性钢筋柱　　（g）绑扎钢筋柱　　（h）焊接网

图 2-5　钢筋的各种形式

2.预应力用钢丝及钢绞线

1）钢丝

钢丝在拉拔过程中会产生很大的应力,而拉拔后的钢丝上还存有较大的残留应力,这种残留应力对钢丝的使用性能有着不利的影响。将该残留应力消除掉的钢丝称为消除应力钢丝。光圆钢丝的公称直径有 3mm、4mm……12mm 等 9 种。

螺旋肋钢丝是以热轧低碳钢或热轧低合金钢的钢筋为母材,经冷轧后在其表面冷轧成二面或三面有月牙纹凸肋的钢丝,其公称直径有 4mm、5mm……10mm 等 9 种。

刻痕钢丝是在光圆钢丝的表面上进行有规则间距的机械压痕处理,以增加与混凝土的黏结能力,其公称直径分为 $d \leqslant 5mm$ 和 $d > 5mm$ 两种。

2)钢绞线

用于预应力钢筋混凝土结构中的钢绞线是由冷拉光圆钢丝及刻痕钢丝捻制而成的。

(1)钢绞线的分类。

钢绞线可由 2 根、3 根或 7 根钢丝捻制而成,如图 2-6 所示。钢绞线按结构分为 5 类,代号分别为:用两根钢丝捻制的钢绞线——1×2;用三根钢丝捻制的钢绞线——1×3;用三根刻痕钢丝捻制的钢绞线——1×3I;用七根钢丝捻制的标准型钢绞线——1×7;用七根钢丝捻制又经模拔的钢绞线——(1×7)C。

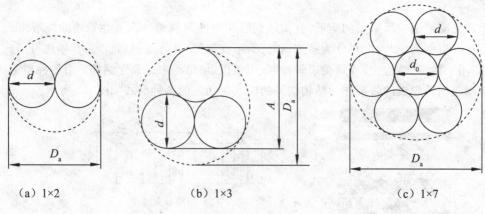

（a）1×2　　　　　　　　（b）1×3　　　　　　　　（c）1×7

图 2-6　钢绞线示意图

(2)钢绞线在水利工程中的应用。

水利水电工程中常用钢绞线作为预应力锚索来进行边坡支护。例如,三峡水利枢纽工程中五级船闸为保证边坡稳定,进行了喷锚支护,采用的就是长达 60m 的预应力锚索,如图 2-7 所示。

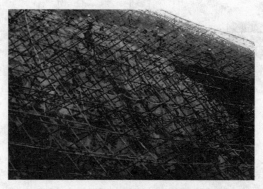

图 2-7　三峡水利枢纽五级船闸边坡支护

3.热处理钢筋

热处理钢筋的直径为 6~12mm,外形为等高肋纹。热处理钢筋强度很高,变形性能也较好,可直接用做预应力钢筋。但应注意防止在钢筋上产生腐蚀裂纹,进而造成钢筋在高应力状态下断裂。热处理钢筋不适用于焊接和点焊。

4.螺纹钢筋及钢棒

水利水电工程中也常采用螺纹钢筋作为预应力锚杆,预应力钢筋混凝土用螺纹钢筋是经热轧形成的带有不连续外螺纹的直条钢筋,在水电站地下厂房的预应力岩壁吊车梁中也多采用螺纹钢筋,在任意截面处,均可用带有匹配形状的内螺纹的连接器或锚具进行连接或锚固。螺纹钢筋的直径较大,从18mm到50mm共有5种。这类钢筋在桥梁工程中也有较多的应用。

预应力钢筋混凝土结构所用的钢棒按其表面形状分为光圆钢棒、螺旋槽钢棒、螺旋肋钢棒、带肋钢棒等4种。钢棒的主要优点为强度高、延性好、可盘卷,具有可焊性及镦锻性,主要应用于预应力钢筋混凝土离心管桩、电杆、铁路轨枕、桥梁、码头基础、地下工程、污水处理工程及其他建筑预制构件中。

模块2　水利工程常用钢筋应具备的物理力学性能

钢筋的强度和变形性能可通过钢筋的拉伸试验得到的应力-应变曲线来说明。钢筋的拉伸应力-应变曲线可分为有明显屈服点和无明显屈服点两类。

1.力学性能

1)有明显屈服点

有明显屈服点的钢筋又称为软钢,有明显屈服点的钢筋的应力-应变曲线如图2-8所示。

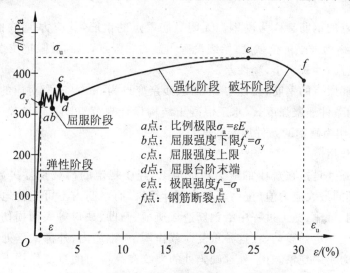

图2-8　有明显屈服点钢筋的应力-应变曲线

从图2-8可以看出,软钢有两个明显的强度指标,即屈服强度和极限强度。在结构设计计算中均取钢筋的屈服强度 f_y 作为其强度的标准值,而将强化阶段内的强度增幅(即钢筋屈服强度和极限强度的比值)作为安全储备。极限强度 σ_u 是应力-应变曲线中的最大应力值,是抵抗结构破坏的重要指标,对钢筋混凝土结构抵抗反复荷载的能力有直接影响。

热轧钢筋中各品种含碳量不同,应力-应变关系也不同,如图2-9所示。从图不难得出,钢筋的级别不同,钢筋的抗拉强度、伸长率和屈服台阶均不相同。结构在受力破坏前应该能承受足够大的塑性变形。一般通过伸长率和冷弯角大小来衡量钢筋塑性性能的好坏。含碳率越低,钢筋的流幅越长,应变越大,亦即钢筋的伸长率越大,表示钢筋的塑性指标越好。在保证钢筋表面不产生裂纹、鳞落或断裂等现象下,弯折角度越大,辊轴直径越小,钢筋的塑性越好。

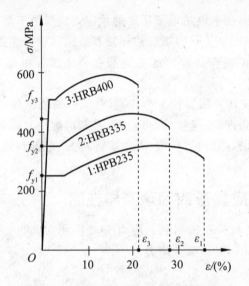

图 2-9　不同强度软钢的应力-应变曲线

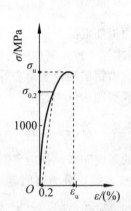

图 2-10　无明显屈服点钢筋的
应力-应变曲线

2)无明显屈服点

无明显屈服点的钢筋又称为硬钢。无明显屈服点的钢筋,其应力-应变曲线如图 2-10 所示。最大应力 σ_u 称为极限抗拉强度,始终没有明显的屈服点,达到极限抗拉强度 σ_u 后,钢筋很快被拉断,其强度高,伸长率小,塑性差。

对于无明显屈服点的钢筋,设计中,一般取残余变形为 0.2％时所对应的应力 $\sigma_{0.2}$ 作为强度设计限值,称为条件屈服强度。《水工混凝土结构设计规范》(DL/T 5057—2009)中取极限抗拉强度的 85％作为硬钢的条件屈服强度。

3)重复荷载作用

钢筋的疲劳强度是指在规定的应力特征值下,经受规定的荷载重复次数(一般为 200 万次)发生疲劳破坏的最大应力值(按钢筋全截面计算)。而钢筋内不可避免地存在着微细裂纹和杂质,加上轧制、运输、施工过程中给钢筋造成斑痕、凸凹、缺口等表面损伤。水电站厂房中机组运行时会产生一定的震动,在这种重复荷载作用下,钢筋内、外部缺陷处或钢筋表面形状突变处将产生应力集中现象。内、外部缺陷处的裂纹在高应力的重复作用下不断扩展或产生新裂纹,最后导致钢筋的断裂,这种重复加载下的钢筋截面平均应力低于屈服强度时的断裂称为钢筋的疲劳破坏。

钢筋的疲劳强度与钢筋的屈服强度、钢筋的应力特征值和荷载的重复次数有关,重复次数越多,疲劳强度就越低,当荷载重复次数达 200 万次以上时,疲劳强度只有原来屈服强度的一半左右。

2.加工性能

为了提高钢筋的强度和节约钢筋,人们对软钢进行机械冷加工。冷加工后的钢筋,其屈服强度提高,但伸长率有所下降。钢筋冷加工的方法主要有冷拉、冷拔和冷轧三种。

1)冷拉

冷拉是指在常温下,用张拉设备(卷扬机)将钢筋拉伸超过它的屈服强度,然后卸载为零,经过一段时间后再拉伸,钢筋就会获得比原来屈服强度更高的新的屈服强度。冷拉只提高了钢筋的抗拉强度,不能提高其抗压强度,计算时仍取原抗压强度。

2)冷拔

冷拔是将直径为 6~8mm 的 HPB235 级热轧钢筋用强力拔过比其直径小的硬质合金拔丝模。在纵向拉力和横向挤压力的共同作用下,钢筋截面变小而长度增加,内部组织结构发生变化,钢筋强度提高,塑性降低。冷拔后,钢筋的抗拉强度和抗压强度都有提高。

3)冷轧

冷轧是由热轧圆盘条经冷拉后在其表面冷轧成带有斜肋的月牙肋变形钢筋,其屈服强度明显提高,黏结锚固性能也得到了改善,直径为 4~12mm。另一种是冷轧扭钢筋,此类钢筋是将 HPB235 级圆盘钢筋冷轧成扁平再扭转而成的钢筋。

由于冷加工钢筋的质量不易控制,且性质较脆,黏结性能及延性较差,因此,在使用时应符合专门的规程的规定,如今已基本被强度高且性能好的预应力钢筋所取代。

模块 3　水利工程对常用钢筋性能的要求

混凝土作为脆性材料,抗压强度较高而抗拉强度很低。因此,钢筋在混凝土结构中主要承受拉力,并由此改善了整个混凝土结构的受力性能。由于受力、施工等方面的需要,混凝土结构对钢筋提出了一系列性能方面的要求。

1.强度

钢筋强度是作为设计计算时的主要依据,是决定钢筋混凝土结构承载力的主要因素。采用高强度钢筋,可以节约钢材而取得较好的经济效果。

2.延性

延性是钢筋变形、耗能的能力。要求钢筋具有一定的延性,其目的是使钢筋在断裂前有足够的变形,结构在破坏前有预告信号。反映钢筋延性性能的主要指标是伸长率和冷弯性能。

3.可焊性

钢筋应具有良好的焊接性能,保证焊接后的接头性能良好。良好的接头是指焊缝处钢筋和热影响区钢筋焊接后不产生裂纹及过大变形,其力学性能也不低于被焊钢材。

4.与混凝土的黏结

为了保证钢筋与混凝土共同工作,二者之间不发生锚固破坏,必须具有足够的黏结力,因此,对钢筋的耐久性、表面的形状、锚固长度、弯钩和接头等都有一定的要求。

任务 4　钢筋混凝土结构黏结性能的保证

知识目标

了解影响钢筋和混凝土黏结力的因素;掌握水利工程中常用的钢筋接长方法。

能力目标

能根据不同的受力情况确定钢筋的下料长度;能合理选择钢筋的接长方法。

模块 1　钢筋与混凝土黏结力的保证

1.黏结力的组成

钢筋与混凝土两种材料能结合在一起共同承受外力、共同变形、抵抗相互之间的滑移,主要是由于混凝土结硬后,钢筋与混凝土之间产生了良好的黏结力。黏结力为钢筋和混凝土接触面上阻止两者相对滑移的剪应力,是钢筋混凝土结构能共同工作的基础。如果钢筋与混凝土之间的黏结应力遭到破坏,即使是局部性破坏,也将导致结构变形增大,裂缝增多加宽,最终结构破坏。

黏结力主要由胶结力、摩擦力和机械咬合力三部分组成。

1)胶结力

混凝土结硬时,水泥胶体与钢筋接触表面上产生的化学吸附作用,称为胶结力。

2)摩擦力

混凝土凝结时收缩,握裹住钢筋,当钢筋与混凝土发生相对滑移时,接触面就产生了摩擦力。摩擦力与钢筋表面的粗糙程度有关。

3)机械咬合力

钢筋表面粗糙或凹凸不平,使之与混凝土之间产生的机械咬合作用力。

胶结力在黏结力中一般所占比例较小,当钢筋与混凝土发生相对滑移时,胶结力即消失。钢筋表面越粗糙,摩擦力就越大。光圆钢筋的黏结力主要是胶结力和摩擦力,变形钢筋的黏结力主要是机械咬合力。

2. 影响黏结力的因素

影响钢筋与混凝土之间黏结强度的因素很多,除钢筋的表面形状外,还与混凝土强度等级、浇筑混凝土时钢筋所处的位置以及钢筋周围混凝土的厚度等因素有关。

3. 水利工程中钢筋和混凝土黏结力的保证措施

由于影响黏结力的因素较多且复杂,工程结构计算中,目前尚无比较完整的黏结力计算方法,《水工混凝土结构设计规范》(SL 191—2008)采用构造措施来保证钢筋与混凝土之间有可靠的黏结和锚固,如规定钢筋的锚固长度、搭接长度、弯钩等构造措施。

模块 2　钢筋的锚固要求

钢筋的锚固是指通过混凝土中钢筋埋置段将钢筋所受的力传给混凝土,使钢筋锚固于混凝土而不滑出,包括直钢筋的锚固、带弯钩或弯折钢筋的锚固。

为保证钢筋在混凝土中锚固可靠,设计时应使钢筋在混凝土中有足够的锚固长度 l_a。它可根据钢筋应力达到屈服强度 f_y 时,钢筋才被拔出的条件确定,即

$$l_a = \alpha \frac{f_y}{f_t} d \tag{2-4}$$

式中:l_a——受拉筋的最小锚固长度,mm;

　　　f_y——普通钢筋的抗拉强度设计值,N/mm²;

　　　f_t——混凝土轴心抗拉强度设计值,N/mm²,当混凝土强度等级高于 C40 时,按 C40取值;

　　　d——钢筋的公称直径,mm;

　　　α——钢筋的外形系数,光圆钢筋取 0.16,带肋钢筋取 0.14。

由式(2-4)可知,钢筋锚固长度与钢筋强度 f_y、钢筋直径 d 有关系。强度越高,直径越大,钢筋所需的锚固长度就越大。钢筋锚固长度还与上述影响黏结力的其他因素有关,如钢筋表面形状。在相同拉力作用下,变形钢筋的锚固长度小于光圆钢筋的锚固长度;强度高的混凝土

比强度低的混凝土所需钢筋锚固长度小。

对于受压钢筋,因钢筋受压时会挤压混凝土,从而增加钢筋与混凝土之间的黏结应力,所以受压钢筋的锚固长度可以短一些。

钢筋的锚固长度为钢筋充分利用截面至钢筋末端的长度。其值不应小于附录表 C-2 中的限值。为保证光圆钢筋的可靠锚固,绑扎骨架中的光圆钢筋末端应设置弯钩,弯钩形状如图 2-11 所示,变形钢筋、焊接骨架及轴心受压构件中的光圆钢筋,可以不设置弯钩。

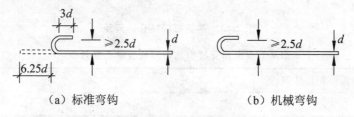

（a）标准弯钩　　　　　　　　　（b）机械弯钩

图 2-11　钢筋的弯钩

模块 3　钢筋的接长要求

钢筋长度因生产、运输和施工等方面的因素,除了直径 $d \leqslant 10\text{mm}$ 的(盘条)长度较大外,一般钢筋的长度为 9～12m,因此实际工程中常存在将钢筋接长的问题。实际工程中接长钢筋的方法有三种,即绑扎接长、焊接接长和机械接长。

1.绑扎搭接

1)构造要求

绑扎搭接是在钢筋搭接处用铁丝绑扎而成的,如图 2-12 所示。绑扎搭接接头通过钢筋与混凝土之间的黏结力来传递钢筋之间的内力,必须有足够的搭接长度。

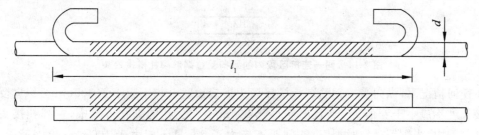

图 2-12　钢筋绑扎搭接接头

同一构件中相邻纵向受力钢筋的绑扎搭接接头宜相互错开。

钢筋绑扎搭接接头连接区段的长度为最小搭接长度的 1.3 倍,凡搭接接头中点位于该连接区段长度内的搭接接头均属于同一连接区段(见图 2-13)。

纵向受拉钢筋绑扎搭接接头的搭接长度 l_1 应根据位于同一连接区段内的钢筋搭接接头面积百分率进行计算:

$$l_1 = \zeta l_a \tag{2-5}$$

式中:l_1 ——纵向受拉钢筋的搭接长度;

　　l_a ——纵向受拉钢筋的锚固长度,按式(2-4)确定;

　　ζ ——纵向受拉钢筋搭接长度修正系数,按表 2-1 取用。

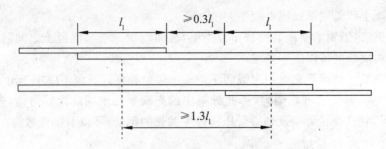

图 2-13　钢筋搭接接头的间距

表 2-1　　纵向受拉钢筋搭接长度修正系数表

钢筋搭接接头面积百分率	≤25%	50%	100%
ζ	1.2	1.4	1.6

注:图中所示一连接区段内的纵向受拉钢筋绑扎搭接接头为两根,当钢筋直径相同时,钢筋搭接接头面积百分率为 50%。

位于同一连接区段内的受拉钢筋搭接接头面积百分率:梁、板及墙类构件,不宜大于 25%;柱类构件,不宜大于 50%。当工程中确有必要增大受拉钢筋搭接接头面积百分率时,梁类构件,不应大于 50%;板类、墙类及柱类构件,可根据实际情况放宽,如图 2-14 所示,受压钢筋的搭接接头面积百分率不宜超过 50%。

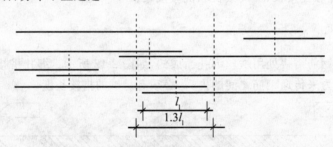

图 2-14　同一连接区段内的纵向受拉钢筋绑扎搭接接头

在任何情况下,纵向受拉钢筋绑扎搭接接头搭接长度 l_1 均不应小于 300mm。纵向受压钢筋搭接长度不应小于 l_1 的 7/10,且不应小于 200mm。梁、柱的绑扎骨架中,在绑扎接头的搭接长度范围内,当钢筋受拉时,其箍筋间距不应大于 5d,且不应大于 100mm;当钢筋受压时,其箍筋间距不应大于 10d 且不应大于 200mm;d 为搭接钢筋中的最小直径。箍筋直径不应小于搭接钢筋较大直径的 0.25 倍。当受压钢筋直径 $d>25$mm 时,尚应在搭接接头两个端面外 100mm 范围内各设两个箍筋。

2)不宜使用绑扎搭接的情况

(1)轴心受拉及小偏心受拉构件(如桁架和拱的拉杆),其纵向受力钢筋不应采用绑扎搭接接头。

(2)双面配置受力钢筋的焊接骨架,不应采用绑扎搭接接头。

(3)受拉钢筋直径 $d>28$mm 或受压钢筋直径 $d>32$mm 时,不宜采用绑扎搭接接头。

(4)受力钢筋的接头位置宜设置在构件受力较小处,并宜错开。

2. 焊接

焊接是在两根钢筋接头处采用闪光对焊或电弧焊接连接,如图 2-15 所示。采用焊接接长钢筋具有设备简单、施工简便且效率高、接头受力性能可靠等优点,在实际工程中应用较多。

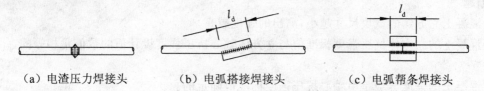

（a）电渣压力焊接头　　　（b）电弧搭接焊接头　　　（c）电弧帮条焊接头

图 2-15　钢筋焊接接头示意图

3. 机械连接

在钢筋接头采用螺旋或挤压套筒连接,如图 2-16 所示。机械连接具有节省钢筋,连接速度快,施工安全等特点,主要用于竖向钢筋连接,宜优先选用。

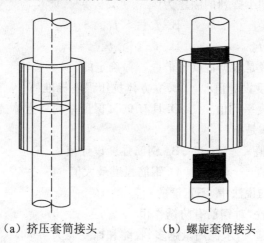

（a）挤压套筒接头　　　　　　（b）螺旋套筒接头

图 2-16　钢筋的机械连接接头示意图

钢筋的接长方式在施工条件允许的情况下应优先采用焊接连接方式和机械连接方式,在抗震结构以及受力较复杂的结构中更应如此。需要注意的是,针对类似水电厂房等有震动荷载的构件,即直接承受动力荷载的钢筋混凝土构件,纵向受拉钢筋不应采用绑扎搭接接头,也不宜采用焊接接头,并严禁在钢筋上焊有任何附件(端部锚固端除外)。

对于水电厂房中桥式吊车等直接承受吊车荷载的钢筋混凝土吊车梁、屋面大梁及屋架下弦的纵向受拉钢筋必须采用焊接接头时,应符合下列规定:

(1)必须采用闪光对焊,并去掉接头的毛刺及卷边;

(2)同一连接区段内纵向受拉钢筋焊接接头面积百分率不应大于 25%,此时,焊接接头连接区段的长度应取为 $45d$（d 为纵向受力钢筋的较大直径）。

习　　题

1. 判断题

1.1 混凝土立方体的试块尺寸越小,测出的强度越高。　　　　　　　　　　　　(　　)

1.2 混凝土的立方体抗压强度标准值与立方体轴心抗压强度设计值的数值是相等的。

　　　　　　　　　　　　　　　　　　　　　　　　　　　　　　　　　　(　　)

1.3 混凝土的强度等级是由轴心抗压强度标准值确定的。　　　　　　　　　　　(　　)

1.4 热轧钢筋、热处理钢筋都是软钢。　　　　　　　　　　　　　　　　　　　(　　)

1.5 硬钢是取残余变形为 0.2% 所对应的应力作为条件屈服强度。　　　　　　　(　　)

1.6 冷加工后的钢筋屈服强度和韧性都得到了提高。　　　　　　　　　　　　　(　　)

2. 选择题

2.1 混凝土强度由大到小排列的顺序为(　　)。

　　A. $f_{cu,k} > f_{c,k} > f_{t,k}$ 　　　　　　B. $f_{c,k} > f_{t,k} > f_{cu,k}$

　　C. $f_{t,k} > f_{c,k} > f_{cu,k}$ 　　　　　　D. $f_{cu,k} > f_{t,k} > f_{c,k}$

2.2 混凝土的强度等级是根据混凝土的(　　)确定的。

　　A. 立方体抗压强度设计值　　　　　B. 立方体抗压强度标准值

　　C. 立方体抗压强度平均值　　　　　D. 具有 90% 保证率的立方体抗压强度

2.3 HRB235 中的 235 是指(　　)。

　　A. 钢筋强度标准值　　　　　　　　B. 钢筋强度设计值

　　C. 钢筋强度平均值　　　　　　　　D. 钢筋强度最大值

2.4 关于混凝土性质的说法中,不正确的是(　　)。

　　A. 混凝土带有碱性,对钢筋有防锈作用

　　B. 混凝土水灰比越大,水泥用量越多,收缩和徐变越大

　　C. 钢筋和混凝土的线膨胀系数很接近

　　D. 混凝土强度等级越高,受拉钢筋的锚固长度越长

2.5 纵向受拉钢筋和受压钢筋绑扎搭接接头的搭接长度应分别不小于(　　)。

　　A. 200mm 和 300mm　　　　　　　B. 300mm 和 400mm

　　C. 300mm 和 200mm　　　　　　　D. 100mm 和 50 mm

2.6 水利工程中,对于遭受剧烈温湿变化作用的混凝土结构表面,常设置一定数量的(　　)。

　　A. 钢筋束　　　　　B. 钢丝束　　　　　C. 钢筋网　　　　　D. 预应力钢筋

项目 3　混凝土结构的设计原理

项目重点

结构极限状态的定义及其分类;失效概率和可靠指标;实用设计表达式及其中的各个系数的含义。

教学目标

能根据结构或构件所处环境和状态正确选择极限状态并进行相关计算。

钢筋混凝土结构在土木工程中应用以来,随着实践经验的积累,其设计理论也在不断发展,大体上可分为三个阶段。

1. 按许可应力法设计

最早的钢筋混凝土结构设计理论采用以材料力学为基础的许可应力计算方法。它假定钢筋混凝土结构为弹性材料,要求在规定的使用阶段荷载作用下,按材料力学计算出的构件截面应力 σ 不大于规定的材料许可应力 $[\sigma]$。由于钢筋混凝土结构是由混凝土和钢筋两种材料组合而成的,因此就分别规定

$$\sigma_c \leqslant [\sigma_c] \tag{3-1}$$

$$\sigma_s \leqslant [\sigma_s] \tag{3-2}$$

式中:σ_c、σ_s——使用荷载作用下构件截面上的混凝土最大压应力和受拉钢筋的拉应力;

$[\sigma_c]$、$[\sigma_s]$——混凝土的许可压应力和钢筋的许可拉应力,它们是由混凝土的抗压强度 f_c、钢筋的抗拉屈服强度 f_y 除以相应的安全系数 K_c、K_s 确定的,而安全系数则是根据经验判断取定的。

由于钢筋混凝土并不是弹性材料,因此以弹性理论为基础的许可应力设计方法不能如实地反映构件截面的应力状态,它所规定的"使用荷载"也是凭经验取值的。依据它所设计出的钢筋混凝土结构构件的截面承载力是否安全也无法用试验来加以验证。

但许可应力计算方法的概念比较简明,只要相应的许可应力取得比较恰当,它也可在结构设计的安全性和经济性两方面取得很好的协调,因此许可应力法曾在相当长的时间内为工程界所采用。至今,在某些场合(如预应力混凝土构件等设计)中仍采用它的一些计算原则。

2. 按破坏阶段法设计

20 世纪 30 年代出现了能考虑钢筋混凝土塑性性能的破坏阶段承载力计算方法。这种方法着眼与研究构件截面达到最终破坏时应力状态,从而计算出构件截面在最终破坏时能承载的极限内力(对梁、板等受弯构件,就是极限弯矩 M_u)。为保证构件在使用时有必要的安全储备,规定由使用荷载产生的内力应不大于极限内力除于安全系数 K。对于受弯构件,就是使用弯矩 M 应不大于极限弯矩 M_u 除以安全系数 K,即

$$M \leqslant \frac{M_u}{K} \tag{3-3}$$

安全系数 K 仍是由工程实践经验判断取定的。

破坏阶段法的概念非常清楚,计算假定符合钢筋混凝土的特性,计算得出的极限内力可由试验得到确证,计算也甚为简便,因此很快得到了推广应用。其缺点是只验证了构件截面的最终破坏,而无法得知构件在正常使用期间的应用情况,如构件的变形和裂缝开展等情况。

3. 按极限状态法设计

随着科学研究的不断深入,在20世纪50年代,钢筋混凝土构件变形和裂缝开展宽度的计算方法得到实现,从而使破坏阶段法迅速发展成为极限状态法。

极限状态法规定了结构构件的两种极限状态:承载能力极限状态(即验算结构构件最终破坏时的极限承载力)和正常使用极限状态(即验算构件在正常使用时的裂缝开展宽度和挠度变形是否满足适用性的要求)。显然,极限状态法比破坏阶段法更能反映钢筋混凝土结构的全面性能。

同时,极限状态法还把单一安全系数 K 改为多个分项系数,对不同的荷载、不同的材料,以及不同工作条件的结构采用不同量值的分项系数,以反映它们对结构安全度的不同影响,这对于安全度的分析就更深入了一步。目前国际上几乎所有国家的混凝土结构设计规范都采用了多个系数表达的极限状态法。

20世纪80年代,应用概率统计理论来研究工程结构可靠度(安全度)的问题进入了一个新的阶段,它把影响结构可靠度的因素都看成是随机变量,形成了以概率理论为基础的概率极限状态设计法。它以失效概率或可靠指标来度量结构构件的可靠度,并采用以分项系数表示的实用设计表达式进行设计。

任务 1 结构的功能要求和设计的极限状态

知识目标

理解结构的功能要求;掌握结构设计的极限状态分类及特点。

能力目标

能根据结构或构件所处环境和状态正确选择极限状态。

模块 1 结构的功能要求

工程结构设计的根本目的是使结构在预定的使用期限内能满足设计所预定的各项功能要求,做到安全可靠和经济合理。

工程结构的功能要求主要包括以下三方面。

(1)安全性。安全性是指结构在正常施工和正常使用时能承受可能出现的施加在结构上的各种"作用"(荷载),在设计规定的偶然事件(如校核洪水位、地震等)发生时,结构仍能保持必要的整体稳定,即要求结构仅产生局部损坏而不致发生整体倒塌的性能。

(2)适用性。适用性是指结构在正常使用时具有良好的工作性能,如不发生影响正常使用的过大变形和振幅,不发生过宽的裂缝等。

(3)耐久性。耐久性是指结构在正常维护条件下具有足够的耐久性能,即要求结构在规定的环境条件下,在预定的设计使用年限内,材料性能的劣化(如混凝土的风化、脱落、腐蚀、渗水,钢筋的锈蚀等)不导致结构正常使用的失效。

上述三方面的功能要求统称为结构的可靠性。

模块 2　结构设计的极限状态

1. 极限状态的定义与分类

结构的极限状态是指结构或结构的一部分超过某一特定状态就不能满足设计规定为某一功能要求,此特定状态就称为该功能的极限状态。

根据功能要求,通常把钢筋混凝土结构的极限状态分为承载能力极限状态和正常使用极限状态两类。

1）承载能力极限状态

这一极限状态对应于结构或结构构件达到最大承载力或达到不适于继续承载的变形。

出现下列情况之一时,就认为已达到承载能力极限状态:

(1)结构或结构的一部分丧失稳定;

(2)结构形成机动体系丧失承载能力;

(3)结构发生滑移、上浮或倾覆;

(4)构件截面因材料强度不足而破坏;

(5)结构或构件产生过大的塑性变形而不适于继续承载。

满足承载能力极限状态的要求是结构设计的头等任务,因为这关系到结构的安全,以对承载能力极限状态应有较高的可靠度(安全度)水平。

2）正常使用极限状态

这一极限状态对应于结构或构件达到影响正常使用或耐久性能的某项规定限值。

出现下列情况之一时,就认为已达到正常使用极限状态:

(1)产生过大的变形,影响正常使用或外观;

(2)产生过宽的裂缝,影响正常使用(渗水)或外观,产生人们心理上不能接受的感觉,对耐久性也有一定的影响;

(3)产生过大的振动,影响正常使用。

结构或构件达到正常使用极限状态时,会影响正常使用功能及耐久性,但还不会造成生命财产的重大损失,所以它的可靠性水平允许比承载能力极限状态的可靠性水平有所降低。

要得到符合要求的可靠性,就要妥善处理好结构中对立的两个方面的关系。这两个方面就是施加在结构上的作用(荷载)所引起的荷载效应和由构件截面尺寸、配筋数量及材料强度构成的结构抗力。

2. 极限状态方程式

结构的极限状态可用极限状态函数(或称功能函数)Z 来描述。设影响结构极限状态的有 n 个独立变量 $X_i(i=1,2,\cdots,n)$,函数 Z 可表示为

$$Z=g(X_1,X_2,\cdots,X_n) \tag{3-4}$$

X_i 代表了各种不同性质的荷载、混凝土和钢筋的强度、构件的几何尺寸、配筋数量、施工的误差,以及计算模式的不定性等因素。从概率统计理论的观点,这些因素都不是确定的值,而是随机变量,具有不同的概率特性和变异性。

为叙述简明起见,下面用最简单的例子加以说明,即将影响极限状态的众多因素用荷载效应 S 和结构抗力 R 两个变量来代表,则

$$Z=g(R,S)=R-S \tag{3-5}$$

显然,当 $Z>0$(即 $R>S$)时,结构安全可靠;当 $Z<0$(即 $R<S$)时,结构就失效;当 $Z=0$(即 $R=S$)时,则表示结构正处于极限状态。所以公式 $Z=0$ 就称为极限状态方程。

任务 2　作用效应与结构抗力的含义及其取值

知识目标

理解作用效应与结构抗力的含义;掌握荷载与材料的强度取值方法。

能力目标

能熟练进行标准值和设计值的转换。

模块 1　作用(荷载)、荷载效应及抗力的含义

1. 作用(荷载)与荷载效应

作用是指直接施加在结构上的力(如自重、楼面活荷载、风荷载、水压力等)和引起结构外加变形、约束变形的其他原因(如温度变形、基础沉降、地震等)的总称。前者称为直接作用,也称为荷载,后者则称为间接作用。但从工程习惯和叙述简便起见,将两者不作区分,一律称为荷载。

荷载在结构构件内所引起的内力、变形和裂缝等反应,统称为荷载效应,常用符号 S 表示。荷载与荷载效应在线弹性结构中一般可近似按线性关系考虑。

2. 荷载的分类

1)随时间的变异分类

(1)永久荷载。永久荷载是指在设计基准期内其量值不随时间变化,或其变化与平均值相比可以忽略不计的荷载,也称为恒载,常用符号 G、g 表示,如结构的自重、土压力、围岩压力、预应力等。

(2)可变荷载。可变荷载是指在设计基准期内其量值随时间变化,但其变化与平均值相比不可忽略的荷载,也称为活载,常用符号 Q、q 表示,如安装荷载、楼面活载、水压力、浪压力、风荷载、雪荷载、吊车轮压、温度作用等。其中,G、Q 表示集中荷载,g、q 表示分布荷载。

(3)偶然荷载。偶然荷载是指在设计基准期内不一定出现,但一旦出现其量值很大且持续时间很短的荷载,常用符号 A 表示,如地震、爆炸等。在水利工程中把校核洪水也列入偶然荷载。

2)随空间位置的变异分类

(1)固定荷载。固定荷载是指在结构上具有固定位置的荷载,如结构自重、固定设备重等。

(2)移动荷载。移动荷载是指在结构空间位置的一定范围内可任意移动的荷载,如吊车车荷载、汽车轮压、楼面人群荷载等。设计时应考虑其最不利的分布。

3)按结构的反应特点分类

(1)静态荷载。静态荷载是指不使结构产生加速度,或产生的加速度可以忽略不计的荷载,如自重、楼面人群荷载等。

(2)动态荷载。动态荷载是指使结构产生不可忽略的加速度的荷载,如地震、机械设备振动等。动态荷载所引起的荷载效应不仅与荷载有关,还与结构自身的动力特征有关。设计时应考虑它的动力效应。

结构上的荷载都是不确定的随机变量,甚至是与时间有关的随机过程,因此,宜用概率统计理论加以描述。

荷载效应除了与荷载数值的大小、荷载分布的位置、结构的尺寸及结构的支承约束条件等有关外,还与荷载效应的计算模式有关。而这些因素都具有不确定性,因此荷载效应也是一个随机变量。

3. 结构抗力

结构抗力是结构或结构构件承受荷载效应 S 的能力,指的是构件截面的承载力、构件的刚度、截面的抗裂度等,常用符号 R 表示。

结构抗力主要与结构构件的几何尺寸、配筋数量、材料性能以及抗力的计算模式与实际的吻合程度等有关,由于这些因素也都是随机变量,因此结构抗力显然也是一个随机变量。

模块 2　荷载代表值

结构设计时,对不同的荷载效应应采用不同的荷载代表值。荷载代表值主要有永久荷载和可变荷载的标准值,可变荷载的组合值、频遇值和准永久值等。

1. 荷载标准值

荷载标准值是指荷载在设计基准期内可能出现的最大值,理论上它应按荷载最大值的概率分布的某一分位值确定。但由于目前能对其概率分布作出估计的荷载还只是很小的一部分,特别是在水利工程中,大部分荷载,如渗透压力、土压力、围岩压力、水锤压力、浪压力、冰压力等,都缺乏或根本无法取得正确的实测统计资料,所以其标准值主要还是根据历史经验确定或由理论公式推算得出。

荷载标准值是荷载的基本代表值,荷载的其他代表值都是以它为基础再乘以相应的系数后得出的。

2. 荷载组合值

当结构构件承受两种或两种以上的可变荷载时,考虑到这些可变荷载不可能同时以其最大值(标准值)出现,因此除了一个主要的可变荷载取为标准值外,其余的可变的荷载都可以取为"组合值"。使结构构件在两种或两种以上可变荷载参与的情况与仅有一种可变荷载参与的情况具有大致相同的可靠指标。

荷载组合值可以由可变荷载的标准值 Q_k 乘以组合系数 ψ_c 得出,即荷载组合值就两者的乘积 $\psi_c Q_k$。

目前尚无足够的资料能确切地得出不同的荷载组合时的组合系数 ψ_c,其值还是凭工程经验由专家定出的。《建筑结构荷载规范》(GB 50009—2001)对于一般楼面活载,规定了 $\psi_c = 0.7$;对于书库、档案室、储藏室的楼面活载,规定了 $\psi_c = 0.9$。在水工结构设计中,习惯上均不考虑可变荷载组合时的折减,即都取 $\psi_c = 1.0$。所以在水工设计规范中,就不存在"荷载组合值"这一术语。

3. 荷载频遇值

可变荷载的量值是随时间变化的,有时出现得大些,有时出现得小些,有时甚至不出现。荷载频遇值是指在设计基准期内,可变荷载中经常存在着的那一部分荷载。它是可变荷载标准值 Q_k 与频遇值系数 ψ_f 的乘积 $\psi_f Q_k$。ψ_f 的取值见相关的荷载规范,为 $0.5 \sim 0.9$。

4. 荷载准永久值

荷载准永久值是指在设计基准期内,可变荷载中基本上一直存在着的那一部分荷载。它对结构的影响类似于永久荷载。它是可变荷载标准值 Q_k 与准永久值系数 ψ_q 的乘积。其取值见相关的荷载规范,为 0.4~0.8。

变形(挠度)大小和裂缝开展的宽度是与荷载作用的时间长短有关的,所以在按正常使用极限状态验算时,有些设计规范就规定了必须按荷载效应的标准组合、频遇组合及准永久组合分别进行验算。

荷载效应的标准组合是指在正常使用极限状态验算时,永久荷载和可变荷载均取为标准值的荷载效应组合;荷载效应的频遇组合是指可变荷载取为荷载频遇值时的荷载效应组合;荷载效应的准永久组合是指可变荷载取为荷载准永久值时的荷载效应组合。

由于目前设计规范中的裂缝宽度验算公式只局限于外力荷载引起的裂缝,而水工结构中大多数裂缝却是由温度、干缩和支座沉降等因素引起的,因此设计规范中的裂缝在控制验算中并不完全符合工程实际。过分细致地进行正常使用极限状态验算也就没有太大的工程实际意义,同时,由于水工荷载的复杂性和多样性,《水工建筑物荷载设计规范》(DL/T 5077—1997)未能给出水工结构设计时荷载的频遇值系数 ψ_f 和准永久值系数 ψ_q,故现行水工混凝土结构设计规范就规定:对正常使用极限状态只验算荷载效应的标准组合,而不再进行频遇组合和准永久组合验算。因此,在水工混凝土结构设计规范中,也就不存在荷载频遇值、荷载准永久值、荷载效应频遇组合、荷载效应准永久组合这类术语。

模块 3　材料强度代表值

1. 材料强度标准值

材料强度标准值是指结构或构件设计时,采用的材料强度的基本代表值。按符合规定质量的材料强度的概率分布的某一分位值确定。材料非匀质、生产工作等因素导致材料强度的变异性,材料强度也是随机变量。

混凝土立方体抗压强度标准值见附录表 A-1、普通钢筋强度标准值见附录表 A-4、预应力钢筋标准值见附录表 A-5。

2. 材料强度设计值

由于材料的离散性及不可避免的施工误差等因素可能造成材料的实际强度低于其强度标准值,因此,在承载能力极限状态计算中引入混凝土强度分项系数 γ_c 及钢筋的强度分项系数 γ_s 来考虑这一不利影响。

材料强度设计值等于材料强度标准值除以相应的材料强度分项系数,即 $f_c = f_{ck}/\gamma_c$,$f_y = f_{yk}/\gamma_s$。γ_c、γ_s 按材料强度的有关规定取值。

混凝土强度设计值见附录表 A-2、普通钢筋的强度设计值见附录表 A-6、预应力钢筋的强度设计值见附录表 A-7。

任务3 结构可靠度

知识目标

掌握可靠概率和失效概率的含义;掌握可靠指标与失效概率之间的关系。

能力目标

能根据建筑物级别选择正确的目标可靠指标并进行相关计算。

结构的可靠度是指结构在规定的时间内和条件下,完成预定功能的概率。可靠度是对结构可靠性的定量描述,结构可靠度的评价指标有可靠概率、失效概率、可靠指标。

模块1 可靠概率和失效概率

为使所设计的结构构件既安全可靠又经济合理,必须确定一个大家能接受的结构允许失效概率$[P_f]$。要求在设计基准期内,结构的失效概率P_f不大于允许失效概率$[P_f]$。

如图3-1所示,μ_z、σ_z分别表示结构的功能函数的平均值和标准差,则功能函数$Z \geqslant 0$的概率为可靠概率P_s,即结构在规定的时间内,在规定的条件下,完成预定功能的概率。

$$P_s = \int_0^\infty f(Z)\,\mathrm{d}z \qquad (3\text{-}6)$$

$Z < 0$的概率为失效概率P_f,P_f的大小等于图3-1中阴影部分的面积。

$$P_f = \int_{-\infty}^0 f(Z)\,\mathrm{d}z \qquad (3\text{-}7)$$

$$P_f + P_s = 1 \qquad (3\text{-}8)$$

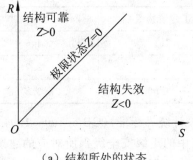
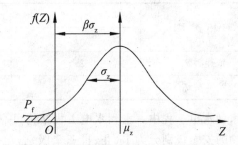

（a）结构所处的状态　　　　　（b）功能函数Z的概率分布曲线

图3-1 功能函数Z及其概率分布曲线

用概率论的观点来研究结构的可靠性,失效概率P_f越小,结构的可靠性越高。但绝对可靠的结构($P_f = 0$)是不存在的,这样做也是不经济的。综合考虑结构所具有的风险和经济效益,只要失效概率P_f小到人们可以接受的程度,就可认为该结构是可靠的。

模块2 可靠指标

计算失效概率P_f需要进行积分运算,求解过程复杂,而且失效概率P_f数值极小,表达不变,因此,引入可靠指标β替代失效概率P_f来度量结构的可靠性。可靠指标β为结构功能函数Z的平均值μ_z与标准值σ_z的比值,即

$$\beta = \mu_z / \sigma_z \tag{3-9}$$

可靠指标 β 与失效概率 P_f 存在对应关系。β 值大,对应的 P_f 值小;反之,β 值小,对应的 P_f 值大,因此,β 与 P_f 一样,可以作为度量结构可靠性的一个指标。

当采用可靠指标 β 表示时,则要确定一个"目标可靠指标 β_T",要求在设计基准期内。结构的可靠指标 β 不小于目标可靠指标 β_T,即

$$\beta \geqslant \beta_T \tag{3-10}$$

目标可靠指标 β_T 理应根据结构的重要性、破坏后果的严重程度以及社会经济等条件,以优化方法综合分析得出。但由于大量统计资料尚不完备或根本没有,目前只能采用校准法来确定目标可靠指标。

校准法的实质就是认为:由原有的设计规范所设计出来的大量结构构件反映了长期工程实践的经验,其可靠度水平在总体上是可以接受的。所以可以运用前述"概率极限状态理论"(或称为近似概率法)反算出由原有设计规范设计出的各类结构构件在不同材料和不同荷载组合下的一系列可靠指标 β_i,再在分析的基础上把这些 β_i 综合成一个较为合理的目标可靠指标 β_T。

承载能力极限状态的目标可靠指标与结构的安全级别有关,结构安全级别要求越高,目标可靠指标就应越大。目标可靠指标还与构件的破坏性质有关。钢筋混凝土受压、受剪等构件,破坏时发生的是突发性的脆性破坏,与受拉、受弯构件破坏前有明显变形或预兆的延性破坏相比,其破坏后果要严重许多,因此脆性破坏的目标可靠指标应高于延性破坏的。

根据校准法,《建筑结构可靠度设计统一标准》(GB 50068—2001)将建筑物划分为三个安全级别,规定了它们各自的承载能力极限状态的目标可靠指标,如表 3-1 所示。

表 3-1 结构承载能力极限状态的目标可靠指标

破 坏 类 型	水工建筑物级别		
	1	2、3	4、5
延性破坏	3.7	3.2	2.7
脆性破坏	4.2	3.7	3.2

在水利水电工程中,《水利水电工程结构可靠度设计统一标准》(GB 50199—1994)也将水工建筑物的安全级别分为Ⅰ、Ⅱ、Ⅲ三个级别,但水工中的Ⅰ级安全级别所对应的建筑物是 1 级水工建筑物;Ⅱ级安全级别对应的建筑物是 2、3 级水工建筑物;Ⅲ级安全级别所对应的建筑物是 4、5 级水工建筑物,详细情况可查阅《水利水电工程等级划分及洪水标准》(SL 252—2000)或《水电枢纽工程等级划分及设计安全标准》(DL 5180—2003)。

正常使用极限状态时的目标可靠指标显然可以比承载能力极限状态的目标可靠指标低,这是因为正常使用极限状态只关系到使用的适用性,而不涉及结构构件安全性这一根本问题。正常使用极限状态的目标可靠指标研究目前还很不成熟,在我国只笼统地认为可取为 1～2。

任务 4 水工混凝土结构极限状态设计表达式

知识目标

掌握水工混凝土结构极限状态设计表达式。

能力目标

能正确选择极限状态表达式进行计算。

模块 1　水工混凝土结构极限状态设计表达式

目前,在我国由于管理体制的不同,同样用于水利水电工程的《水工混凝土结构设计规范》有了两种版本:一种是电力系统的《水工混凝土结构设计规范》(DL/T 5057—2009);一种是水利系统的《水工混凝土结构设计规范》(SL/T 191—2008)。两本规范是分别用来替代 1996 年版的《水工混凝土结构设计规范》(DL/T 5057—1996)和《水工混凝土结构设计规范》(SL/T 191—1996)的。

这两本规范的大部分条文内容是基本相同或仅稍有差异,但在实用设计表达的表达方式上却有着较大的不同。《水工混凝土结构设计规范》(DL/T 5057—2009)完全继承了原《水工混凝土设计规范》(DL/T 5057—1996),采用概率极限状态设计原则,用 5 个分项系数的设计表达式进行设计。《水工混凝土结构设计规范》(SL 191—2008)则在规定的材料强度和荷载取值条件下采用在多系数分析基础上以安全系数表达的方式进行设计。

本书主要以《水工混凝土结构设计规范》(SL 191—2008)为主。

1. 承载能力极限状态的设计表达式

根据上述原则,《水工混凝土结构设计规范》(SL 191—2008)采用的承载能力极限状态的设计表达式为

$$KS \leqslant R \tag{3-11}$$

式中:K——承载力安全系数,应不小于表 3-2 所列数值;

S——荷载效应组合设计值;

R——结构抗力,即结构构件的截面承载力,由材料强度设计值及截面尺寸等因素计算得出。

表 3-2　钢筋混凝土或预应力混凝土结构构件的承载力安全系数 K

水工建筑物级别	1		2、3		4、5	
水工建筑物结构安全级别	Ⅰ		Ⅱ		Ⅲ	
荷载效应组合	基本组合	偶然组合	基本组合	偶然组合	基本组合	偶然组合
K	1.35	1.15	1.20	1.00	1.15	1.00

注:(1)水工建筑物的级别应根据《水利水电工程等级划分及洪水标准》(SL 252—2000)确定。

(2)对结构在使用、施工、检修期的承载力计算,安全系数 K 应按表中基本组合取值;对地震及校核洪水位的承载力计算,安全系数 K 应按表中偶然组合取值。

(3)当荷载效应组合由永久荷载控制时,安全系数 K 应增加 0.05。

(4)当结构的受力情况较为复杂、施工特别困难、荷载不能准确计算、缺乏成熟的设计方法或结构有特殊要求时,安全系数 K 宜适当提高。

承载能力极限状态计算时,结构构件截面上的荷载效应设计值 S 按下列规定计算。

1)基本组合

(1)当永久荷载对结构起不利作用时

$$S = 1.05 S_{G1k} + 1.20 S_{G2k} + 1.20 S_{Q1k} + 1.10 S_{Q2k} \tag{3-12}$$

（2）当永久荷载对结构起有利作用时

$$S=0.95S_{G1k}+0.95S_{G2k}+1.20S_{Q1k}+1.10S_{Q2k} \tag{3-13}$$

2）偶然组合

$$S=1.05S_{G1k}+1.20S_{G2k}+1.20S_{Q1k}+1.10S_{Q2k}+1.0S_{Ak} \tag{3-14}$$

式（3-14）中，某些可变荷载的标准值可作适当折减。

现在以受弯构件的正截面承载力为例，式（3-11）就可写

$$KM^S \leqslant M_u \tag{3-15}$$

对于受弯构件，式（3-12）、式（3-13）及式（3-14）可分别写成

$$M^S=1.05M_{G1k}+1.20M_{G2k}+1.20M_{Q1k}+1.10M_{Q2k} \tag{3-16}$$

$$M^S=0.95M_{G1k}+0.95M_{G2k}+1.20M_{Q1k}+1.10M_{Q2k} \tag{3-17}$$

$$M^S=1.05M_{G1k}+1.20M_{G2k}+1.20M_{Q1k}+1.10M_{Q2k} \tag{3-18}$$

这里的上标"S"表示荷载效应设计值（内力设计值），是按《水工混凝土结构设计规范》（SL 191—2008）规定公式计算的。

2. 正常使用极限状态的设计表达式

正常使用极限状态验算时，应按荷载效应的标准组合进行，并采用下列设计表达式

$$S_k(G_k,Q_k,f_k,a_k) \leqslant C \tag{3-19}$$

《水工混凝土结构设计规范》（SL 191—2008）的正常使用极限状态设计表达式与《水工混凝土结构设计规范》（DL/T 5057—2009）的相比较，不同之处仅在于它不再列入结构重要性系数 γ_0。

此处应强调两点：①规范所规定的分项系数或安全系数是可靠度要求所采用的最低限度的数值；②我国工程结构设计规范过去长期受经济发展缓慢、物资较为匮乏的制约，故所规定的承载能力可靠度是偏低的，与发达国家的设计规范相比存在一定的差距。工程实践也证实，我国工程结构抵御意外事故或自然灾害能力较弱。因此，在遇到新型结构缺乏成熟设计经验、结构受力较为复杂或施工特别困难、荷载标准值较难正确确定，以及失事后较难修复或会引起巨大次生灾害后果等情况时，应适当提高荷载的取值或适当提高分项系数（安全系数）的取值，这是必要的和明智的。

模块 2　水工混凝土结构极限状态设计表达式案例

【例 3-1】　某悬臂式挡土墙，其尺寸、土层及水位高程如图 3-2 所示。墙后回填砂土的容重为 18.5kN/m³。试计算该挡土墙立板根部单位宽度上的弯矩设计值。

解　（1）荷载标准值。

墙前土压力很小，一般可忽略不计。墙后土压力按静止土压力计算，取静止土压力系数 $K_0=0.33$，水的容重 9.81kN/m³，得墙后土压力、水压力分布如图 3-2（b）所示。

（2）立板根部截面的弯矩设计值。

土压力作为第二类永久荷载，可求得立板根部截面的弯矩设计值

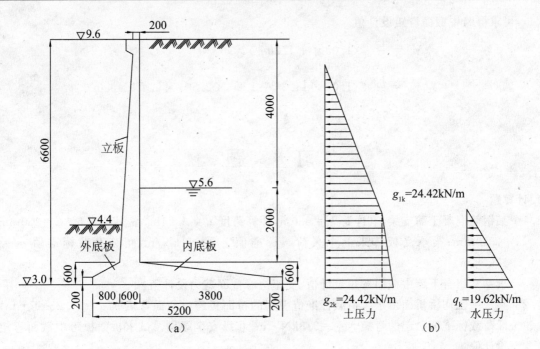

图 3-2 　例 3-1 图

$$M^S = 1.20 M_{G2k} + 1.20 M_{Q1k}$$

$$= \frac{1}{2} \times 1.20 g_{1k} H_1 \left(H_2 + \frac{1}{3} H_1 \right) + \frac{1}{2} \times 1.20 g_{1k} H_2^2 + \frac{1}{6} \times 1.20 (g_{2k} - g_{1k}) H_2^2$$

$$+ \frac{1}{6} \times 1.20 q_k H_2^2$$

$$= \frac{1}{2} \times 1.20 \times 24.42 \times 4.0 \times \left(2.0 + \frac{1}{3} \times 4.0 \right) + \frac{1}{2} \times 1.20 \times 24.42 \times 2.00^2$$

$$+ \frac{1}{6} \times 1.20 \times (31.02 - 24.42) \times 2.00^2 + \frac{1}{6} \times 1.20 \times 19.62 \times 2.00^2 \ \text{kN} \cdot \text{m}$$

$$= 274.94 \ \text{kN} \cdot \text{m}$$

【例 3-2】 　一水工泵房（3 级建筑物），有一矩形截面简支屋面大梁，梁宽 $b = 200 \text{mm}$；梁高 $h = 500 \text{mm}$；计算跨度 $l_0 = 5.40 \text{m}$。承受屋面传来的屋面自重标准值为 8.84kN/m。试计算该梁跨中截面的弯矩设计值。

解 　（1）荷载标准值。

永久荷载标准值：

梁自重 $g_{1k} = 0.2 \times 0.5 \times 25 = 2.50 \text{kN/m}$

楼板自重 $g_{2k} = 8.84 \text{kN/m}$

$g_k = g_{1k} + g_{2k} = (2.5 + 8.84) \ \text{kN/m} = 11.34 \text{kN/m}$

可变荷载标准值：

雪荷载 $q_k = 2.50 \text{kN/m}$

（2）跨中截面的弯矩设计值。

$g_k = 11.34 \text{kN/m}$（第一类永久荷载），$q_k = 2.50 \text{kN/m}$（一般可变荷载）

可求得跨中截面弯矩设计值

$$M^S = \frac{1}{8} \times (1.05 g_k + 1.20 q_k) l_0^2$$

$$= \frac{1}{8} \times (1.05 \times 11.34 + 1.20 \times 2.50) \times 5.4^2 \text{kN} \cdot \text{m}$$

$$= 54.34 \text{kN} \cdot \text{m}$$

习　　题

1. 计算题

1.1　某钢筋混凝土简支梁,其净跨 $l_n = 6.0\text{m}$,计算跨度 $l_0 = 6.24\text{m}$,截面尺寸 $b \cdot h = 250\text{mm} \times 550\text{mm}$;梁承受板传来的永久荷载标准值 $g_{1k} = 11\text{kN/m}$,可变荷载标准值 $q_k = 12\text{kN/m}$。

求基本组合下跨中截面弯矩设计值、支座边缘截面剪力设计值。

1.2　某水闸工作桥桥面由永久荷载标准值引起的桥面板跨中截面弯矩 $M_{Gk} = 13.23\text{kN} \cdot \text{m}$;活荷载标准值引起的弯矩 $M_{Qk} = 3.8\text{kN} \cdot \text{m}$;Ⅱ级安全级别。试求桥面板跨中截面弯矩设计值。

1.3　有一水闸(4 级建筑物)工作桥,T 形梁甲上支承绳鼓式启闭机传来的启门力 $2 \times 80\text{kN}$,桥面上承受人群荷载 3.0kN/m^2,构件尺寸如图 3-3 所示。试求 T 形梁甲在正常运用期间梁的跨中弯矩设计值。

提示:

(1)本题启门力为启闭机额定限值,故属于可控的可变荷载。相关规范未规定启闭机荷载分项系数,按《水工混凝土结构设计规范》(SL191—2008)的规定,应取 $\gamma_Q = 1.10$;

(2)人群荷载的分项系数 $\gamma_Q = 1.20$;

(3)正常运行期为持久状况。

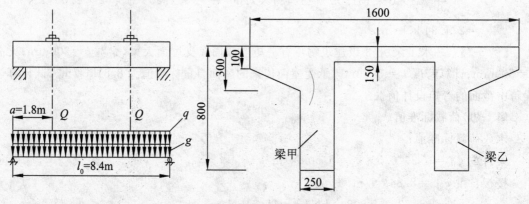

图 3-3　习题 1.3 图

1.4　一矩形渡槽(3 级建筑物),槽身截面如图 3-4 所示。槽身长 10.0m,承受满槽水重及人群活载 2.0kN/m^2。试求槽身纵向分析时的跨中弯矩设计值及支座边缘剪力设计值。

提示:

（1）以满槽考虑的水重属于可控制的可变荷载；

（2）计算支座边缘剪力设计值时，计算跨度应采用净跨 l_n。

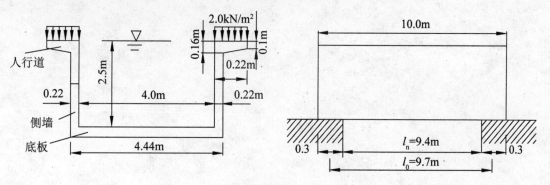

图 3-4　习题 1.4 图

中篇（上）
基本构件在承载能力极限状态下的相关计算

项目 4 受弯构件正截面承载力计算

项目重点

单筋矩形截面受弯承载力计算;双筋矩形截面受弯承载力计算;T 形截面受弯承载力计算。

教学目标

理解受弯构件正截面破坏特点;掌握单筋矩形截面受弯承载力计算、双筋矩形截面受弯承载力计算、T 形截面受弯承载力计算;能进行简单的受弯构件配筋设计。

任务 1 受弯构件基本概念和一般构造要求

知识目标

掌握受弯构件的基本概念;熟悉受弯构件的一般构造要求。

能力目标

能利用构造要求对构件进行相关尺寸的设计。

模块 1 受弯构件的相关概念

受弯构件是指截面上承受弯矩和剪力作用的构件,在土木工程中最为常见,以梁、板构件居多,梁和板的区别在于:梁的截面高度一般大于其宽度,而板的截面高度则远小于其宽度,如图 4-1 所示。其受力特点是在外荷载作用下,截面主要承受弯矩 M 和剪力 V,而轴向力 N 较小,可忽略不计。受弯构件上弯矩 M 和剪力 V 数值变化较大,在不同的受力条件和不同的配筋条件下,受弯构件可以出现两种不同的破坏形式:一种是由弯矩作用引起的,破坏面与构件的纵轴线垂直,称为正截面破坏,需要配置纵向受力钢筋;另一种是由弯矩和剪力共同作用引起的,破坏面与构件的纵轴线斜交,称为斜截面破坏,通常需要配置腹筋(箍筋和弯起钢筋),因此受弯构件的承载力计算可以分成以下两种:

(1)弯矩作用下的正截面承载力计算;

(2)弯矩和剪力共同作用下的斜截面承载力计算。

受弯构件中的主要钢筋有:沿构件轴线方向布置的纵向受力钢筋和架立钢筋,前者主要作用是承受因弯矩而产生的拉力或压力,后者主要作用为固定箍筋位置;在构件中腹部分设置弯起钢筋和箍筋(统称为腹筋),其主要作用是承受剪力。对于板,通常配有受力钢筋和分布钢筋。受力钢筋沿板的受力方向配置,分布钢筋则与受力钢筋相垂直,放置在受力钢筋的内侧。上述几种钢筋组成一个完整的受力骨架,以保证构件的正截面受弯承载力和斜截面受剪承载力,如图 4-2 和图 4-3 所示。

钢筋混凝土受弯构件的截面尺寸和受力钢筋面积是由结构计算确定的,但为了施工便利及考虑计算中无法反映的因素,同时还要满足相应的构造规定。

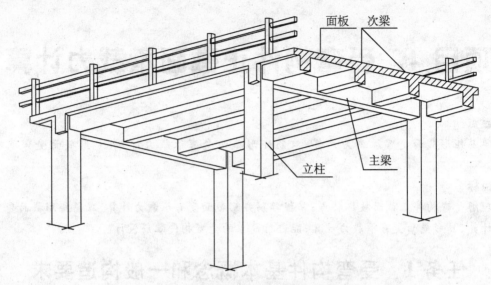

图 4-1　实际工程中的受弯构件示意图

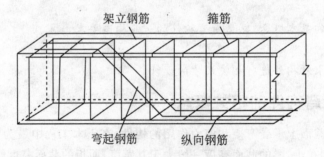

图 4-2　梁的配筋

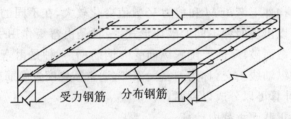

图 4-3　板的配筋

模块 2　受弯构件的构造要求

1. 截面形式与尺寸

1) 梁和板的截面形式

梁的截面形式有矩形、T 形、I 形、Ⅱ 形、箱型等,为了施工方便,梁的截面常采用矩形截面和 T 形截面。板的截面一般为矩形,根据使用要求,也可采用空心板和槽形板等,如图 4-4 所示。

受弯构件中,仅在受拉区配置纵向受力钢筋的截面,称为单筋截面;在受拉区与受压区同时配置纵向受力钢筋的截面,称为双筋截面。

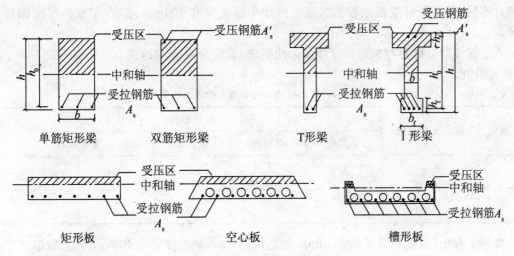

图 4-4　梁和板的截面形式

2)梁和板的截面尺寸

(1)梁的截面高度 h 可参考表 4-1 来确定。

表 4-1　梁的截面高度取值范围

项次	构 件 种 类		支 承 条 件		
			简支	连续	悬臂
1	独立梁		$l_0/12$	$l_0/15$	$l_0/6$
2	整浇肋形结构	主梁	$l_0/12$	$l_0/15$	$l_0/6$
		次梁	$l_0/20$	$l_0/25$	$l_0/8$

注:表中 l_0 为梁的计算跨度;当 $l_0 \geqslant 9\text{m}$ 时,表中截面高度 h 宜增大 20%。

当梁的截面高度 $h \leqslant 800\text{mm}$ 时,常取 50mm 的整数倍数;$h > 800\text{mm}$ 时,常取 100mm 的整数倍。整浇肋形结构的主梁高度与次梁高度之差应不小于 50mm;主梁下部钢筋为双层布置时,不应小于 100mm。

(2)梁的截面宽度。

①对于矩形截面梁,宜取其截面宽度 $b = \left(\dfrac{1}{3} \sim \dfrac{1}{2}\right) h$;对于 T 形、倒 L 形截面梁,宜取其腹板宽度 $b = \left(\dfrac{1}{4} \sim \dfrac{1}{2.5}\right) h$。

②梁额截面宽度一般采用 120mm、150mm、180mm、200mm······当截面宽度 $b > 200\text{mm}$ 时,常取 50mm 的整数倍。

③整体浇筑的肋形结构中,主梁的截面宽度一般不小于 250mm;次梁的截面宽度一般不小于 200mm。

④预制梁的截面宽度 b 一般不小于 $l_0/40$,其中 l_0 为其计算跨度。

(3)板的厚度。

钢筋混凝土板的厚度 h 应根据承载能力和正常使用(挠度变形及裂缝控制)等要求,并考虑建筑、施工及经济等方面的因素,经设计计算确定。在水工建筑物中,由于板所处位置及受力条件不同,其厚度可能相差极大。薄板的最小厚度只有100mm左右,厚板的厚度则可达几米。

为了保证能够满足相关的刚度和耐久性要求,板的厚度h与跨度l的比值一般不小于表4-2所列限值。

表 4-2　板的厚度 h 与跨度 l 的最小比值

项次	板的支承情况	板的种类				
		单向板	双向板	悬臂板	无梁楼板	
					有柱帽	无柱帽
1	简支	$\frac{1}{35}$	$\frac{1}{45}$		$\frac{1}{35}$	$\frac{1}{30}$
2	连续	$\frac{1}{40}$	$\frac{1}{50}$	$\frac{1}{12}$	$\frac{1}{35}$	$\frac{1}{30}$

实际工程中,薄板的厚度常取10mm的整数倍;厚板的厚度常取100mm的整数倍。

2. 混凝土保护层

1)混凝土保护层的定义

混凝土保护层是指纵向受力钢筋外边缘到混凝土近表面的距离,用符号 c 表示。

2)混凝土保护层的作用

混凝土保护层可防止钢筋受空气的氧化和其他侵蚀性介质的侵蚀,并保证钢筋与混凝土之间有足够的黏结力。

3)混凝土保护层的要求

梁、板的混凝土保护层厚度不应小于最大钢筋直径,同时也不应小于粗骨料最大粒径的1.25倍,并符合附录表C-1中的规定。

在计算受弯构件承载力时,因混凝土开裂后拉力完全由钢筋承担,这时能发挥作用的截面高度应为受拉钢筋合力点到截面受压边缘的距离,称为截面有效高度h_0,纵向受拉钢筋合力点到截面受拉边缘的距离为a_s,即 $h_0 = h - a_s$。a_s的确定方法有两种,如表4-3所示。

表 4-3　a_s 的确定方法

方　法	钢筋一排布置	钢筋两排布置	适用条件
计算法	$a_s = c + \dfrac{d}{2}$	$a_s = c + d + \dfrac{e}{2}$	钢筋直径已知时,常用于截面校核
经验值法	梁:40~50mm 板:25~30mm	梁:65~75mm	钢筋直径未知时,常用于截面设计

3. 梁中配筋

1)纵向受力钢筋

一般现浇梁板常采用 HPB235、HRB335 钢筋。因钢筋强度和配筋率对受弯承载力起着决定作用,为了节约钢材,跨度较大的梁宜采用 HRB400 钢筋。

梁内钢筋直径一般可以选用 12~28mm。钢筋直径过小会造成钢筋骨架刚度不足且不利于施工;钢筋直径过大则会造成裂缝宽度过大和钢筋加工困难。截面每排受力钢筋直径最好一样,以利于施工,若需要配置两种不同直径钢筋时(可使钢筋截面积满足设计要求),其直径相差至少 2mm 以上,以便识别。

为了保证混凝土与钢筋之间具有良好的黏结性能,避免因钢筋过密而影响混凝土浇注和振捣,梁下部纵向钢筋的净间距不得小于钢筋的最大直径 d 和 25mm,梁上部纵向钢筋的净间距不得小于钢筋最大直径的 1.5 倍和 30mm,同时两者均不得小于最大骨料粒径的 1.25 倍。

梁内纵向受力钢筋至少为 2 根,以满足形成钢筋骨架的需要。为保证截面内力臂为最大,纵向受力钢筋最好一排布置。当一排布置不下时,可采用两排布置或三排布置。当钢筋布置多于两排时,靠外侧钢筋的根数宜多一些,直径宜粗一些,第三排及以上各排钢筋的间距应比下面两排增大一倍。上、下两层钢筋应对齐布置,以免影响混凝土浇注。当钢筋数量很多时,可以将钢筋成束布置(每束以两根为宜)。梁中混凝土保护层厚度及钢筋间距如图 4-5 所示。

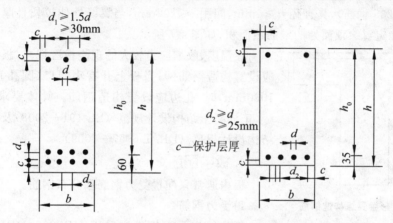

图 4-5　梁内钢筋净间距及保护层厚度

2)构造钢筋

为保证受力钢筋位置不变且与其他钢筋形成受力骨架,梁截面的上角部应设置构造钢筋架立钢筋(HPB235 或 HRB335),若受压区配有纵向受压钢筋,则可以不再配置架立钢筋:架立钢筋的直径与梁的跨度有关,当跨度小于 4m 时,架立钢筋直径 $d \geq 8\text{mm}$;当跨度为 $4\sim6\text{m}$时,架立钢筋直径 $d \geq 10\text{mm}$;当跨度大于 6m 时,架立钢筋直径 $d \geq 12\text{mm}$,如图 4-6 所示。

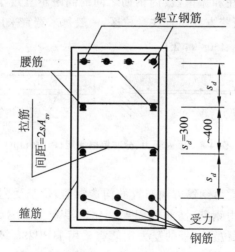

图 4-6　梁内构造钢筋类别及布置

当梁腹高度 $h_w \geqslant 450mm$（矩形梁全高）时，梁腹两侧应设置纵向构造钢筋（腰筋）并用直径为 6mm 的拉筋连接（见图 4-6）。每侧纵向构造钢筋的截面面积不小于 $0.001bh_w$，纵向构造钢筋沿梁高的间距不大于 200mm。拉筋直径与箍筋的相同，其间距多为箍筋间距的 2～3 倍，一般为 500～700mm。

薄腹梁下部 1/2 梁高内的腹板两侧应配置直径为 10～14mm 的纵向构造钢筋，其间距为 100～150mm；上部 1/2 梁高内的腹板每侧纵向构造钢筋的截面面积不小于 $0.001bh_w$，纵向构造钢筋沿梁高的间距不大于 200mm。

在独立 T 形截面梁中，为保证受压翼缘与梁肋的整体性，可以在翼缘顶面处配置横向受力钢筋（HPB235 钢筋），其直径 $d \geqslant 6mm$，间距 $s \leqslant 200mm$，当翼缘外伸较长且厚度较小时，应按受弯构件确定翼缘顶面处的钢筋截面积，如图 4-7 所示。

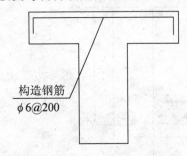

图 4-7　T 形梁翼缘构造钢筋

在温度、收缩应力较大的现浇板区域内，板的上、下表面应设置构造钢筋网；当板上开有小洞口（圆孔直径在 300～1000mm）时，孔边应设置构造钢筋。具体要求可参阅规范《水工混凝土结构设计规范》（SL 191—2008）及《水工混凝土结构设计规范》（DL/T 5057—2009）。

4. 板中配筋

板内通常只配置受力钢筋和分布钢筋。

1）受力钢筋

板的纵向受力钢筋宜采用 HPB235、HRB335 级钢筋。板的受力钢筋的常用直径为 6～12mm；对于 $h > 200mm$ 的较厚板（如水电站厂房安装车间的楼面板）和 $h > 1500mm$ 的厚板（如水闸的底板），受力钢筋的常用直径为 12～25mm。在同一板中，受力钢筋的直径最好相同；为节约钢材，也可采用两种不同直径的钢筋。

为使构件受力均匀，防止产生过宽裂缝，板中受力钢筋的间距 s 不能过大。当板厚 $h \leqslant 200mm$ 时，$s \leqslant 200mm$；当 $200mm < h \leqslant 1500mm$ 时，$s \leqslant 250mm$；当板厚 $h > 1500mm$ 时，$s \leqslant 300mm$。为便于混凝土浇注和振捣，板内钢筋之间的间距不宜过小，一般情况下，其间距 $s \geqslant 70mm$。板内受力钢筋沿板跨方向布置在受拉区，一般每米宽宜采用 4～10 根，如图 4-8 所示。

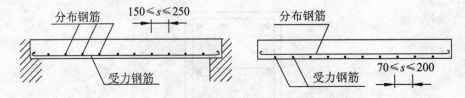

图 4-8　板内受力、分布钢筋间距（单位：mm）

2）分布钢筋

分布钢筋是垂直于板受力钢筋方向布置的构造钢筋，位于受力钢筋的内侧，其作用是：将板面荷载均匀地传递给受力钢筋；防止因温度变化或混凝土收缩等原因，沿板跨方向产生裂缝；固定受力钢筋处于正确位置。板的受力钢筋宜采用 HPB235 级钢筋。每米板宽内分布钢筋的截面积不小于受力钢筋截面积的 15%（集中荷载时为 25%）；分布钢筋的间距不宜大于 250mm，其直径不宜小于 6mm；当集中荷载较大时，分布钢筋的间距不宜大于 200mm。承受分布荷载的厚板,分布钢筋的直径应适当加大,可采用 10～16mm,钢筋的间距可为 200～400mm,如图 4-8 所示。

梁构件中除应配置纵向受力钢筋外,还应配置箍筋、弯起钢筋,以满足构件斜截面抗剪承载力要求,其具体构造要求详见项目 5。

任务 2　受弯构件正截面受力破坏特征及破坏界限条件

知识目标

了解受弯构件正截面受力的过程;掌握受弯构件的破坏形态、特征和判别条件。

能力目标

能根据构件所处环境选择合理的受力计算依据。

模块 1　梁的正截面受弯性能试验分析

1. 适筋梁正截面的受力过程

图 4-9 所示为钢筋混凝土受弯试验的加载装置和量测仪器布置示意图,构件采用两点对称加载,以保证构件中间部分为纯受弯区段(忽略构件自重)。荷载按预计的破坏荷载分级施加,直至构件破坏。

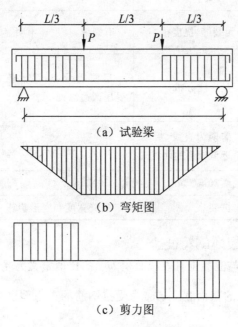

（a）试验梁

（b）弯矩图

（c）剪力图

图 4-9　适筋梁正截面试验

1)第Ⅰ阶段——未裂阶段

从梁开始加荷至梁受拉区即将出现第一条裂缝时的整个受力过程,称为第Ⅰ阶段。当荷载很小时,梁截面上各点的应力及应变均很小,混凝土处于弹性工作阶段,应力与应变成正比,此时,受拉区拉力由钢筋和混凝土共同承担。随着荷载增加,受拉区混凝土表现出塑性性质,应变增长速度比应力增长速度快。当受拉区最外缘混凝土应变即将达到极限拉应变时,相应的混凝土应力接近混凝土抗拉强度 f_t，而受压区混凝土仍处于弹性阶段。此时，梁处于即将开裂的极限状态(即第 I 阶段末)，这一阶段作为受弯构件抗裂验算的依据。

2)第 II 阶段——裂缝阶段

当受弯构件上的弯矩增加到使某一薄弱截面的下部出现第一条裂缝时，构件的受力状态进入裂缝工作阶段。当裂缝出现之后，受拉区混凝土上的拉力转由钢筋承担，因此裂缝处钢筋的应变和应力明显增大，同时，混凝土受压区随中和轴的上移而逐渐减小，其压应力也逐渐增大，表现出较明显的塑性性质，当受拉钢筋应力达到屈服强度 f_y(即第 II 阶段末)时，该阶段可作为受弯构件正常使用阶段变形验算和裂缝宽度验算的依据。

3)第 III 阶段——破坏阶段

钢筋屈服后，随着弯矩的增大，裂缝迅速向上扩展，中和轴随之快速上移，混凝土受压区减小且应力也越来越大，混凝土即表现出充分的塑性特征，当弯矩增加到极限弯矩 M_u 时，受压区边缘达到混凝土极限压应变 ε_{cu}，构件因受压区混凝土压碎而完全破坏。此时的受力状态为第 III 阶段结束时的受力状态，该应力状态可以作为构件极限承载力的计算依据。

表 4-4 所示为适筋梁正截面工作三个阶段的主要特征。

表 4-4　适筋梁正截面工作三个阶段的主要特征

受 力 阶 段		第 I 阶段 (未裂阶段)	第 II 阶段(裂缝阶段)	第 III 阶段(破坏阶段)
外表现象		无裂缝，挠度很小	有裂缝，挠度还不明显	裂缝明显，挠度增大，混凝土压碎
混凝土 应力图形	压区	呈直线分布	呈曲线分布，最大值在受压区边缘处	受压区高度更为减小，曲线丰满，最大值不在受压区边缘
	拉区	前期为直线，后期呈近似矩形的曲线	大部分混凝土退出工作	混凝土退出工作
纵向受拉钢筋应力 σ_s		$\sigma_s \leqslant 20\text{N}/\text{mm}^2$	$30\text{N}/\text{mm}^2 \leqslant \sigma_s \leqslant f_y$	$\sigma_s = f_y$
计算依据		抗裂	裂缝宽度和变形验算	正截面受弯承载力

2. 受弯构件正截面破坏的特征

将受拉钢筋截面积 A_s 与混凝土有效截面积 bh_0 的比值定义为受弯构件的配筋率 ρ，即 $\rho = \dfrac{A_s}{bh_0} \times 100\%$，其中，$b$ 为梁的截面宽度，h_0 为受拉钢筋的重心至混凝土受压区外边缘的距离，称为梁的有效高度。

大量相关试验结果表明，钢筋混凝土受弯构件的受力特点和破坏特征与构件中纵向受力钢筋配筋率 ρ、钢筋强度 f_y、混凝土强度 f_c 等因素有关。但在钢筋与混凝土强度等级确定的情况下，破坏形态只与配筋率 ρ 有关。一般情况下，受弯构件随着配筋率 ρ 的增大依次产生少筋破坏、适筋破坏及超筋破坏三种破坏形式，如图 4-10 所示。

1)适筋破坏($\rho_{\min} \leqslant \rho \leqslant \rho_{\max}$)

配筋率 ρ 适当的受弯构件称为适筋受弯构件。适筋破坏的特征是:受拉钢筋应力先达到

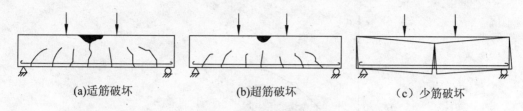

图 4-10　受弯构件的破坏形式

屈服强度,受压区混凝土因达到极限压应变而被压碎。破坏前构件上有明显主裂缝和较大挠度,给人以明显的破坏征兆,属于塑性破坏(即延性破坏)。因这种情况安全可靠,且能充分发挥材料强度,是受弯构件正截面计算的依据。

2)超筋破坏($\rho > \rho_{max}$)

当截面配置受拉钢筋数量过多时,即发生超筋破坏。超筋破坏的特征是:受拉钢筋达到屈服强度之前,受压区混凝土因达到极限压应变而被压碎。破坏前构件的裂缝宽度和挠度都较小,破坏无明显预兆,属于脆性破坏。超筋破坏不仅破坏突然,且钢筋用量大,不经济。因此,设计时不允许采用超筋截面。

3)少筋破坏($\rho < \rho_{min}$)

当截面配置受拉钢筋数量过少时,即发生少筋破坏。少筋破坏的特征是:破坏时的极限弯矩等于开裂弯矩,一裂即断。构件一旦开裂,裂缝截面混凝土即退出工作,拉力由钢筋承担而使钢筋应力突增,并很快达到并超过屈服强度,进入强化阶段,导致较宽裂缝和较大变形而使构件破坏。因少筋破坏是突然发生的,也属于脆性破坏。所以,设计中禁止采用少筋截面。

综上所述,当受弯构件的截面尺寸、混凝土强度等级相同时,正截面破坏的特征随配筋量多少而变化,其规律是:配筋量太少时,破坏弯矩等于开裂弯矩,其大小取决于混凝土的抗拉强度及截面尺寸大小;配筋量过多时,配筋不能充分发挥作用,构件的破坏弯矩取决于混凝土的抗压强度及截面尺寸;配筋量适中时,构件的破坏弯矩取决于配筋量、钢筋的强度等级及截面尺寸。钢筋混凝土受弯构件设计必须采用适筋截面。因此,以适筋截面的破坏为基础,建立受弯构件正截面受弯承载力的计算公式,再配以公式的适用条件,以限制超筋和少筋破坏的发生。

模块 2　正截面受弯承载力的计算假定和破坏界限条件

1. 正截面承载力计算的基本假定

正截面承载力计算的基本假定如下。

(1)截面应变保持平面。

(2)不考虑混凝土的抗拉强度。

(3)混凝土受压的应力与应变曲线采用曲线加直线段,如图 4-11 所示。

(4)钢筋的应力-应变关系:钢筋应力取等于钢筋应变与其弹性模量的乘积,但不应大于其相应的强度设计值,即钢筋屈服前,应力按 $\sigma_s = E_s \varepsilon_s$ 计算;钢筋屈服后,其应力一律取强度设计值 f_y。

2. 受压区混凝土的等效应力图形

根据平截面假定和混凝土应力-应变曲线,可绘制出受压区混凝土的应力-应变图形。由

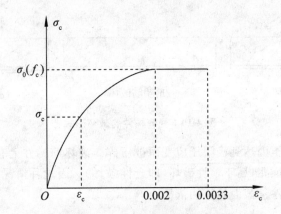

图 4-11　混凝土应力-应变关系曲线

于得到的应力-应变曲线为二次抛物线,不便于计算,采用等效的矩形应力图形代替曲线应力图形,即两者应力图形面积相等,总压力值不变,两者面积的形心重合。根据混凝土压应力的合力相等和合力作用点位置不变的原则,近似取 $x=0.8x_0$,将其简化为等效矩形应力图形,如图 4-12 所示。

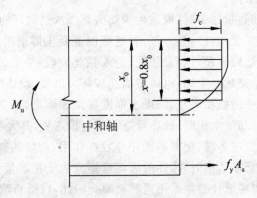

图 4-12　等效应力图形

3. 适筋破坏与超筋破坏的界限条件

1)相对界限受压区计算高度

等效代换后矩形混凝土受压区计算高度 x 与截面有效高度 h_0 的比值,称为相对受压区计算高度,即

$$\xi = x/h_0 \tag{4-1}$$

2)界限破坏

如前所述,适筋受弯构件的破坏特点是受拉钢筋先达到屈服强度 f_y,受压区边缘处混凝土后达到极限压应变 ε_{cu}。超筋受弯构件的破坏特点是受压区边缘处混凝土达到极限压应变 ε_{cu} 时,受拉钢筋应力低于屈服强度 f_y。如果受拉钢筋应力达到屈服强度 f_y 时,受压区边缘处混凝土处恰好达到极限压应变 ε_{cu},则这种破坏称为受弯构件的界限破坏(适筋和超筋的界限)。这时混凝土受压区计算高度 x_b 与截面有效高度 h_0 的比值,称为相对界限受压区计算高度,即

$$\xi_b = x_b/h_0 \tag{4-2}$$

若实际混凝土相对受压区计算高度 $\xi < \xi_b$，即 $x < x_b$、$\varepsilon_s > \varepsilon_y$，受拉钢筋可以达到屈服强度，因此为适筋破坏；若 $\xi > \xi_b$，即 $x > x_b$、$\varepsilon_s < \varepsilon_y$，受拉钢筋达不到屈服强度，因此为超筋破坏，如图 4-13 所示。

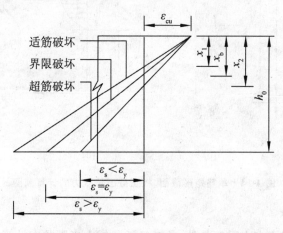

图 4-13　适筋、超筋、界限破坏时截面的应变分布

钢筋 ξ_b 值的计算与钢筋种类及其强度等级有关。为了计算方便，将水工结构中常用钢筋 ξ_b 值列于表 4-5。

表 4-5　钢筋混凝土构件常用钢筋的 ξ_b 值及 α_{sb}

钢筋级别	ξ_b	$\alpha_{sb} = \xi_b(1 - 0.5\xi_b)$	$0.85\,\xi_b$	$\alpha_{smax} = 0.85\xi_b(1 - 0.5\xi_b)$
HPB235	0.614	0.426	0.522	0.386
HRB335	0.550	0.399	0.468	0.358
HRB400 RRB400	0.518	0.384	0.440	0.343

任务 3　单筋矩形截面受弯承载力计算

知识目标

掌握单筋矩形截面受弯构件承载力计算公式及公式的适用条件。

能力目标

能对单筋矩形截面受弯构件进行简单的配筋设计和截面校核；能熟练地使用计算机软件绘制配筋图。

模块 1　基本公式及适用条件

1. 计算简图

根据受弯构件适筋破坏特征，在进行单筋矩形截面的受弯承载力计算时，忽略受拉区混凝土的作用；受压区混凝土的应力图形采用等效矩形应力图形，应力值取为混凝土的轴心抗压强度 f_c；受拉钢筋应力达到钢筋的强度设计值 f_y。计算简图如图 4-14 所示。

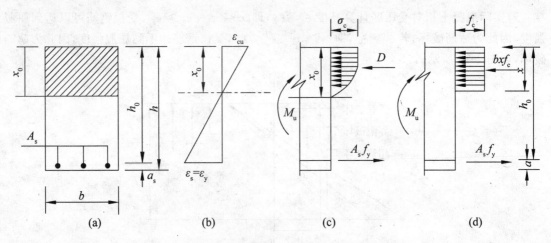

图 4-14　单筋矩形截面、板正截面承载力的计算简图

2. 基本公式

根据计算简图和截面内力平衡条件,并满足承载能力极限状态计算表达式的要求,可得基本公式为

$$\sum X = 0 \qquad f_c b x = f_y A_s \tag{4-3}$$

$$\sum M = 0 \qquad KM \leqslant f_c b x (h_0 - 0.5x) \tag{4-4}$$

式中：　M——弯矩设计值,按荷载效应基本组合或偶然组合计算,N·mm;

　　　　f_c——混凝土轴心抗压强度设计值,N·mm²,按附录表 A-2 取用;

　　　　b——矩形截面宽度,mm;

　　　　x——混凝土受压区计算高度,mm;

　　　　h_0——截面有效高度,mm;

　　　　f_y——受压钢筋的强度设计值,N/mm²,按附录表 A-6 取用;

　　　　A_s——受拉钢筋的截面积,mm²;

　　　　K——承载力安全系数,按附录表 A-9 取用。

利用基本公式进行截面设计时,必须求解方程组,比较麻烦。为简化计算,引入截面抵抗矩系数 α_s,令

$$\alpha_s = \xi(1 - 0.5\xi) \tag{4-5}$$

同时引用 $\xi = x/h_0$,则式(4-3)、式(4-4)可写为

$$KM \leqslant \alpha_s f_c b h_0^2 \tag{4-6}$$

$$f_c b h_0 \xi = f_y A_s \tag{4-7}$$

由式(4-7)可得

$$\rho = f_c \xi / f_y \tag{4-8}$$

3. 公式适用条件

1)防止超筋破坏

基本公式是依据适筋构件破坏时的应力图形情况推导的,仅适用于适筋截面。当超筋截面破坏时,受拉钢筋没有屈服,即未达到 f_y,受压区混凝土达到了极限压应变 ξ_{cu}。为了保障

结构安全,更有效地防止发生超筋破坏,应用基本公式和由它派生出来的计算公式计算时,必须符合下列条件:

$$\xi \leqslant 0.85\xi_b \tag{4-9}$$

即

$$x \leqslant 0.85\xi_b h_0 \tag{4-10}$$

$$\rho \leqslant \rho_{max} = 0.85 f_c\xi_b/f_y \tag{4-11}$$

上述三个公式意义相同,满足其中之一,则必满足其余两式。

2)防止少筋破坏

钢筋混凝土构件破坏时承担的弯矩等于同截面素混凝土受弯构件所能承担的弯矩时的受力状态,为适筋破坏与少筋破坏的分解。这时梁的配筋率应是适筋受弯构件的最小配筋率。《水工混凝土结构设计规范》(SL 191—2008)不仅考虑了这种等承载力原则,而且还考虑了混凝土的性质和工程经验。因此,计算公式应满足

$$\rho \geqslant \rho_{min} \tag{4-12}$$

式中:ρ_{min}——最小配筋率,按附录表 C-3 取用。

模块 2　单筋矩形截面受弯承载力计算公式的应用

受弯构件正截面承载力计算包括截面设计和截面校核两方面的内容,截面设计是指根据构件所承受的荷载效应(设计弯矩)和初步拟定的截面形式、尺寸、材料强度等级等条件,计算纵向受力钢筋的截面积;截面校核是指按已确定的构件尺寸、材料强度及纵向受力钢筋的截面积计算构件截面所能承担的最大设计弯矩值。

1. 截面设计

1)截面尺寸的拟定

一般可以借鉴相关设计经验或参考类似结构来确定构件截面高度 h,再根据截面宽高比的一般范围确定截面宽度 b。由于能满足承载能力要求的截面尺寸可能有很多,因此,截面尺寸的拟定不能仅考虑承载能力的要求,而应综合考虑构件承载能力和正常使用等要求以及施工和造价等因素。

一般情况下,构件截面尺寸与受力钢筋配筋率有着紧密联系,截面尺寸大则配筋率较低,反之则较大。配筋率过大或过小,不仅容易产生脆性破坏而且不经济。为此应将构件配筋率控制在使各方面的性能及指标均较好的范围内,该范围内的配筋率称为经济配筋率。

对于一般的梁、板等受弯构件而言,其经济配筋率:板(一般为薄板),0.4%~0.8%;矩形截面梁,0.6%~1.5%;T 形截面梁,0.9%~1.8%(相对梁肋而言)。

2)内力计算

(1)确定计算简图。

计算简图中应包括计算跨度、支座条件、荷载形式等的确定。简支梁与板的计算跨度 l_0可取下列各值中的较小值。

对于简支梁、空心板:　　　$l_0 = l_n + a$　　或　　$l_0 = 1.05l_n$

对于简支实心板:　　$l_0 = l_n + a$,　　$l_0 = l_n + h$　　或　　$l_0 = 1.1l_n$

式中:l_n——梁或板的净跨;

a——梁或板的支承长度;

h ——板厚。

板宽通常取单位宽度 1m。

(2)确定弯矩设计值 M。

按照荷载的不利组合,计算出跨中最大正弯矩和支座最大负弯矩的设计值。

(3)配筋计算。

①计算 $\alpha_s = \dfrac{KM}{f_c b h_0^2}$。

②计算 $\xi = 1 - \sqrt{1 - 2\alpha_s}$。验算 $\xi \leqslant 0.85\xi_b$,若不满足,则会发生超筋破坏,可以通过加大截面尺寸、提高混凝土强度等级或采用双筋截面来解决此问题。

③计算 $A_s = f_c b \xi h_0 / f_y$。

④计算 $\rho = A_s / b h_0$。验算 $\rho \geqslant \rho_{min}$,若 $\rho < \rho_{min}$,将会发生少筋破坏,此时需要按 $\rho = \rho_{min}$ 进行配筋。截面的实际配筋率 ρ 应满足 $\rho_{min} \leqslant \rho \leqslant \rho_{max}$,最好处于梁或板的常用配筋率范围内。

(4)选配钢筋,绘制配筋图。

根据附录表 B-1、表 B-2,选择合适的钢筋直径、间距和根数。实际采用的 $A_{s实}$ 一般要大于或等于计算所需要的 $A_{s计}$;允许出现小于 $A_{s计}$,但应符合 $|A_{s实} - A_{s计}| / A_{s计} \leqslant 5\%$。配筋图形应表示出截面尺寸和钢筋的布置,按适当比例绘制。

2. 截面校核

截面校核又称承载力复核,它是在已知截面尺寸、受拉钢筋截面积、钢筋级别和混凝土强度等级的条件下,验算构件正截面的承载能力,具体计算过程可按下述步骤进行。

由式 $f_c b x = f_y A_s \rightarrow x \rightarrow \xi \rightarrow$ 验证 $\xi \leqslant 0.85\xi_b$

$\rightarrow \begin{cases} \text{是} \rightarrow \text{将 } \xi \text{ 代入 } M_u = \xi(1 - 0.5\xi) f_c b h_0^2 \rightarrow \text{验证 } KM \leqslant M_u \\ \\ \text{否} \rightarrow \text{取 } \xi = 0.85\xi_b \rightarrow M_u = \alpha_{sb} f_c b h_0^2 \rightarrow \text{验证 } KM \leqslant M_u \end{cases}$

模块 3　单筋矩形截面受弯承载力计算案例

【例 4-1】 某水电站厂房(2 级水工建筑物)的钢筋混凝土简支梁,如图 4-15 所示。一类环境,净跨 $l_n = 6m$,计算跨度 $l_0 = 6.24m$,承受均布永久荷载(不包括自重)$g_k = 12kN/m$,均布可变荷载 $q_k = 10kN/m$,采用的混凝土强度等级为 C20,HRB335 级钢筋,试确定该梁的截面尺寸和纵向受拉钢筋面积 A_s。

解 查附录表 A-2、表 A-6、表 D-2 得

$$f_c = 9.6 \text{ N/mm}^2, \quad f_y = 300 \text{ N/mm}^2, \quad K = 1.2$$

(1)确定截面尺寸。由构造要求取:

$h = (1/8 \sim 1/12) l_0 = (1/8 \sim 1/12) \times 6240 \text{mm} = 780 \sim 520 \text{mm}$,取 $h = 550 \text{mm}$

$b = (1/2 \sim 1/3) l_0 = (1/2 \sim 1/3) \times 550 \text{mm} = 275 \sim 183 \text{mm}$,取 $b = 250 \text{mm}$

(2)内力计算。

梁的自重为

$$G_k = 25 \times 0.25 \times 0.55 \times 6 \text{kN} = 20.625 \text{kN}$$

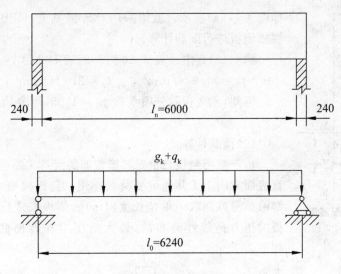

图 4-15　例 4-1 图

$$M = (1.05g_k + 1.2q_k) l_0^2 / 8 + 1.05 \times 1/4 \times G_k l_0$$
$$= [(1.05 \times 12 + 1.2 \times 10) \times 6.24^2 \div 8 + 1.05 \times 1/4 \times 20.625 \times 6.24] \text{kN} \cdot \text{m}$$
$$= 134.52 \text{kN} \cdot \text{m}$$

(3)配筋计算。

取 $a_s = 45$mm，则 $h_0 = h - a_s = (550 - 45)$mm $= 505$mm。

$$\alpha_s = \frac{KM}{f_c b h_0^2} = \frac{1.2 \times 134.52 \times 10^6}{9.6 \times 250 \times 505^2} = 0.264$$

$$\xi = 1 - \sqrt{1 - 2\alpha_s} = 1 - \sqrt{1 - 2 \times 0.264} = 0.313 < 0.85\xi_b = 0.85 \times 0.55 = 0.468$$

$$A_s = f_c b \xi h_0 / f_y = 9.6 \times 250 \times 0.313 \times 505 \div 300 \text{ mm}^2 = 1264.52 \text{ mm}^2$$

$$\rho = A_s / (b h_0) \times 100\% = 1264.52 / (250 \times 505) \times 100\% = 1\% > \rho_{min} = 0.2\%$$

(4)选配钢筋，绘制钢筋图。

查附录表 B-1，可以选受拉钢筋为：5 ϕ 18（$A_s = 1272$mm²），3 ϕ 25（$A_s = 1473$mm²），4 ϕ 20（$A_s = 1256$mm²），由于 $a_s = 45$mm 是按照钢筋一排布置取值的，下面分别验证上述配筋一排是否能排得下。

①取 5 ϕ 18 时，需要最小梁宽

$$b_{min} = 2c + 5d + 4e = (2 \times 30 + 5 \times 18 + 4 \times 25) \text{ mm} = 250 \text{mm} = b$$

②取 3 ϕ 25 时，需要最小梁宽

$$b_{min} = 2c + 3d + 2e = (2 \times 30 + 3 \times 25 + 2 \times 25) \text{ mm} = 185 \text{mm} < b$$

③取 4 ϕ 20 时，需要最小梁宽

$$b_{min} = 2c + 4d + 3e = (2 \times 30 + 4 \times 20 + 3 \times 25) \text{ mm} = 215 \text{mm} < b$$

但 4 ϕ 20（$A_s = 1256$mm²），选择的截面积小于计算截面积，所以需要验证 $|A_{s实} - A_{s计}| / A_{s计} \times 100\% = |1256 - 1264.52| / 1264.52 \times 100\% = 0.68\% < 5\%$

上述结果表明，选择这三种配筋理论上都可以满足承载力需求，但考虑施工便利和安全度等因素，可选择 3 ϕ 25 为最终配筋，配筋图如图 4-16 所示。

【例 4-2】　某渡槽为 3 级水工建筑物（环境条件为二类），渡槽侧板的截面尺寸及受力条件

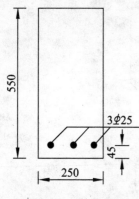

图 4-16 例 4-1 配筋图
(单位:mm)

如图 4-17(a)所示。渡槽采用 C25 混凝土,HPB235 级钢筋,试对渡槽侧板进行配筋计算。

解 (1)查附录表 A-2、表 A-6、表 D-2 得

$$f_c = 11.9 \text{ N/mm}^2, \quad f_y = 210 \text{ N/mm}^2, \quad K = 1.2$$

可知,永久荷载分项系数 $\gamma_G = 1.05$,可变荷载分项系数 $\gamma_G = 1.2$。

(2)荷载计算。

由于渡槽侧板自重对其横截面的受弯无影响且渡槽侧板在垂直板面方向上无其他可变荷载作用。且因渡槽太长,实际设计中常沿槽身方向取一单位长度(1m)的侧板来进行设计。水体对侧板的压力是线性分布的,最大的压力在渡槽底板顶面处,其值如下。

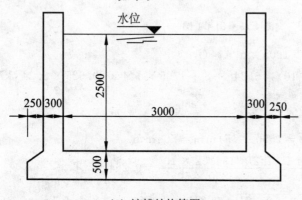

(a)渡槽结构简图

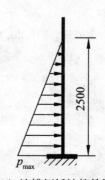

(b)渡槽侧板计算简图

图 4-17 例 4-2 图(单位:mm)

标准值: $p_{kmax} = \gamma h b = 10 \times 2.5 \times 10 \text{ kN/m}^2 = 25 \text{ kN/m}^2$

设计值: $p_{max=} = \gamma_G p_{kmax} = 1.05 \times 25 \text{ kN/m}^2 = 26.25 \text{ kN/m}^2$

(3)内力计算。

因渡槽侧板是与渡槽底板整体浇筑的,底板厚度较大,可以视为渡槽侧板的固定端,因此渡槽侧板受力特点为一悬臂板,其钳固端在底板顶面处,因而侧板的最大弯矩在渡槽底板顶面处。其计算简图如图 4-17(b)所示。

$$M = \frac{1}{2} p_{max} bh \frac{h}{3} = \frac{1}{2} \times 26.25 \times 1.0 \times 2.5 \times \frac{2.5}{3} \text{kN} \cdot \text{m} = 27.3444 \text{kN} \cdot \text{m}$$

(4)计算参数确定。

取 $a_s = 30 \text{mm}$,截面的有效高度

$$h_0 = h - a_s = (300 - 30) \text{ mm} = 270 \text{mm}$$

(5)配筋计算。

计算截面抵抗矩系数

$$\alpha_s = \frac{KM}{f_c b h_0^2} = \frac{1.2 \times 27.3444 \times 10^6}{11.9 \times 1000 \times 270^2} = 0.0378$$

$$\xi = 1 - \sqrt{1 - 2\alpha_s} = 1 - \sqrt{1 - 2 \times 0.0378} = 0.0385 < \xi_b = 0.614$$

$$A_s = \left(\xi \frac{f_c}{f_y} \right) bh_0 = \left(0.0385 \times \frac{11.9}{210} \right) \times 1000 \times 270 \ \text{mm}^2 = 589.05 \ \text{mm}^2$$

截面配筋率 $\rho = \dfrac{A_s}{bh_0} = \dfrac{589.05}{1000 \times 270} = 0.22\% > \rho_{\min} = 0.2\%$

故满足适用条件,所以截面尺寸合理。

(6)选配钢筋级钢筋布置。

查附录表 B-2 可得,板中钢筋可以采用 $\phi 14@250 (A_s = 616 \text{mm}^2)$,亦即钢筋直径取为 14mm,钢筋间距为 250mm(当板厚 $h > 150$mm 时,钢筋间距应满足 $s \leqslant 1.5h$ 或 $s \leqslant 300$mm 中的较小值)。

渡槽侧板钢筋的布置如图 4-18 所示。

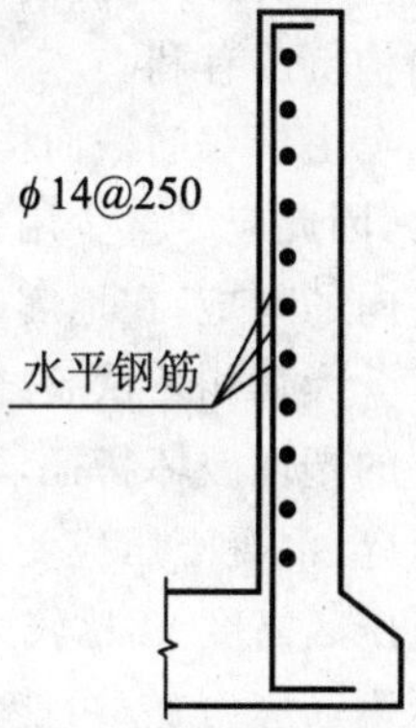

【例 4-3】 某预制钢筋混凝土简支平板,计算跨度 $l_0 = 1820$mm,板宽 600mm,板厚 60mm。混凝土强度等级 C20,受拉区配有 4 根直径为 6mm 的 HPB235 级钢筋,环境类别为一类,当使用荷载及板自重在跨中产生的弯矩最大设计值为 $M = 520000$N·mm 时,试验算正截面承载力是否足够。

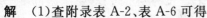

$\phi 14@250$

水平钢筋

图 4-18 渡槽侧板钢筋的布置

解 (1)查附录表 A-2、表 A-6 可得

$$f_c = 9.6 \ \text{N/mm}^2 \ , \ f_y = 210 \ \text{N/mm}^2$$

查附录表 C-1,板的混凝土保护层厚度取为 20mm,则 $a_s = (20 + 6/2)$ mm $= 23$mm ,截面有效高度 $h_0 = h - a_s = (60 - 23)$ mm $= 37$mm,钢筋截面积 $A_s = 113 \ \text{mm}^2$,有

$$x = \frac{f_y A_s}{f_c b} = \frac{210 \times 113}{9.6 \times 600} \text{mm} = 4.1 \text{mm} < 0.85 \xi_b h_0 = 0.85 \times 0.614 \times 37 \text{mm} = 19.3 \text{mm}$$

(2)求 M_u 。

$$M_u = f_c bx (h_0 - 0.5x) = 9.6 \times 600 \times 4.1 \times (37 - 4.1/2) \ \text{N} \cdot \text{mm} = 825379 \text{N} \cdot \text{mm}$$

(3)判别承载力是否足够。

因为 $M_u > KM = 1.2 \times 520000 \text{N} \cdot \text{mm} = 624000 \text{N} \cdot \text{mm}$

故该截面承载力足够。

任务4　双筋矩形截面受弯承载力计算

知识目标

掌握双筋矩形截面受弯构件承载力计算公式及公式的适用条件。

能力目标

能对双筋矩形截面受弯构件进行简单的配筋设计和截面校核,能熟练地使用计算机软件绘制配筋图。

模块1　基本公式及适用条件

1. 使用双筋截面的前提条件

如前所述,同时在受拉区和受压区配置纵向受力钢筋的矩形截面受弯构件称为双筋矩形截面受弯构件。一般来说,采用受压钢筋协助混凝土承受压力是不经济的。双筋矩形截面受弯构件主要应用于以下几种情况。

(1)截面承受的弯矩设计值很大,超过了单筋矩形截面适筋梁所能承担的最大弯矩,而构件的截面尺寸及混凝土强度等级又都受到限制而不能增大或提高。

(2)结构或构件承受某种交变的作用(如地震和风荷载作用),使构件同一截面上的弯矩可能发生变号,即同一截面既可能承受正弯矩,又可能承受负弯矩。

(3)因某种原因在构件截面的受压区已经布置了一定数量的受力钢筋(如框架梁和连续梁的支座截面)。

(4)在计算抗震设防烈度 6 度以上地区,为了增加构件的延性,在受压区配置普通钢筋,对结构抗震有利。

由于双筋截面构件采用钢筋协助混凝土承受压力,造成用钢量增大,一般情况下是不经济的,因此应尽量少用。但是双筋截面可以提高构件的承载力和延性,同时可以承受正、反两个方向的弯矩,在地震区和承受动荷载时则应优先采用。

大量相关试验结果表明,只要满足 $\xi \leqslant 0.85\xi_b$ 的条件,双筋受弯构件仍然具有适筋受弯构件的塑性破坏特征,即受拉钢筋首先屈服,然后经历一个较长的变形过程,受压区混凝土才被压碎(混凝土压应变达到极限压应变)。受压钢筋压应力 σ'_s 的大小与受压区高度 x_0 有关,当受压区高度 x_0 比较大时,受压钢筋可以达到抗压屈服强度 f'_y;而在受压区高度 x_0 太小时,受压钢筋应力 σ'_s 可能低于抗压屈服强度 f'_y。除此之外,双筋截面破坏时的应力分布图形与单筋截面的应力分布图形相同。确定了截面的应力图形后,双筋截面的设计计算就与单筋截面的设计计算类似。

2.计算公式及适用条件

1)计算简图

双筋矩形截面受弯承载力的计算简图如图 4-19 所示。

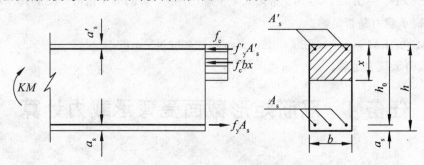

图 4-19　双筋矩形截面受弯承载力计算简图

2)基本公式

$$\sum X = 0 \ , \ f_c bx + f'_y A'_s = f_y A_s \tag{4-13}$$

$$\sum M = 0 \ , KM \leqslant f_c bx(h_0 - 0.5x) + f'_y A'_s(h_0 - a'_s) \tag{4-14}$$

为简化计算,将 $x = \xi h_0$ 及 $\alpha_s = \xi(1 - 0.5\xi)$ 代入式(4-13)、式(4-14),得

$$f_c b\xi h_0 + f'_y A'_s = f_y A_s \tag{4-15}$$

$$KM \leqslant \alpha_s f_c bh_0^2 + f'_y A'_s(h_0 - a'_s) \tag{4-16}$$

式中：f'_y——受压钢筋的抗压强度设计值，N/mm^2，按附录表 A-6 取用；

　　A'_s——受压钢筋的截面积，mm^2；

　　a'_s——受压区钢筋合力点至截面受压边缘的距离，mm。

3）适用条件

双筋截面应保证受拉钢筋先达到屈服强度 f_y，然后混凝土达到极限压应变 ε_{cu}，即不发生超筋破坏，因此其受压区高度 x 和相对受压区高度 ξ 同样应满足相应要求。

为了保证受压钢筋的应力能达到 f'_y，受压区高度应满足 $x \geqslant 2a'_s$。

综上所述，双筋截面受弯构件基本计算公式的适用条件为

$$2a'_s \leqslant x \leqslant 0.85\xi_b h_0 \tag{4-17}$$

若 $x < 2a'_s$，纵向受压钢筋应力尚未达到 f'_y，此时受压钢筋不能充分发挥作用，因此可以取 $A'_s = \rho'_{min} bh_0$，同时受压区高度较小，受压区混凝土的合力与受压钢筋的合力相距很近，可近似地认为二者重合，即取 $x \approx 2a'_s$。并对受压钢筋合力作用点取矩，即得

$$KM \leqslant f_y A_s(h_0 - a'_s) \tag{4-18}$$

式（4-18）为双筋截面 $x < 2a'_s$ 时，确定纵向受拉钢筋数量的唯一公式。若计算中不考虑受压钢筋的作用，则条件 $x \geqslant 2a'_s$ 即可取消。

双筋截面承受的弯矩较大，相应的受拉钢筋配置较多，一般均能满足最小配筋率的要求，无须验算 ρ_{min} 的条件。

模块 2　双筋矩形截面受弯承载力计算公式的应用

双筋矩形截面受弯承载力计算内容与单筋的相同，仍包括以下两方面的内容。

（1）截面设计。根据构件所承受的荷载效应（设计弯矩）和初步拟定的截面形式、尺寸、材料强度等级等条件，计算纵向受力钢筋的截面积。

（2）截面校核。按已确定的构件尺寸，材料强度及纵向受力钢筋的截面积计算构件截面所能承担的最大设计弯矩值。

1. 截面设计

双筋截面的配筋计算，会遇到下列两种情况。

1）A_s 和 A'_s 均未知

式（4-13）和式（4-14）中的 x 均未知，两个方程无法求解三个未知数，可按下列步骤进行计算：

假设为单筋截面，按单筋截面承载力计算公式 $KM \leqslant f_c bx(h_0 - 0.5x) \rightarrow \xi \rightarrow$

验证 $\xi \leqslant 0.85\xi_b \rightarrow$
- 是：说明假设正确，继续按单筋进行计算
- 否：说明会发生超筋破坏 $\rightarrow$
  - 增加压区截面尺寸
  - 提高混凝土强度等级
  - 压区配置受力钢筋

查钢筋表（附录表 B-1），选配钢筋 $\leftarrow$

$$A'_s = \frac{KM - \alpha_{smax} f_c bh_0^2}{f'_y(h_0 - a'_s)}$$

$$A_s = \frac{0.85 f_c bh_0 \xi_b + f'_y A'_s}{f_y}$$

$\leftarrow$ 令 $\xi = 0.85\xi_b$

2）A_s 或 A'_s 有一个未知

下面以已知 A'_s、未知 A_s 的情况求解，另一种情况以此类推。

将 A'_s 代入式(4-16)，即 $KM \leqslant \alpha_s f_c bh_0^2 + f'_y A'_s(h_0 - a'_s) \rightarrow \alpha_s \rightarrow \xi \rightarrow$

$\begin{cases} 若 \xi > 0.85\xi_b，说明已配置的 A'_s 数量不足，此时应按 A_s 和 A'_s 均未知重新计算 \\[2mm] 若 2a'_s \leqslant x \leqslant 0.85\xi_b h_0，则 A_s = \dfrac{f_c bh_0 \xi + f'_y A'_s}{f_y} \\[2mm] 若 x < 2a'_s，A_s = \dfrac{KM}{f_y(h_0 - a'_s)} \end{cases}$

查钢筋表，选配钢筋。

2. 截面校核

已知截面尺寸、受拉钢筋和受压钢筋截面面积、钢筋级别、混凝土强度等级，验算构件正截面的承载能力。具体可按下列步骤进行：

将 A_s、A'_s 代入式(4-13) $\rightarrow x = \dfrac{f_y A_s - f'_y A'_s}{f_c b} \rightarrow \xi \rightarrow$

$\begin{cases} 若 \xi > 0.85\xi_b，则取 \xi = 0.85\xi_b，验证 KM \leqslant \alpha_{smax} f_c bh_0^2 + f'_y A'_s(h_0 - a'_s) \\[2mm] 若 2a'_s \leqslant x \leqslant 0.85\xi_b h_0，则验证式(4-18)，即 KM \leqslant f_c bx(h_0 - 0.5x) + f'_y A'_s(h_0 - a'_s) \\[2mm] 若 x < 2a'_s，则验证式(4-18)，即 KM \leqslant f_y A_s(h_0 - a'_s) \end{cases}$

$\rightarrow$ 满足上述条件，则说明截面安全，否则，不安全

模块 3　双筋矩形截面受弯承载力计算案例

【例 4-4】 某矩形截面梁为 3 级水工建筑物，其所处的环境条件为二级。其截面尺寸为 $bh = 200\text{mm} \times 500\text{mm}$，采用 C25 混凝土制作，纵向受力钢筋采用 HRB335，纵筋的保护层厚度为 35mm；梁上荷载产生的截面弯矩为 $M = 175\text{kN} \cdot \text{m}$。试设计该梁（假定截面尺寸、混凝土强度等级因条件限制不能增大或提高）。

解　(1)确定基本参数。

查附录表 A-2、表 A-6、表 D-2 可得

$$f_c = 11.9\text{N/mm}^2；f_y = f'_y = 300 \text{ N/mm}^2；K = 1.20$$

(2)先假设为单筋截面。

按单筋截面计算截面抵抗矩系数 α_s，因截面承受的弯矩较大，因此下部受拉钢筋较多，故应分 2 排布置。所以取 $a_s = 70\text{mm}$，$h_0 = h - a_s = 430\text{mm}$。

$$\alpha_s = \frac{KM}{f_c bh_0^2} = \frac{1.2 \times 175 \times 10^6}{11.9 \times 200 \times 430^2} = 0.4772$$

因 $\xi = 1 - \sqrt{1 - 2\alpha_s} = 0.786 > 0.85\xi_b$，截面为超筋截面，应按双筋截面设计。

(3)按双筋截面设计。

查表 4-5 知，采用 HRB335 级钢筋时，$\xi_b = 0.550$。

取 $a'_s = 45\text{mm}$，令 $\xi = 0.85\xi_b$，则受压钢筋截面积 A'_s 按式(4-16)计算

$$A'_s = \frac{KM - \alpha_{smax} f_c bh_0^2}{f'_y(h_0 - a'_s)} = 299\text{mm}^2$$

查附录表 B-1，选用 2 ϕ 14，$A'_s = 307.9\text{mm}^2$（满足要求）。受拉钢筋截面积 A_s 按式(4-15)

计算：

$$A_s = \frac{f_c b \xi_b h_0 + A'_s f'_y}{f_y} = \frac{5.6268 \times 10^5 + 0.0897 \times 10^5}{300} \text{mm}^2 = 2175.2 \text{mm}^2$$

选用 $4\phi22 + 2\phi20$，$A'_s = 2148 \text{mm}^2$。

截面配筋图如图 4-20 所示。

【例 4-5】　已知某矩形截面简支梁（2 级水工建筑物），$bh = 250 \text{mm} \times 500 \text{mm}$，一类环境，计算跨度 $l_0 = 6500 \text{mm}$，在使用期间承受均布荷载标准值 $g_k = 20 \text{kN/m}$（包括自重），$q_k = 13.8 \text{kN/m}$，混凝土强度等级为 C20，钢筋为 HRB335 级，受压区已配置 $3\phi18$（$A'_s = 763 \text{mm}^2$），试确定受拉钢筋截面积 A_s。

解　（1）确定基本参数。

查附录表 A-2、表 A-6、表 D-2 可得：

$$f_c = 9.6 \text{N/mm}^2 ; \quad f_y = f'_y = 300 \text{N/mm}^2 ; \quad K = 1.20$$

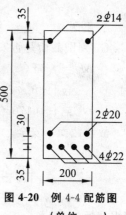

图 4-20　例 4-4 配筋图（单位：mm）

（2）内力计算。

$$M = \frac{1}{8}(1.05 g_k + 1.20 q_k) l_0^2 = \frac{1}{8}(1.05 \times 20 + 1.20 \times 13.8) \times 6.5^2 \text{kN} \cdot \text{m}$$
$$= 198.36 \text{ kN} \cdot \text{m}$$

（3）计算受拉筋截面积 A_s。

设受压钢筋为一层，故取 $a'_s = 45 \text{mm}$，有

$$\alpha_s = \frac{KM - f'_y A'_s (h_0 - a'_s)}{f_c b h_0^2} = \frac{1.2 \times 198.36 \times 10^6 - 300 \times 763 \times (425 - 45)}{9.6 \times 250 \times 425^2}$$
$$= 0.348 < \alpha_{smax} = 0.358$$

说明受压区配置的钢筋数量已经足够。

$$\xi = 1 - \sqrt{1 - 2\alpha_s} = 1 - \sqrt{1 - 2 \times 0.348} = 0.449$$
$$x = \xi h_0 = 0.449 \times 425 \text{ mm}^2 = 191 \text{ mm}^2 > 2 a'_s = 90 \text{mm}$$
$$A_s = \frac{f_c b x + f'_y A'_s}{f_y} = \frac{9.6 \times 250 \times 191 + 300 \times 763}{300} \text{mm}^2 = 2291 \text{mm}^2$$

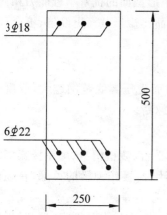

图 4-21　例 4-5 配筋图（单位：mm）

（4）选配钢筋，绘制配筋图。

选受拉钢筋为 $6\phi22$（$A_s = 2281 \text{mm}^2$），配筋图如图 4-21 所示。

【例 4-6】　已知一钢筋混凝土梁截面尺寸为 $200 \text{mm} \times 450 \text{mm}$，混凝土强度等级为 C20，钢筋采用 HRB335 级，受拉钢筋采用 $3\phi25$（$A_s = 1473 \text{mm}^2$），受压钢筋采用 $2\phi16$（$A'_s = 402 \text{mm}^2$），承受弯矩设计值为 $M = 150 \text{kN} \cdot \text{m}$，验算此截面是否安全。

解　（1）确定基本参数。

查附录表 A-2、表 A-6、表 D-2，可得

$$f_c = 9.6 \text{N/mm}^2 ; \quad f_y = f'_y = 300 \text{ N/mm}^2 ; \quad K = 1.20$$

（2）　　　　$x = \dfrac{f_y A_s - f'_y A'_s}{f_c b} = \dfrac{300 \times 1473 - 300 \times 402}{9.6 \times 200} \text{mm} = 167 \text{ mm}$

$$h_0 = \left[450 - \left(25 + \frac{25}{2} \right) \right] \text{mm} = 412.5 \text{mm}$$

$$2\,a'_s = 70 \text{ mm} < x < \xi_b h_0 = 0.565 \times 412.5 \text{mm} = 233 \text{mm}$$

（3）判别截面是否安全。

$$M_u = f_c b x (h_0 - 0.5x) + f'_y A'_s (h_0 - a'_s)$$
$$= [9.6 \times 200 \times 167 \times (412.5 - 167/2) + 300 \times 402 \times (412.5 - 35)] \text{N} \cdot \text{mm}$$
$$= 151017060 \text{ N} \cdot \text{mm} \approx 151 \text{kN} \cdot \text{m} < KM = 1.2 \times 150 \text{kN} \cdot \text{m} = 180 \text{kN} \cdot \text{m}$$

故该截面不安全。

任务 5　T 形截面受弯承载力计算

知识目标

掌握两类 T 形截面的判别方法；掌握 T 形截面受弯构件承载力计算公式及公式的适用条件。

能力目标

能对 T 形截面受弯构件进行简单的配筋设计和截面校核；能熟练地使用计算机软件绘制配筋图。

模块 1　T 形截面的来源及工程应用

1. T 形截面的来源

在正常使用条件下，受弯构件的受拉区是存在裂缝的，裂缝一旦产生，裂缝截面中和轴以下的混凝土将不再承受拉力或承受很小的拉力，因此受弯构件的受拉区混凝土对截面的抗弯承载力基本不产生影响，反而增加了构件自重；若将受拉区混凝土去掉一部分，并将钢筋集中布置，同时保证受拉钢筋合力点的位置不变，则并不影响该截面的抗弯承载能力，这样就会形成如图 4-22 所示的 T 形截面。T 形截面的抗弯承载能力与原矩形截面的抗弯承载能力相同，但比矩形截面节省混凝土用量，同时自重也较轻。显然，T 形截面比矩形截面更经济、更合理。T 形截面构件的缺点是模板较复杂，制作比较困难。

2. T 形截面的组成

T 形截面是由翼缘和腹板（即梁肋）两部分组成的。T 形截面受压翼缘范围越大，混凝土受压区高度 x 越小，内力臂 $Z = \gamma h_0$ 就越大，截面抗弯承载力也越高。

3. T 形截面在水工中的应用

实际工程中，T 形截面应用广泛。例如，水闸启闭机的工作平台、渡槽槽身、房屋楼盖等结构都是板和梁浇筑在一起形成的整体式肋形结构，对梁进行设计时，板作为梁的翼缘，在纵向共同受力。独立 T 形截面也常采用，如水电厂房中的吊车梁、空心板等。

一般来说，一个梁板构件是否属于 T 形截面，关键由受压区混凝土的形状确定。对于翼缘位于受拉区的⊥形截面（即倒 T 形截面），因受拉后翼缘混凝土开裂，不再承受拉力，所以仍应按矩形截面（bh）计算。对于 I 形、Ⅱ形、空心形等截面，受压区与 T 形截面相同，均按 T 形

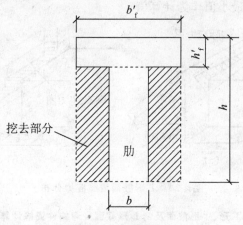

图 4-22 T 形截面的形成

截面进行计算,如图 4-23 所示。

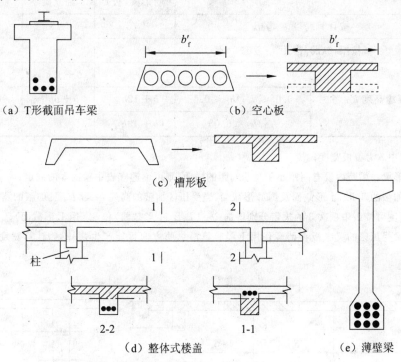

（a）T 形截面吊车梁 （b）空心板

（c）槽形板

（d）整体式楼盖 （e）薄壁梁

图 4-23 各类 T 形截面

模块 2 T 形截面翼缘宽度的确定

理论上,T 形截面的受压翼缘宽度 b'_f 越大,截面的受弯性能越好。因为在相同的弯矩 M 作用下,b'_f 越大,则受压区高度 x 越小,内力臂越小,所需要的受拉钢筋截面积 A_s 就越小。但实验研究表明,翼缘内压应力的分布是不均匀的(见图 4-24),其分布宽度与翼缘厚度 h'_f、梁的跨度 l_0、梁肋净距 S_n 等因素有关。因此,《水工混凝土结构设计规范》(SL 191—2008)中对受压翼缘计算宽度 b'_f 作出了规定,如表 4-6 和图 4-25 所示,计算时,将实际的翼缘宽度与表中

各项 b'_f 进行比较,取其中最小值作为计算值。

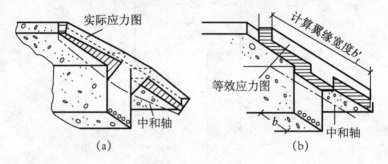

图 4-24　T 形截面翼缘应力分布

表 4-6　T 形、I 形截面及倒 L 形截面受弯构件翼缘计算宽度 b'_f

项次	考虑情况		T 形、I 形截面		倒 L 形截面
			肋形梁(板)	独立梁	肋形梁(板)
1	按计算跨度 l_0 考虑		$l_0/3$	$l_0/3$	$l_0/6$
2	按梁(纵肋)净距 s_n 考虑		$b+s_n$	—	$b+0.5s_n$
3	按翼缘高度 h'_f 考虑	$h'_f/h_0 \geqslant 0.1$	—	$b+12h'_f$	—
		$0.05 \leqslant h'_f/h_0 \leqslant 0.1$	$b+12h'_f$	$b+6h'_f$	$b+5h'_f$
		$h'_f/h_0 < 0.05$	$b+12h'_f$	b	$b+5h'_f$

注:(1)表中 b 为腹板宽度;

(2)如肋形梁在梁跨内设有间距小于纵肋间距的横肋,则可不遵守表中项次 3 的规定;

(3)对有加腋的 T 形、I 形截面及倒 L 形截面,当受压区加腋的高度 $h_h \geqslant h'_f$ 且加腋的宽度 $b_h \leqslant 3h_h$ 时,其翼缘计算宽度可按表中项次 3 的规定分别增加 $2b_h$(T 形、I 形截面)和 b_h(倒 L 形截面);

(4)独立梁受压区的翼缘板在荷载作用下经验算沿纵肋方向可能产生裂缝时,计算宽度应取用腹板宽度 b。

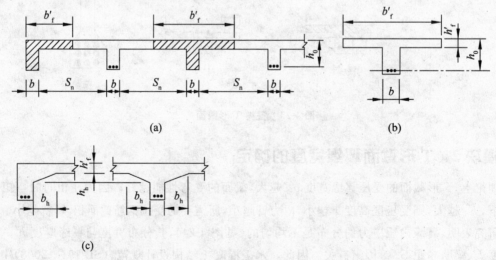

图 4-25　T 形、I 形截面及倒 L 形截面受弯构件翼缘计算宽度 b'_f

模块 3 两类 T 形截面类型的判别方法

1. T 形截面类型的划分

按照中和轴的位置,即根据受压区高度的不同,将 T 形截面划分为以下两类。

第一类 T 形截面:中和轴在翼缘内,即 $x \leqslant h'_f$,如图 4-26(a)所示。

第二类 T 形截面:中和轴在梁肋内,即 $x > h'_f$,如图 4-26(b)所示。

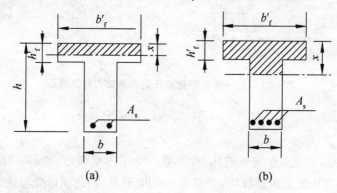

(a)   (b)

图 4-26 两类 T 形截面

2. 划分 T 形截面类型的意义

由图 4-26 不难看出,中和轴位置不同,所截得的受压区截面形状和面积就不同,在建立平衡方程时,公式的组成也会不同,为保证所建立的公式具有通用性,所以有必要对两类 T 形截面分别进行讨论。

3. 两类 T 形截面类型的判别方法

1)定义法(此法不实用,因为 x 通常未知)

当 $x \leqslant h'_f$ 时,为第一类 T 形截面 （4-19(a)）

当 $x > h'_f$ 时,为第二类 T 形截面 （4-19(b)）

2)弯矩判别法(常用于截面设计)

当 $KM \leqslant f_c b'_f h'_f (h_0 - 0.5 h'_f)$ 时,为第一类 T 形截面 （4-20(a)）

当 $KM > f_c b'_f h'_f (h_0 - 0.5 h'_f)$ 时,为第二类 T 形截面 （4-20(b)）

3)力的判别法(常用于截面校核)

当 $f_y A_s \leqslant f_c b'_f h'_f$ 时,为第一类 T 形截面 （4-21(a)）

当 $f_y A_s > f_c b'_f h'_f$ 时,为第二类 T 形截面 （4-21(b)）

模块 4 两类 T 形截面类型的计算公式及适用条件

1. 第一类 T 形截面的基本公式及适用条件

1)基本公式

第一类 T 形截面正截面承载力的计算简图如图 4-27 所示。

根据内力平衡条件,并满足承载能力极限状态计算表达式的要求,可得如下基本公式:

$$\sum X = 0 , \quad f_c b'_f x = f_y A_s \tag{4-22}$$

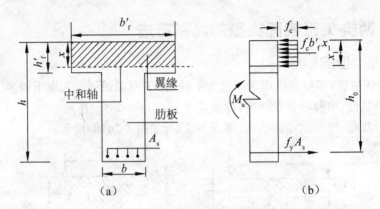

图 4-27　第一类 T 形截面正截面承载力计算简图

$$\sum M = 0 , \quad KM \leqslant f_c b'_f x (h_0 - 0.5x) \tag{4-23}$$

2)适用条件

(1)$\xi \leqslant 0.85\xi_b$,防止发生超筋破坏,对于第一类 T 形截面,此项不用验证。

(2)$\rho \geqslant \rho_{\min}$,防止发生少筋破坏,对于第一类 T 形截面,此项需要验证。

第一类 T 形截面下,受压区呈矩形(宽度为 b'_f),所以把单筋矩形截面计算公式中的 b 用 b'_f 代替后就可使用。在验算式 $\rho \geqslant \rho_{\min}$ 时,T 形截面的配筋率仍用公式 $\rho = \dfrac{A_s}{bh_0}$ 计算。这是因为截面最小配筋率是根据钢筋混凝土截面的承载力不低于同样截面的素混凝土的承载力原则确定的,而 T 形截面素混凝土截面的承载力主要取决于受拉区混凝土的抗拉强度和截面尺寸,与高度相同、宽度等于肋宽的矩形截面素混凝土梁的承载力基本相同。

2.第二类 T 形截面的基本公式及适用条件

1)基本公式

第二类 T 形截面正截面承载力的计算简图如图 4-28 所示。

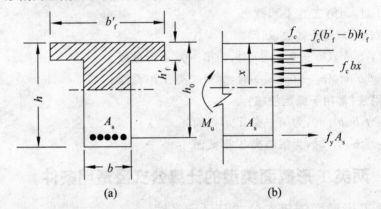

图 4-28　第二类 T 形截面正截面承载力计算简图

根据内力平衡条件,并满足承载能力极限状态计算表达式的要求,可得如下基本公式:

$$\sum X = 0 , \quad f_c b x + f_c (b'_f - b) h'_f = f_y A_s \tag{4-24}$$

$$\sum M = 0 , \quad KM \leqslant f_c b x (h_0 - 0.5x) + f_c (b'_f - b) h'_f (h_0 - 0.5 h'_f) \tag{4-25}$$

2)适用条件

(1) $\xi \leqslant 0.85\xi_b$，防止发生超筋破坏，对于第二类 T 形截面，受压区面积较大，一般不会发生超筋破坏，所以此项不用验证。

(2) $\rho \geqslant \rho_{min}$，防止发生少筋破坏，对于第二类 T 形截面，所需配置的 A_s 较大，所以此项也不需要验证。

模块 5　T 形截面受弯构件承载力计算公式的应用

与矩形截面一样，T 形截面受弯构件承载力计算也分为截面设计和截面校核两部分。

1. 截面设计

具体步骤可参考下列流程图：

查附录中的表以确定相关基本参数（如 f_c、f_y、k），查表 4-6，取其最小值作为 b'_f

内力计算，求出 M

→ 判别截面类型 → 验证 $KM \leqslant f_c b'_f h'_f (h_0 - 0.5 h'_f)$ ｛是，则为第一类 T 形截面

否，则为第二类 T 形截面

对于第一类截面：将 M 代入式(4-23)，即 $KM \leqslant f_c b'_f x (h_0 - 0.5x) \rightarrow x \rightarrow$ 代入式(4-22)，即 $f_c b'_f x = f_y A_s \rightarrow A_s \rightarrow$ 查钢筋表（附录表 B-2），选配钢筋

对于第二类截面：将 M 代入式(4-25)，即 $KM \leqslant f_c b x (h_0 - 0.5x) + f_c (b'_f - b) h'_f (h_0 - 0.5 h'_f) \rightarrow x \rightarrow$ 代入式(4-24)，即 $f_c b x + f_c (b'_f - b) h'_f = f_y A_s \rightarrow A_s \rightarrow$ 查钢筋表，选配钢筋

需要注意的是，在独立 T 形梁中，除受拉区配置纵向受力钢筋以外，为保证受压区翼缘与梁肋的整体性，一般在翼缘板的顶面配置横向构造钢筋，其直径不小于 8mm，其每米跨长内不少于 5 根钢筋，当翼缘板外伸较长而厚度又较薄时，应按悬臂板计算翼缘的承载力，板顶面的钢筋数量由计算决定，如图 4-29 所示。

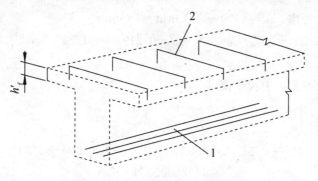

图 4-29　翼缘顶面构造钢筋

1—纵向受力钢筋；2—翼缘板横向钢筋

2. 截面校核

截面校核的具体步骤可参考下列流程图：

先假设为第一类 T 形截面 → 将基本参数代入式(4-22)，即 $f_c b'_f x = f_y A_s$

$$\rightarrow x \rightarrow 验证 \ x \leqslant h'_f \rightarrow \begin{cases} 是，则为第一类 T 形截面 \rightarrow 将 x 代入式(4-23)，即 \\ KM \leqslant f_c b'_f x(h_0 - 0.5x) \rightarrow 验证 \ KM \leqslant M_u \\ 否，则为第二类 T 形截面 \rightarrow 按照式(4-24)重新计算 x， \\ \quad 重复上述步骤，最终验证 \ KM \leqslant M_u \end{cases}$$

模块 6 T 形截面受弯构件承载力计算案例

【例 4-7】 已知一肋梁楼盖的次梁，跨度为 5.4m，间距为 2.2m，截面尺寸如图 4-30 所示。跨中最大正弯矩设计值 $M = 79$kN·m，混凝土强度等级为 C20，钢材为 HRB335 级，试计算纵向受拉钢筋面积 A_s。

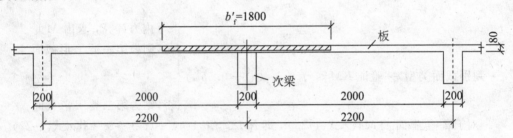

图 4-30 例 4-7 图(单位：mm)

解 (1)确定基本参数。

查附录表 A-2、表 A-6、表 D-2 可得

$$f_c = 9.6 \text{N/mm}^2, \quad f_y = 300 \text{ N/mm}^2, \quad K = 1.20$$

(2)确定翼缘宽度 b'_f。

图 4-30 所示为肋形梁，查表 4-6 可得

①按梁跨考虑：$b'_f = l_0/3 = 5400/3 \text{mm} = 1800 \text{mm}$

②按梁净距 S_n 考虑：$b'_f = b + S_n = (200 + 2000) \text{mm} = 2200 \text{mm}$

③按翼缘高度 h'_f 考虑：$h_0 = (400 - 35) \text{mm} = 365 \text{mm}$

$$h'_f/h_0 = 80/365 = 0.219 > 0.1$$

故翼缘不受限制。

翼缘计算宽度 b'_f 取三者中较小值，即

$$b'_f = 1800 \text{mm}$$

(3)判别截面类型。

$$f_c b'_f h'_f (h_0 - 0.5 h'_f) = 9.6 \times 1800 \times 80 \times (365 - 80/2) \text{N·mm}$$
$$= 449280000 \text{ N·mm}$$
$$= 449.28 \text{ kN·m} > KM$$

属于第一类 T 形截面。

(4)求 A_s。

$$\alpha_s = \frac{KM}{f_c b'_f h_0^2} = \frac{1.2 \times 7.9 \times 10^7}{9.6 \times 1800 \times 365^2} = 0.041$$

$$\xi = 1 - \sqrt{1 - 2\alpha_s} = 1 - \sqrt{1 - 2 \times 0.041} = 0.042 < 0.85\xi_b$$

$$A_s = \frac{f_c b'_f h_0 \xi}{f_y} = \frac{9.6 \times 1800 \times 365 \times 0.042}{300} \text{mm}^2 = 883 \text{mm}^2$$

(5)查附录表 B-1,选配钢筋。

综上所述,选用 3 ϕ 20($A_s = 942$ mm²)。

【例 4-8】　某独立 T 形吊车梁尺寸如图 4-31(a)所示,承受荷载弯矩 $M = 200$kN・m,计算跨度为 8000mm,该梁采用 C20 混凝土和 HRB335 级钢筋,梁所处的环境条件为一类,2 级水工建筑物。试设计该 T 形梁。

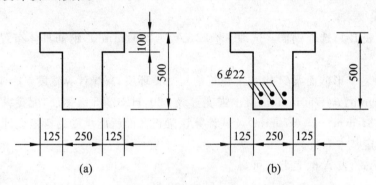

图 4-31　例 4-8 图(单位:mm)

解　(1)确定基本参数。

查附录表 A-2、表 A-6、表 D-2 可得

$$f_c = 9.6 \text{N/mm}^2, \quad f_y = 300 \text{ N/mm}^2, \quad K = 1.20$$

因弯矩较大,故假设钢筋数量较多,需布置两排,取 $a_s = 65$mm;梁的有效高度 $h_0 = h - a_s = (500 - 65)$mm $= 435$mm。

(2)确定翼缘宽度 b'_f。此题属于独立梁,查表 4-6 可得

①按梁跨考虑: $b'_f = l_0/3 = 8000/3$mm $= 2667$mm

②按翼缘高度 h'_f 考虑: $\dfrac{h'_f}{h_0} = \dfrac{100}{435} = 0.230 > 0.1$

$$b'_f = b + 12h'_f = 1690 \text{mm}$$

翼缘计算宽度 b'_f 取三者中较小值,即 $b'_f = 1690$mm

因计算翼缘宽度大于梁的实际翼缘宽度,所以计算中按实际翼缘宽度取用, $b'_f = 500$mm

(3)判别截面类型。

$$KM = 1.2 \times 200 \times 10^6 \text{N} \cdot \text{mm}$$
$$= 240 \times 10^6 \text{N} \cdot \text{mm} > f_c b'_f h'_f (h_0 - 0.5h'_f)$$
$$= 9.6 \times 500 \times 100 \times (435 - 50) \text{N} \cdot \text{mm}$$
$$= 184 \times 10^6 \text{N} \cdot \text{mm}$$

为第二类 T 形截面。

(4)求 A_s。

$$\xi = 1 - \sqrt{1 - \frac{2\left[KM - f_c(b'_f - b)h'_f(h_0 - 0.5h'_f)\right]}{f_c b'_f h_0^2}}$$

$$= 1 - \sqrt{1 - 2 \times \frac{1.2 \times 200 \times 10^6 - 9.6 \times (500 - 250) \times 100 \times (435 - 0.5 \times 100)}{9.6 \times 250 \times 435^2}}$$

$$= 0.4084$$

相对受压区高度 $\xi = 0.4084 < 0.85\xi_b$，截面为适筋截面。

受压区高度 $x = 177.7 \text{mm} > h'_f = 100 \text{mm}$，确实为第二类 T 形截面。

$$A_s = \frac{f_c bx + f_c(b'_f - b)h'_f}{f_y} = \frac{9.6 \times (250 \times 177.7 + 250 \times 100)}{300} \text{mm}^2 = 2221.6 \text{ mm}^2$$

配筋率 $\rho = A_s/bh_0 = 2221.6/(250 \times 435) = 2.04\% > \rho_{min} = 0.2\%$

配筋率满足要求。

(5)查附录表 B-1，选配钢筋。选取 $6 \phi 22$（$A_s = 2281 \text{mm}^2$），钢筋具体布置如图 4-31(b)所示。

【例 4-9】　某 T 形截面梁（4 级水工建筑物），一类环境，翼缘计算宽度 $b'_f = 1450 \text{mm}$，$h'_f = 100 \text{mm}$，$b = 250 \text{mm}$，$h = 750 \text{mm}$，混凝土强度等级 C20，HRB335 级钢筋，配置纵向受拉钢筋为 $6 \phi 22$（$A_s = 2281 \text{ mm}^2$，$a_s = 70 \text{mm}$）。试计算该梁正截面所能承受的弯矩设计值。

解　(1)确定基本参数。

查附录表 A-2、表 A-6、表 D-2 可得

$$f_c = 9.6 \text{N/mm}^2, \quad f_y = 300 \text{ N/mm}^2, \quad K = 1.15$$

$$h_0 = h - a_s = (750 - 70) \text{ mm} = 680 \text{mm}$$

(2)判别截面类型。

$$f_y A_s = 300 \times 2281 \text{N} = 684300 \text{N}$$

$$f_c b'_f h'_f = 9.6 \times 1450 \times 100 \text{N} = 1392000 \text{N}$$

$$f_y A_s < f_c b'_f h'_f$$

故属于第一类 T 形截面。

(3)弯矩设计值。

$$x = \frac{f_y A_s}{f_c b'_f} = \frac{684300}{9.6 \times 1450} \text{mm} = 49.16 \text{mm}$$

$$KM \leqslant f_c b'_f x(h_0 - 0.5x) = 9.6 \times 1450 \times 49.16 \times (680 - 0.5 \times 49.16) \text{kN} \cdot \text{m}$$

$$= 448.51 \text{ kN} \cdot \text{m}$$

取 $M = 448.51/1.15 \text{kN} \cdot \text{m} = 390.01 \text{kN} \cdot \text{m}$

故该梁正截面所能承受的弯矩设计值为 390.01kN·m。

习　　题

1. 思考题

1.1　钢筋混凝土梁中一般配置几种钢筋？这些钢筋各起什么作用？钢筋为什么要有混凝土保护层？梁和板中混凝土保护层厚度如何确定？

1.2　适筋截面的受力全过程可以分成哪几个阶段？各阶段的主要特点是什么？这类特点各

是哪些计算内容的计算依据？

1.3　何为单筋截面？何为双筋截面？两者关键的区别是什么？

1.4　受弯构件正截面破坏有哪几种形态？其特点是什么？设计中是如何防止这些破坏的发生？

1.5　什么是平截面假定？这个假定适用于钢筋混凝土梁的某一截面还是某一范围？为什么？

1.6　受弯构件受压区的应力分布图形是如何确定的？按什么原则将其化成等效矩形应力图形？

1.7　分析影响单筋矩形截面梁受弯承载力的因素，如果各因素分别按等比例增加，试证明哪个因素影响最大、哪个因素影响其次、哪个因素影响最小？

1.8　单筋矩形截面梁的最大承载力为多少？过多配置受拉钢筋为什么不能提高梁的承载能力？

1.9　在何种情况下采用双筋截面梁？为什么在一般条件下采用双筋截面梁是不经济的？

1.10　在双筋截面梁设计中要限制 $\xi \leqslant 0.85\xi_b$ 和 $2a'_s \leqslant x$，作这一限制的目的是什么？当 $x < 2a'_s$ 时，双筋截面梁应如何设计，这样设计是否考虑了受压钢筋的作用？

1.11　在双筋截面梁设计中，相关规范规定 HPB235、HRB335 及 HRB400 钢筋的抗压强度可以取其屈服强度，而热处理钢筋的抗压强度取值则小于其抗压屈服强度，为什么？

1.12　梁的截面类型（T 形、I 形、倒 L 形）是依据什么条件确定的？梁的截面类型与受拉区还是受压区有关？

1.13　第一类 T 形截面梁与第二类 T 形截面梁的判别条件是什么？设计和校核中的判别条件有什么不同之处？

1.14　某 T 形截面尺寸已定，钢筋数量不限，试列出其最大承载力表达式。

1.15　如图 4-32 所示的各类梁截面，当 M、f_c、f_y、b、h 均一样时，哪个截面的钢筋用量最大？哪个截面的钢筋用量最小？

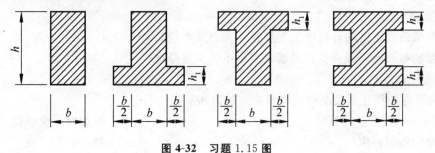

图 4-32　习题 1.15 图

2. 选择题

2.1　在受弯构件正截面计算中，要求 $\rho_{min} \leqslant \rho \leqslant \rho_{max}$，$\rho$ 的计算是以哪种截面的梁为依据的？（　　　）

A. 单筋矩形截面　　　　　　　　　　B. 双筋矩形截面

C. 第一类 T 形截面　　　　　　　　　D. 第二类 T 形截面

2.2　钢筋混凝土梁抗裂验算时截面的应力阶段是（　　　）。

A. 第 II 阶段　　　B. 第 I 阶段末尾　　　C. 第 II 阶段开始　　　D. 第 II 阶段末尾

2.3　对钢筋混凝土适筋梁正截面破坏特征的描述,下面叙述中,哪一个正确?（　　　）

　　A.受拉钢筋首先屈服,然后受压区混凝土被破坏

　　B.受拉钢筋被拉断,但受压区混凝土并未达到其抗压强度

　　C.受压区混凝土先被破坏,然后受拉区钢筋达到其屈服强度

　　D.受压区混凝土先被破坏

2.4　甲、乙两人设计同一根屋面大梁。甲设计的大梁出现了多条裂缝,最大裂缝宽度约为0.15mm;乙设计的大梁只出现了一条裂缝,但最大裂缝宽度达到0.43mm。你认为（　　　）。

　　A.甲的设计比较差　　　　　　　　　　　　　　B.甲的设计比较好

　　C.两人的设计各有优劣　　　　　　　　　　　　D.两人的设计都不好

2.5　进行受弯构件截面设计时,若按初选截面计算的配筋率大于最大配筋率,说明（　　　）。

　　A.配筋过少　　　　B.初选截面过小　　　　C.初选截面过大　　　　D.钢筋强度过高

2.6　双筋矩形截面受弯承载力计算,受压钢筋设计强度规定不超过 $400N/mm^2$,因为（　　　）。

　　A.受压混凝土强度不够

　　B.结构延性

　　C.混凝土受压边缘此时已达到混凝土的极限压应变

　　D.以上答案均不正确

2.7　有两根条件相同的受弯构件,但正截面受拉区受拉钢筋的配筋率 ρ 不同,一根 ρ 大,另一根 ρ 小,设 M_{cr} 是正截面开裂弯矩,M_u 是极限弯矩,则 ρ 与 M_{cr}/M_u 的关系是（　　　）。

　　A.ρ 大的,M_{cr}/M_u 大　　　　　　　　　　B.ρ 小的,M_{cr}/M_u 大

　　C.M_{cr}/M_u 相同　　　　　　　　　　　　　D.无明显关系

2.8　梁的截面有效高度是指（　　　）。

　　A.梁的全高

　　B.梁截面受压区的外边缘至受拉钢筋合力重心的距离

　　C.梁的截面高度减去受拉钢筋的混凝土保护层厚度

　　D.梁高的一半

2.9　提高受弯构件正截面受弯能力最有效的方法有（　　　）。

　　A.提高混凝土强度等级　　　　　　　　　　　　B.增加保护层厚度

　　C.增加截面高度　　　　　　　　　　　　　　　D.增加截面宽度

2.10　在梁的配筋率不变的条件下,梁高 h 与梁宽 b 相比,对 KM 的影响（　　　）。

　　A.h 的影响小　　　　　　　　　　　　　　　B.两者相当

　　C.h 的影响大　　　　　　　　　　　　　　　D.不一定

2.11　某简支梁截面为倒 T 形,其正截面承载力计算应按（　　　）计算。

　　A.第一类 T 形截面　　　　　　　　　　　　　B.第二类 T 形截面

　　C.矩形截面　　　　　　　　　　　　　　　　D. T 形截面

2.12　界限相对受压区高度是（　　　）。

　　A.少筋与适筋的界限　　　　　　　　　　　　B.适筋与超筋的界限

　　C.少筋与超筋的界限　　　　　　　　　　　　D.以上均不正确

3. 计算题

3.1　矩形截面梁，截面尺寸 $b \times h = 250\text{mm} \times 500\text{mm}$，承受弯矩设计值 $M = 160\text{kN·m}$，纵向受拉钢筋为 HRB400 级，混凝土强度等级为 C25，环境类别为一类，试求纵向受拉钢筋截面积 A_s。

3.2　某 3 级水工建筑物的现浇过钢筋混凝土板，一类环境条件，计算跨度 $l_0 = 2760\text{mm}$，板上作用均布可变荷载标准值 $q_k = 2.6\text{kN/m}$，水磨石地面及细石混凝土垫层厚度为 25mm（重度为 22kN/m^3），板底粉刷白灰浆厚度为 12mm（重度为 17kN/m^3），混凝土强度等级为 C20，HRB335 级钢筋。试确定板厚 h（必须满足 $h_0 \geqslant l_0/35$）和受拉钢筋截面积 A_s。

3.3　已知矩形截面简支梁（2 级水工建筑物），截面尺寸 $bh = 250\text{mm} \times 550\text{mm}$，二类环境，混凝土强度等级为 C25，HRB335 级钢筋，跨中承受弯矩设计值 $M = 135\text{kN·m}$，试求钢筋截面积 A_s。

3.4　计算表 4-7 中各梁所能承受的弯矩，根据计算结果分析各个因素对承载力的影响程度。

表 4-7　习题 3.4 表

序号	影响因素	梁高	梁宽	钢筋面积	钢筋等级	混凝土强度等级	M
1	初始情况	500	200	940	HPB235	C20	
2	混凝土等级	500	200	940	HPB235	C25	
3	钢筋等级	500	200	940	HRB335	C20	
4	截面高度	60	20	940	HPB235	C20	
5	截面宽度	500	250	940	HPB235	C20	

3.5　一钢筋混凝土矩形截面板 $h = 70\text{mm}$，混凝土强度等级 C20，钢筋采用 HPB235 钢筋，在宽度 1000mm 范围内配置 6 根 $\phi 8$ 钢筋，保护层厚度 $c = 20\text{mm}$。求截面所能承受的极限弯矩 M_u。

3.6　已知 3 级水工建筑物的矩形截面简支梁，截面尺寸 $bh = 250\text{mm} \times 550\text{mm}$，一类环境，混凝土强度等级为 C20，HRB335 级钢筋。承受弯矩设计值 $M = 205\text{kN·m}$。试计算：

（1）该正截面所需要的受力钢筋截面积。

（2）在受压区已配置 $3\phi 22$ 时，受拉钢筋的截面积。

3.7　梁截面形状和尺寸如图 4-33 所示，采用 C20 混凝土，HRB335 级钢筋；承受弯矩设计值分别为 225kN·m、200kN·m、80kN·m，2 级水工建筑物，环境类别为一类，试求各弯矩下纵向受拉钢筋截面积。

3.8　某水电站厂房（2 级水工建筑物）的简支梁的计算跨度 $l_0 = 5800\text{mm}$，截面尺寸为 $bh = 250\text{mm} \times 550\text{mm}$，配置受拉钢筋 $6\phi 22$（$a_s = 75\text{mm}$）及受压钢筋 $3\phi 18$（$a'_s = 45\text{mm}$），采用混凝土强度等级 C25，HRB335 级钢筋。现因为检修设备需临时在跨中承受一集中荷载 $Q_k = 70\text{kN}$，同时承受梁与铺板自重产生的均布荷载值 $q_k = 15\text{kN/m}$。试复核次梁正截面在检修期间是否安全。

3.9　某钢筋混凝土矩形梁的截面尺寸 $bh = 250\text{mm} \times 600\text{mm}$，混凝土强度等级 C30，HRB335 级钢筋，受拉钢筋为 $4\phi 20$，受压区钢筋为 $2\phi 18$，承受的弯矩设计值 $M = 200\text{kN·m}$。环境类别为一类，试验算此截面的正截面承载力是否足够。

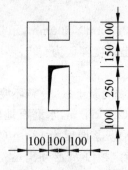

图 4-33　习题 3.7 图

3.10　某 2 级水工建筑物的双筋截面梁尺寸 $bh = 250\text{mm} \times 500\text{mm}$，承受弯矩设计值 $M = 160\text{kN} \cdot \text{m}$，采用混凝土强度等级为 C20，受压钢筋为 $2 \phi 16$；受拉纵筋采用 $4 \phi 20$ 和 $3 \phi 25$ 两种配置。试复核在上述两种配筋情况下，此梁正截面是否安全。

3.11　某 T 形截面梁，$b'_f = 650\text{mm}$，$h'_f = 100\text{mm}$，$b = 250\text{mm}$，$h = 700\text{mm}$，混凝土强度等级为 C20，HRB335 级钢筋，承受弯矩设计值 $M = 500\text{kN} \cdot \text{m}$，环境类别为一类。求受拉钢筋所需截面积。

3.12　现浇混凝土肋形楼盖的次梁，如图 4-34 所示。2 级水工建筑物，一类环境，计算跨度 $l_0 = 7500\text{ mm}$，间距为 2.4m，现浇板厚为 100mm，梁高 550mm，梁肋宽 200mm。在使用阶段，梁跨中承受弯矩设计值 $M = 109\text{kN} \cdot \text{m}$，混凝土强度等级为 C20，HRB335 级钢筋，试计算次梁跨中截面受拉钢筋面积 A_s。

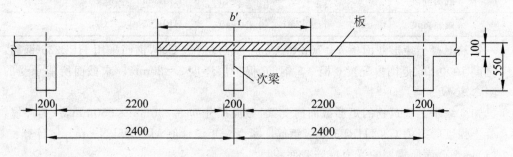

图 4-34　习题 3.12 图

项目5 受弯构件斜截面承载力计算

项目重点

斜截面受剪承载力计算的基本公式、适用条件、计算步骤与方法,斜截面受弯承载力的保证措施,钢筋骨架的构造规定,钢筋混凝土结构施工图,钢筋混凝土外伸梁设计实例。

教学目标

理解斜截面受剪性能、钢筋骨架的构造规定;掌握斜截面受剪承载力计算的基本公式、适用条件、计算步骤与方法,斜截面受弯承载力的保证措施,钢筋混凝土结构施工图;能进行钢筋混凝土受弯构件设计。

任务1 斜截面受剪性能试验分析

知识目标

掌握受弯构件斜截面破坏机理、影响斜截面受剪承载力的主要因素、斜截面的破坏形态。

能力目标

能对斜截面受剪性能试验进行简要分析。

模块1 斜截面受剪试验过程分析

1. 受弯构件斜截面破坏机理

让我们首先来做一个试验:图 5-1 所示的钢筋混凝土简支梁在荷载 P 作用下,产生弯矩 M 和剪力 V。随着荷载 P 的逐渐增大,在弯矩和剪力共同作用的剪弯区段内,构件常会出现斜裂缝。若荷载 P 继续增大,则构件可能沿斜裂缝发生斜截面破坏,这种破坏通常较为突然,且具有脆性性质,其危险性极大。

由此可见,即使在钢筋混凝土梁中已配置了足够的纵向受力钢筋,保证了正截面的受弯承载力。构件还可能由于斜裂缝出现后,斜截面承载力不足而遭到破坏。因此,在设计受弯构件时,除设置纵向受力钢筋外,还需按斜截面承载力要求设置抗剪腹筋。腹筋的形式可以采用垂直于梁轴的箍筋,也可以采用箍筋和由纵向受力钢筋弯起的弯起钢筋。纵向受力钢筋、腹筋等组成了梁的钢筋骨架,如图 5-2 所示。

2. 影响斜截面受剪承载力的主要因素

影响斜截面受剪承载力的主要因素有剪跨比、混凝土强度、纵筋配筋率和腹筋用量等。

1) 剪跨比 λ

对梁顶直接施加集中荷载的梁(见图 5-1),剪跨比 λ 是影响受剪承载力的最主要因素之一。剪跨比是剪跨 a 和截面有效高度 h_0 的比值,即 $\lambda = a/h_0$,此处剪跨 a 是指集中荷载作用点到支座之间的距离。对于承受均布荷载的梁,剪跨比的影响可通过跨高比来表示。

2) 混凝土强度 f_{cu}

混凝土强度也是影响斜截面受剪承载力的一个主要因素。试验表明,斜截面受剪承载力

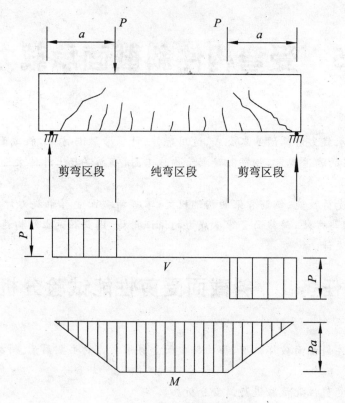

图 5-1　剪弯区段及斜裂缝

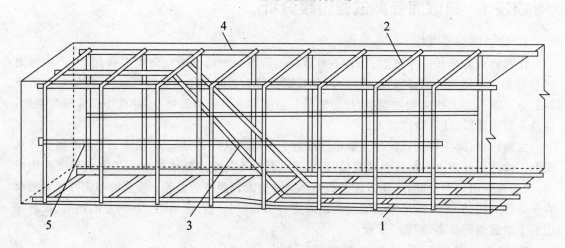

图 5-2　梁的钢筋骨架

1—纵向受力钢筋；2—箍筋；3—弯起钢筋；4—架立钢筋；5—纵向构造钢筋

随混凝土强度的提高而提高。

3）纵筋配筋率 ρ

增加纵筋配筋率 ρ 可抑制斜裂缝向受压区的伸展，从而提高了骨料咬合力，加大了剪压区高度，提高了纵筋在抗剪中的销栓作用。总之，随着 ρ 的增大，梁的受剪承载力会有所提高，但增幅不太大。

4)箍筋配箍率 ρ_{sv}

腹筋一般是由箍筋和弯起钢筋所构成的。当构件的斜裂缝出现之后,与斜裂缝相交的腹筋,不仅可以直接承受很大一部分剪力,还能阻止斜裂缝开展过宽,延缓斜裂缝的开展,提高斜截面上骨料的咬合力及混凝土的受剪承载力。另外,箍筋可限制纵筋的竖向位移,能有效阻止混凝土沿纵向的撕裂,从而提高纵筋在抗剪中的销栓作用。

箍筋用量一般用配箍率 ρ_{sv} 表示,即

$$\rho_{sv} = \frac{A_{sv}}{bs} \tag{5-1}$$

式中:A_{sv}——配置在同一截面内箍筋各肢的全部截面积,$A_{sv} = n A_{sv1}$;

　　n——在同一个截面内箍筋的肢数;

　　A_{sv1}——单肢箍筋的截面积;

　　s——箍筋的间距;

　　b——截面宽度。

在工程中,除了板与基础等构件外,在梁内一般不允许不配腹筋。

模块 2　斜截面受剪破坏形态划分

梁沿斜截面的受剪破坏形态主要有斜拉破坏、剪压破坏及斜压破坏等三种。

1. 斜拉破坏

斜拉破坏如图 5-3(a)所示,这种破坏常发生在剪跨比 λ 较大($\lambda > 3$),且腹筋数量配得过少的情况。其破坏过程是,随着荷载的增加,一旦出现斜裂缝,就会上下延伸形成临界斜裂缝,并迅速向受压边缘发展,直至将整个截面裂通,使梁劈裂为两部分而破坏,往往伴随产生沿纵筋的撕裂裂缝。破坏荷载与开裂荷载很接近。

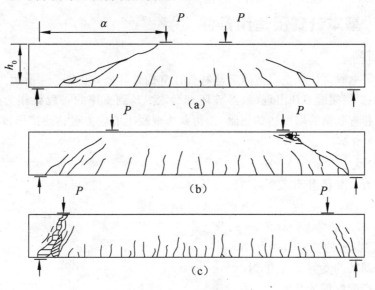

图 5-3　斜截面的破坏形态

(a)斜拉破坏;(b)剪压破坏;(c)斜压破坏

2. 剪压破坏

剪压破坏如图 5-3(b)所示,这种破坏常发生在剪跨比 λ 适中($1<\lambda\leqslant3$),且腹筋配置数量适当的情况下,是最典型的斜截面破坏。其破坏过程是,随着荷载的增加,首先在受拉区出现一些垂直裂缝和几条细微的斜裂缝,然后斜向延伸,形成较宽的主裂缝——临界斜裂缝,随着荷载的增大,斜裂缝向荷载作用点缓慢发展,剪压区高度不断减小,斜裂缝的宽度逐渐加宽,与斜裂缝相交的箍筋应力也随之增大,破坏时,受压区混凝土在剪应力和压应力共同作用下被压碎,此时箍筋的应力达到屈服强度。

3. 斜压破坏

斜压破坏如图 5-3(c)所示,这种破坏常发生当梁的剪跨比 λ 较小($\lambda\leqslant1$),且腹筋配置过多的情况。其破坏过程是,在荷载作用下,斜裂缝出现后,在裂缝中间形成倾斜的混凝土短柱,随着荷载的增加,这些短柱因混凝土达到轴心抗压强度而被压碎,此时箍筋的应力一般达不到屈服强度。

对于上述三种不同的破坏形态,设计时可以采用不同的方法进行处理,以保证构件具有足够的抗剪安全度。一般用限制截面梁的最小尺寸来防止发生斜压破坏,用满足腹筋的间距及限制箍筋的配箍率来防止斜拉破坏,剪压破坏是斜截面抗剪承载力计算公式建立的依据。

任务 2　斜截面受剪承载力计算

知识目标

掌握斜截面受剪承载力计算的基本公式、适用条件、计算步骤与方法。

能力目标

能配置梁的箍筋和弯起钢筋;能熟练运用计算机软件进行图纸绘制。

模块 1　基本公式及适用条件

1. 计算简图

斜截面抗剪承载力计算是以剪压破坏特征建立的计算公式。图 5-4 所示为配置适量腹筋的简支梁,在主要斜裂缝 AB 出现(临界破坏)时,取 AB 到支座的一段梁作为脱离体,与斜裂缝相交的箍筋和弯起钢筋均可达到屈服,余留截面混凝土的应力也达到抗压极限强度,斜截面的内力如图 5-4 所示。

2. 基本公式

根据承载力极限状态计算原则和脱离体竖向力的平衡条件,可得

$$KV \leqslant V_c + V_{sv} + V_{sb} \tag{5-2}$$

式中:V ——斜截面的剪力设计值,N;

$\quad V_c$ ——混凝土的受剪承载力,N;

$\quad V_{sv}$ ——箍筋的受剪承载力,N;

$\quad V_{sb}$ ——弯起钢筋的受剪承载力,N;

$\quad K$ ——承载力安全系数。

若梁不配置弯起钢筋,仅配箍筋时,梁的受剪承载力则由混凝土的受剪承载力 V_c 和箍筋的受剪承载力 V_{sv} 两部分组成,并用 V_{cs} 表示,即 $V_{cs} = V_c + V_{sv}$。

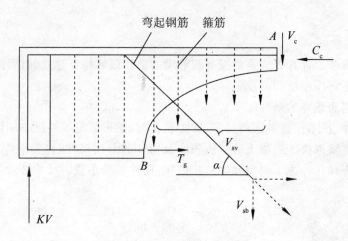

弯起钢筋　箍筋

图 5-4　斜截面承载力的组成

由于影响斜截面受剪承载力的因素很多,目前《水工混凝土结构设计规范》(SL191—2008)采用的受弯构件斜截面承载力计算公式仍为半理论半经验公式。

1)仅配箍筋的梁

对于承受一般荷载的矩形、T 形和 I 形截面梁,其受剪承载力计算基本公式为

$$V_{cs} = V_c + V_{sv} = 0.7 f_t b h_0 + 1.25 f_{yv} \frac{A_{sv}}{s} h_0 \tag{5-3}$$

对于承受集中力为主的重要的独立梁,其受剪承载力计算基本公式为

$$V_{cs} = V_c + V_{sv} = 0.5 f_t b h_0 + f_{yv} \frac{A_{sv}}{s} h_0 \tag{5-4}$$

式中:f_t——混凝土轴心抗拉强度设计值,N/mm²,按附录表 A-2 采用;

b——矩形截面的宽度或 T 形、I 形截面的腹板宽度,mm;

h_0——截面有效高度,mm;

f_{yv}——箍筋抗拉强度设计值,N/mm²,按附录表 A-6 采用;

A_{sv}——配置在同一截面内箍筋各肢的全部截面积,mm²;

s——箍筋间距,mm。

2)弯起钢筋的受剪承载力 V_{sb}

弯起钢筋的受剪承载力是指通过破坏斜裂缝的斜筋所能承担的最大剪力,其值等于弯起钢筋所承受的拉力在垂直于梁轴线方向的分力的值(见图 5-4),即

$$V_{sb} = f_y A_{sb} \sin\alpha_s \tag{5-5}$$

式中:A_{sb}——同一弯起平面内弯起钢筋的截面积,mm²;

α_s——斜截面上弯起钢筋与构件纵向轴线的夹角。

3)受剪承载力计算表达式

在计算中一般是先配箍筋,必要时再配置弯起钢筋。因此,受剪承载力计算公式又可分为以下两种情况。

(1)仅配箍筋的梁

$$KV \leqslant V_{cs} \tag{5-6}$$

(2)同时配箍筋和弯起钢筋的梁

$$KV \leqslant V_{cs} + V_{sb} \tag{5-7}$$

3. 公式适用条件

斜截面受剪承载力计算公式是根据有腹筋梁的剪压破坏特征建立的,因此,公式的适用条件是必须防止发生斜压破坏和斜拉破坏。

1)防止发生斜压破坏的条件

当梁截面尺寸过小,配置的腹筋过多,剪力较大时,梁可能发生斜压破坏,这种破坏形态的构件受剪承载力主要取决于混凝土的抗压强度及构件的截面尺寸,腹筋的应力达不到屈服强度而不能充分发挥作用。为了避免发生斜压破坏,构件的最小截面尺寸必须符合下列条件:

当 $\dfrac{h_w}{b} \leqslant 4.0$ 时

$$KV \leqslant 0.25 f_c b h_0 \tag{5-8}$$

式中:V——构件斜截面上最大剪力设计值,N;

    b——矩形截面的宽度、T 形截面或 I 形截面的腹板宽度,mm;

    h_w——截面的腹板高度,mm,矩形截面取截面的有效高度,T 形截面取截面有效高度减去翼缘高度,I 形截面取腹板净高。

当 $\dfrac{h_w}{b} \geqslant 6.0$ 时

$$KV \leqslant 0.2 f_c b h_0 \tag{5-9}$$

当 $4.0 < \dfrac{h_w}{b} < 6.0$ 时,按直线内插法取用。

对于截面高度较大、控制裂缝开展宽度要求较严的水工结构构件(如混凝土渡槽槽身),即使 $\dfrac{h_w}{b} < 6.0$,其截面仍应符合式(5-8)的要求。对于 T 形截面或 I 形截面的简支受弯构件,当有实践经验时,式(5-8)中的系数 0.25 可改为 0.3。

在设计中,若不满足最小截面尺寸要求,应加大截面尺寸或提高混凝土强度等级。

2)防止发生斜拉破坏的条件

上面讨论的腹筋抗剪作用的计算,只是在箍筋和弯起钢筋具有一定密度和一定数量时才有效。若腹筋配置得过少过稀,即使计算上满足要求,仍可能出现斜截面受剪承载力不足的情况。所以,为了防止发生斜拉破坏,必须满足箍筋的配箍率及腹筋间距的要求。

(1)配箍率的要求。箍筋配置过少,一旦斜裂缝出现,由于箍筋的抗剪作用不足以替代斜裂缝发生前混凝土原有的作用,就会发生突然性的斜拉破坏。为了防止发生这种破坏,当 $KV > V_c$ 时,箍筋的配置应满足它的最小配箍率 ρ_{svmin} 要求:

对于 HPB235 级钢筋

$$\rho_{sv} = \frac{A_{sv}}{bs} \geqslant \rho_{svmin} = 0.15\% \tag{5-10}$$

对于 HRB335 级钢筋

$$\rho_{sv} = \frac{A_{sv}}{bs} \geqslant \rho_{svmin} = 0.10\% \tag{5-11}$$

(2)腹筋间距的要求。腹筋间距过大,有可能在两根腹筋之间出现不与腹筋相交的斜裂缝,这时腹筋便无从发挥作用(见图 5-5)。同时箍筋分布的疏密对斜裂缝开展宽度也有影响。因此,对腹筋的最

大间距 s_{max} 作了规定,在任何情况下,腹筋的间距 s 或 s_1 不得大于表 5-1 中的 s_{max} 数值。

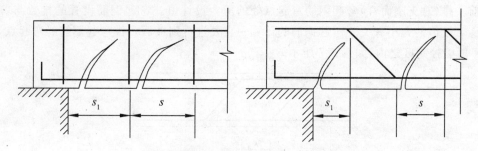

图 5-5　腹筋间距过大时产生的影响

s_1—支座边缘第一根斜筋或箍筋的距离;s—斜筋或箍筋的间距

表 5-1　梁中箍筋的最大间距 s_{max}　　　　　　　　　　单位:mm

项次	梁高 h	$KV > V_c$	$KV \leqslant V_c$
1	$h \leqslant 300$	150	200
2	$300 < h \leqslant 500$	200	300
3	$500 < h \leqslant 800$	250	350
4	$h > 800$	300	400

注:薄腹梁的箍筋间距宜适当减小。

模块 2　斜截面受剪承载力计算步骤和方法

1.计算位置规定要求

在进行受剪承载力计算时,应先根据危险截面确定受剪承载力的计算位置,对于矩形、T 形和 I 形截面构件受剪承载力的计算位置(见图 5-6)应按下列规定采用:

(1)支座边缘处的截面 1-1;

(2)受拉区弯起钢筋弯起点处的截面 2-2、截面 3-3;

(3)箍筋截面积或间距改变处的截面 4-4;

(4)腹板宽度改变处的截面。

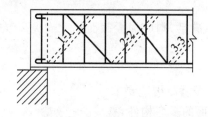
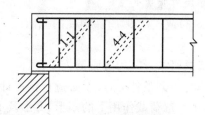

（a）配箍筋和弯起钢筋的梁　　　　　　　（b）只配箍筋的梁

图 5-6　斜截面受剪承载力计算位置

2.剪力值取值要求

当计算梁的抗剪钢筋时,剪力设计值 V 按下列方法采用:当计算支座截面的箍筋和第一排(对支座而言)弯起钢筋时,取用支座边缘的剪力设计值,对于仅承受直接作用在构件顶面的分布荷载的梁，可取距离支座边缘为 $0.5h_0$ 处的剪力设计值；当计算以后的每一排弯起钢筋时，取前一排（对支座而言）弯起钢筋弯起点处的剪力设计值。弯起钢筋设置的排数与剪力图形及 V_{cs}/K 值的大小有关。弯起钢筋的计算一直要进行到最后一排弯起钢筋的弯起点，进入 V_{cs}/K 所能控制区之内，如图 5-7 所示。

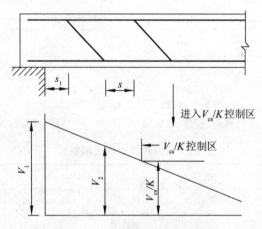

图 5-7　弯起钢筋的剪力计算值

在设计构件时，如能满足 $V \leqslant V_{cs}/K$，则表示构件所配的箍筋足以抵抗荷载引起的剪力。如果 $V > V_{cs}/K$，则说明所配的箍筋不能满足抗剪要求，可以采用如下的解决办法：①将箍筋加密或加粗；②增大构件截面尺寸；③提高混凝土强度等级；④将纵向钢筋弯起成为斜筋或加焊斜筋以增加斜截面受剪承载力。在纵向钢筋有可能弯起的情况下，利用弯起的纵筋来抗剪可收到较好的经济效果。

3. 斜截面受剪承载力计算步骤和方法

斜截面受剪承载力计算，包括截面设计和承载力复核两个方面。截面设计是在正截面承载力计算完成之后，即在截面尺寸、材料强度、纵向受力钢筋已知的条件下，计算梁内腹筋。承载力复核是在已知截面尺寸和梁内腹筋的条件下，验算梁的抗剪承载力是否满足要求。

1）作梁的剪力图并确定受剪承载力的计算位置

剪力设计值的计算跨度取构件的净跨度，即 $l_0 = l_n$，并按规定选取计算位置。

2）截面尺寸验算

按式（5-8）或式（5-9）验算构件的截面尺寸，如不满足，则应加大截面尺寸或提高混凝土强度等级。

3）验算是否按计算配置腹筋

当梁满足下列条件时，可不必进行抗剪计算，只需满足构造要求。

（1）对于一般荷载作用下的矩形、T 形及 I 形截面的受弯构件，有

$$KV \leqslant 0.7f_t bh_0 \qquad (5\text{-}12)$$

（2）对于承受集中力为主的重要的独立梁，有

$$KV \leqslant 0.5f_t bh_0 \qquad (5\text{-}13)$$

4）腹筋的计算

梁内腹筋通常有两类配置方法：一是仅配箍筋；二是既配箍筋又配弯起钢筋。至于采用哪一种方法，应视构件具体情况、剪力的大小及纵向钢筋的数量而定。

（1）仅配箍筋。当剪力完全由混凝土和箍筋承担时，箍筋按下列公式计算：

对于矩形、T 形或 I 形截面的梁，由式（5-3）可得

$$\frac{A_{sv}}{s} \geqslant \frac{KV - 0.7 f_t b h_0}{1.25 f_{yv} h_0} \qquad (5-14)$$

对于承受集中力为主的重要的独立梁，由式（5-4）可得

$$\frac{A_{sv}}{s} \geqslant \frac{KV - 0.5 f_t b h_0}{f_{yv} h_0} \qquad (5-15)$$

计算出 A_{sv}/s 后，可先确定箍筋的肢数（通常是双肢箍筋）和直径，再求出箍筋间距 s。选取的箍筋直径和间距必须满足构造要求。

（2）既配箍筋又配弯起钢筋。当需要配置弯起钢筋参与承受剪力时，一般先选定箍筋的直径、间距和肢数，然后按式（5-3）或式（5-4）计算出 V_{cs}，如果 $KV > V_{cs}$，则需按下式计算弯起钢筋的截面积，即

$$A_{sb} \geqslant \frac{KV - V_{cs}}{f_y \sin\alpha_s} \qquad (5-16)$$

第一排弯起钢筋上弯点距支座边缘的距离应满足 $50\text{mm} \leqslant s_1 \leqslant s_{max}$，习惯上一般取 $s_1 = 50\text{mm}$ 或 $s_1 = 100\text{mm}$。弯起钢筋一般由梁中纵向受拉钢筋弯起而成。当纵向钢筋弯起不能满足正截面和斜截面受弯承载力要求时，可设置单独的仅作为受剪的弯起钢筋，这时，弯起钢筋应采用"吊筋"的形式。

5）配箍率验算

验算配箍率是否满足最小配箍率的要求，以防止发生斜拉破坏。

模块 3　斜截面受剪承载力计算案例

【例 5-1】　某水电厂房（2 级建筑物）的钢筋混凝土简支梁（见图 5-8），两端支承在 240mm 厚的砖墙上，该梁处于室内正常环境，梁净距 $l_n = 3.56\text{m}$，梁截面尺寸 $bh = 200\text{mm} \times 500\text{mm}$，在正常使用期间承受永久荷载标准值 $g_k = 20\text{kN/m}$（包括自重），可变均布荷载标准值 $q_k = 29.8\text{kN/m}$，采用 C25 混凝土，箍筋为 HPB235 级。试配置抗剪箍筋（$a_s = 40\text{mm}$）。

解　根据资料，有 $K = 1.20$，$f_c = 11.9\text{N/mm}^2$，$f_t = 1.27\text{N/mm}^2$，$f_{yv} = 210\text{N/mm}^2$。

（1）计算剪力设计值。

最危险的截面在支座边缘处，该处的剪力设计值

$$V = (1.05 g_k + 1.20 q_k) l_n / 2 = (1.05 \times 20 + 1.20 \times 29.8) \times 3.56/2 \text{kN} = 101.03\text{kN}$$

（2）截面尺寸验算。

$$h_0 = h - a_s = (500 - 40)\text{mm} = 460\text{mm}, \quad h_w = h_0 = 460\text{mm}$$

$$h_w / b = 460/200 = 2.3 < 4.0$$

$$0.25 f_c b h_0 = 0.25 \times 11.9 \times 200 \times 460\text{N} = 273.7 \times 10^3 \text{N} = 273.7\text{kN}$$

$$KV = 1.20 \times 101.03\text{kN} = 121.24\text{kN} < 0.25 f_c b h_0 = 273.7\text{kN}$$

故截面尺寸满足抗剪条件。

（3）验算是否需按计算配置箍筋。

$$V_c = 0.7 f_t b h_0 = 0.7 \times 1.27 \times 200 \times 460\text{N} = 81.79\text{kN} < KV = 121.24\text{kN}$$

需按计算配置箍筋。

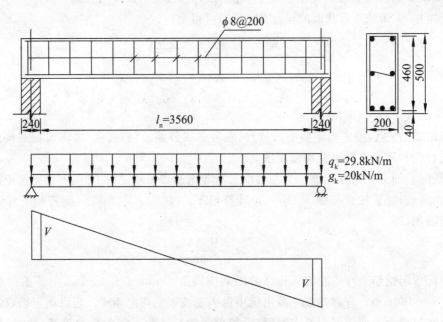

图 5-8　梁剪力图及配筋图

(4)仅配箍筋时箍筋数量的确定。

$$\frac{A_{sv}}{s} \geq \frac{KV - 0.7f_t bh_0}{1.25f_{yv}h_0} = \frac{1.20 \times 101.03 \times 10^3 - 0.7 \times 1.27 \times 200 \times 460}{1.25 \times 210 \times 460} \text{mm}^2/\text{mm} =$$

$0.327\text{mm}^2/\text{mm}$，选用双肢 $\phi 8$ 箍筋，$A_{sv} = 101\text{mm}^2$，则

$$s \leq \frac{A_{sv}}{0.327} = \frac{101}{0.327}\text{mm} = 309\text{mm}$$

$s_{max} = 200\text{mm}$，取 $s = 200\text{mm}$，即箍筋采用 $\phi 8@200$，沿全梁均匀布置。

(5)验算最小配箍率。

$$\rho_{sv} = \frac{A_{sv}}{bs} = \frac{101}{200 \times 200} = 0.25\% > \rho_{svmin} = 0.15\%$$

所选的箍筋满足要求。在梁的两侧应沿高度设置 $2\phi 12$ 纵向构造钢筋，并设置 $\phi 8@600$ 的连系拉筋。

【例 5-2】　某水电站副厂房(3 级建筑物)，砖墙上支承简支梁，该梁处于二类环境条件。其跨长、截面尺寸如图 5-9 所示。承受的荷载为：均布荷载 $g_k = 20\text{kN/m}$(包括自重)，$q_k = 15\text{kN/m}$，集中荷载 $G_k = 28\text{kN/m}$。采用 C25 混凝土，纵向受力钢筋为 HRB335 级钢筋，箍筋为 HPB235 级钢筋，梁正截面中已配有受拉钢筋 $4\phi 25(A_s = 1964\text{mm}^2)$，一排布置，$a_s = 50\text{mm}$。试配置抗剪腹筋。

解　根据资料，有 $f_c = 11.9\text{N/mm}^2$，$f_y = 300\text{N/mm}^2$，$f_{yv} = 210\text{N/mm}^2$，$f_t = 1.27\text{N/mm}^2$，$K = 1.20$，$c = 35\text{mm}$。

(1)内力计算。

支座边缘截面剪力计算值

$$V_{max} = (1.05g_k + 1.20q_k)l_n/2 + 1.05G_k$$
$$= [(1.05 \times 20 + 1.20 \times 15) \times 5.6/2 + 1.05 \times 28]\text{kN} = 138.6\text{kN}$$

（2）验算截面尺寸。

取 $a_s = 50\text{mm}$，则 $h_0 = h - a_s = (550 - 50)\text{mm} = 500\text{mm}$，$h_w = h_0 = 500\text{mm}$。

$$h_w/b = 500/250 = 2.0 < 4.0$$

$0.25 f_c b h_0 = 0.25 \times 11.9 \times 250 \times 500\text{N} = 371.88\text{kN} > KV_{max} = 1.20 \times 138.6\text{kN} = 166.32\text{kN}$

故截面尺寸满足抗剪要求。

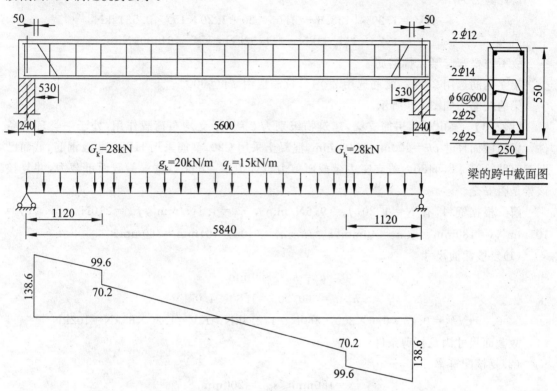

图 5-9　梁的计算简图及内力图（单位：mm）

（3）验算是否按计算配置腹筋。

$0.7 f_t b h_0 = 0.7 \times 1.27 \times 250 \times 500\text{N} = 111125\text{N} = 111.13\text{kN} < KV_{max} = 166.32\text{kN}$

应按计算配置箍筋。

（4）腹筋的计算。

初选双肢箍筋 $\phi 6@150$，$A_{sv} = 57\text{mm}^2$，$s = 150\text{mm} < s_{max} = 250\text{mm}$。

$$\rho_{sv} = \frac{A_{sv}}{bs} = \frac{57}{250 \times 150} = 0.15\% = \rho_{svmin} = 0.15\%$$

满足最小配箍率的要求。

$$
\begin{aligned}
V_{cs} &= 0.7 f_t b h_0 + 1.25 f_{yv} A_{sv} h_0/s \\
&= (0.7 \times 1.27 \times 250 \times 500 + 1.25 \times 210 \times 57 \times 500/150)\text{N} \\
&= 161.00\text{kN} < KV_{max} = 166.32\text{kN}
\end{aligned}
$$

需加配弯起钢筋帮助抗剪，取 $\alpha = 45°$，计算第一排弯起钢筋：

$$
\begin{aligned}
A_{sb} &= (KV_{max} - V_{cs})/(f_y \sin 45°) \\
&= (166.32 - 161.00) \times 10^3/(300 \times 0.707)\text{mm}^2 = 25\text{mm}^2
\end{aligned}
$$

虽然弯起钢筋的面积很小,但为了加强梁简支端的受剪承载力,仍从跨中弯起钢筋 $2\phi25$ $(A_{sb1}=491\text{mm}^2)$ 至梁顶再深入支座。第一排的上弯点安排在离支座边缘 50mm,即 $s_1=50\text{mm}<s_{max}=250\text{mm}$ 处。则第一排弯起钢筋的下弯点离支座边缘的距离为 $(50+550-2\times35)\text{mm}=530\text{mm}$。

该处剪力为

$$KV=1.20\times[138.6-(1.05\times20+1.20\times15)\times0.53)]\text{kN}$$
$$=1.20\times117.93\text{kN}=141.52\text{kN}<V_{cs}=161.00\text{kN}$$

故不需要弯起第二排钢筋。

架立钢筋选用 $2\phi12$,腰筋选用 $2\phi14$,拉筋选用 $\phi6@600$。

梁的配筋图如图 5-9 所示。

【例 5-3】 某电站厂房简支梁,建筑物级别为 2 级,承受均布荷载作用,处于一类环境条件。梁的截面尺寸 $bh=200\text{mm}\times400\text{mm}$,混凝土采用 C20,箍筋采用 HPB235 级钢筋,截面已配有双肢箍筋 $\phi8@180$。若支座边缘截面剪力设计值 $V=85\text{kN}$,试求斜截面承载力,并复核该梁是否安全。

解　根据资料,有 $K=1.20$,$f_c=9.6\text{N/mm}^2$,$f_t=1.1\text{N/mm}^2$,$f_{yv}=210\text{N/mm}^2$,$A_{sv}=101\text{mm}^2$,$s=180\text{mm}$。取 $a_s=40\text{mm}$,$h_0=h-a_s=(400-40)\text{mm}=360\text{mm}$。

(1)复核截面尺寸

$$h_w=h_0=360\text{mm}$$
$$h_w/b=360/200=1.80<4.0$$

$$0.25f_cbh_0=0.25\times9.6\times200\times360\text{N}=172.8\text{kN}>KV=1.20\times85\text{kN}=102\text{kN}$$

故截面尺寸满足抗剪条件。

(2)复核配箍率

$$s=180\text{mm}\leqslant s_{max}=200\text{mm}$$

$$\rho_{sv}=\frac{A_{sv}}{bs}=\frac{101}{200\times180}=0.28\%>\rho_{svmin}=0.15\%$$

(3)复核受剪承载力

$$V_{cs}=0.7f_tbh_0+1.25f_{yv}\frac{A_{sv}}{s}h_0$$

$$=(0.7\times1.1\times200\times360+1.25\times210\times\frac{101}{180}\times360)\text{N}$$

$$=108.47\text{kN}\geqslant KV=102\text{kN}$$

受剪承载力满足设计要求。

任务 3　钢筋混凝土梁的斜截面受弯承载力

知识目标

掌握抵抗弯矩图的绘制方法,以及纵向受拉钢筋的截断与弯起位置的确定。

能力目标

能绘制抵抗弯矩图。

模块 1　材料抵抗弯矩图的绘制

1.钢筋截断或弯起的原因

在梁的设计中,纵向钢筋和箍筋通常都是由控制截面的内力根据正截面和斜截面的承载力计算公式确定。如果按最不利内力计算的纵筋既不弯起也不截断,沿梁通长布置,必然会满足任一截面上的承载力要求。这种纵筋沿梁通长布置的配筋方式,构造虽然简单,但钢筋强度没有得到充分利用,是不够经济的。

2.钢筋截断或弯起的位置确定方法(抵抗弯矩图)

在实际工程中,为了节省钢材,常在弯矩较小的截面处将部分纵筋切断或弯起作抗剪钢筋用,因而梁就有可能沿着斜截面发生受弯破坏。图 5-10 所示为一均布荷载简支梁,当出现斜裂缝 AB 时,斜截面的弯矩 $M_{AB}=M_A>M_B$,如果一部分纵筋在 B 截面之前被切断或弯起,B 截面所余的纵筋虽然能抵抗正截面的弯矩 M_B,但出现斜裂缝后,就有可能抵抗不了弯矩 M_{AB},而导致斜截面受弯破坏。那么纵筋在切断或弯起时,如何保证斜截面的受弯承载力?设计中一般是通过绘制正截面抵抗弯矩图的方法予以解决的,根据正截面和斜截面的受弯承载力来确定纵筋的弯起点和截断点的位置。

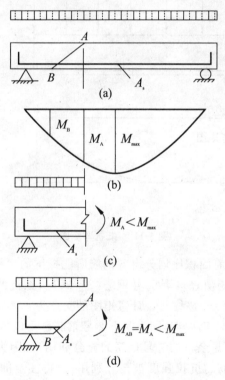

图 5-10　弯矩图与斜截面上的弯矩 M_{AB}

1)材料抵抗弯矩图的含义

抵抗弯矩图简称 M_R 图,它是按照梁内实配的纵筋数量计算并绘制出的各截面所能抵抗的弯矩图。作 M_R 图的过程也就是对钢筋布置进行图解设计的过程。抵抗弯矩可近似由下式求出。

$$M_R = \frac{1}{K} f_y A_s \left(h_0 - \frac{f_y A_s}{2 f_c b} \right) \tag{5-17}$$

式中：M_R——总的抗抗弯矩值，$N \cdot mm$；

  A_s——实际配置的纵向受拉钢筋截面积，mm^2。

其中，每根钢筋的抗抗弯矩值，可近似按相应的钢筋截面积与总受拉钢筋面积比分配，即

$$M_{Ri} = A_{si} M_R / A_s \tag{5-18}$$

式中：A_{si}——任意一根纵筋的截面积，mm^2；

  M_{Ri}——任意一根纵筋的抗抗弯矩值，$N \cdot mm$。

2）材料抗抗弯矩图的画法

图 5-11 所示为一承受均布荷载的简支梁，设计弯矩图为 aob，根据 o 点最大弯矩计算所需纵向受拉钢筋 $4 \phi 20$。钢筋若是通长布置，则按照定义，抗抗弯矩图是矩形 $aa'b'b$。由图 5-11 可见，抗抗弯矩图完全包住了设计弯矩图，所以梁各截面正截面和斜截面受弯承载力都满足。显然在设计弯矩图与抗抗弯矩图之间钢筋强度有富余，且受力弯矩越小，钢筋强度富余就越多。为了节省钢材，可以将其中一部分纵向受拉钢筋在保证正截面和斜截面受弯承载力的条件下弯起或截断。

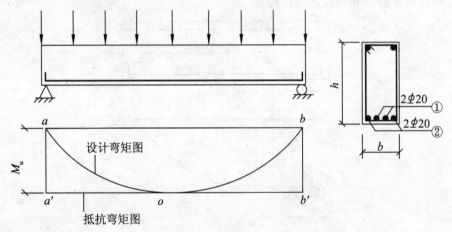

图 5-11　抗抗弯矩图

如图 5-12 所示，根据钢筋面积比划分出各钢筋所能抗抗的弯矩。分界点为 l 点，l-n 是 ① 号钢筋（$2 \phi 20$）所抗抗的弯矩值；l-m 是 ② 号钢筋（$2 \phi 20$）所抗抗的弯矩值。现拟将 ① 号钢筋截断，首先过点 l 画一条水平线，该线与设计弯矩图的交点为 e、f，其对应的截面为 E、F，在 E、F 截面处为 ① 号钢筋的理论不需要点，因为剩下 ② 号钢筋已足以抗抗设计弯矩，e、f 称为 ① 号钢筋的理论截断点。同时也是余下的 ② 号钢筋的充分利用点，因为在 e、f 处的抗抗弯矩恰好与设计弯矩值相等，② 号钢筋的抗拉强度被充分利用，值得注意的是，e、f 虽然为 ① 号钢筋的理论截断点，但实际上 ① 号钢筋是不能在 e、f 点切断的，还必须再延伸一段锚固长度，才能切断。而且一般在梁的下部受拉区是不切钢筋的。有关内容下面将重点介绍。

若在 e、f 处将 ① 号钢筋截断，则这两点抗抗弯矩发生突变，e、f 两点之外抗抗弯矩减少了 ge 和 hf。其抗抗弯矩图如图 5-13 所示。

如图 5-14 所示，若将 ① 号钢筋在 K、L 截面处开始弯起，由于该钢筋从弯起点开始逐渐由拉区进入压区，逐渐脱离受拉工作，因此其抗抗弯矩也是自弯起点逐渐减小，直至弯起钢筋与

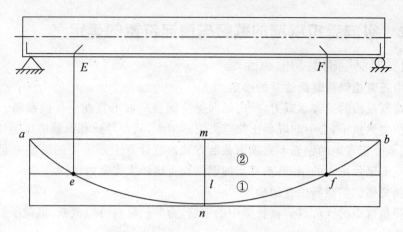

图 5-12　钢筋的理论截断点、充分利用点

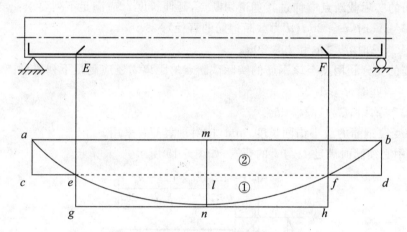

图 5-13　钢筋的截断时抵抗弯矩图的画法

梁轴线相交截面(I、J 截面)处,此时①号钢筋进入了受压区,其抵抗弯矩消失。故该钢筋在弯起部分的抵抗弯矩值呈直线变化,即斜线段 ki 和 lj。在 i 点和 j 点之外,①号钢筋不再参加正截面受弯工作。其抵抗弯矩图如图 5-14 中 $aciknljdb$ 所示。

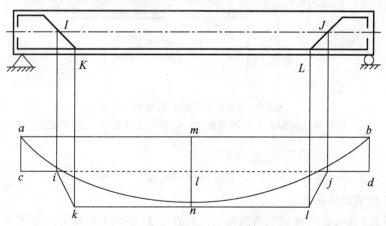

图 5-14　钢筋的弯起时抵抗弯矩图的画法

模块 2　纵向受拉钢筋的截断与弯起位置的确定

1. 纵向受拉钢筋的截断位置确定

1)梁跨中正弯矩钢筋截断位置的确定

为了保证斜截面的受弯承载力,梁内纵向受拉钢筋一般不宜在受拉区截断。因为截断处受力钢筋面积突然减小,会引起混凝土拉应力突然增大,从而导致在纵筋的截断处过早出现裂缝,故对梁底承受正弯矩的钢筋不宜采取截断方式。将计算上不需要的钢筋弯起作为抗剪钢筋或作为承受支座负弯矩的钢筋,不弯起的钢筋则直接伸入支座内锚固。

2)支座负弯矩钢筋截断位置的确定

对于承受负弯矩的区段或焊接骨架中的钢筋,为节约材料可以截断,但截断长度必须符合以下规定。

(1)钢筋的实际截断点应伸过其理论切断点,延伸长度 l_w 应满足下列要求:

①当 $KV \leqslant V_c$ 时,$l_w \geqslant 20d$(d 为截断钢筋的直径);

②当 $KV > V_c$ 时,$l_w \geqslant h_0$ 和 $l_w \geqslant 20d$。

(2)钢筋的充分利用点至该钢筋的实际截断点的距离 l_d 还应满足下列要求:

①当 $KV \leqslant V_c$ 时,$l_d \geqslant 1.2l_a$;

②当 $KV > V_c$ 时,$l_d \geqslant 1.2l_a + h_0$。

式中:l_a——受拉钢筋的最小锚固长度,mm,按附录表 C-2 采用。

在设计中必须同时满足 l_w 与 l_d 的要求,如图 5-15 所示。

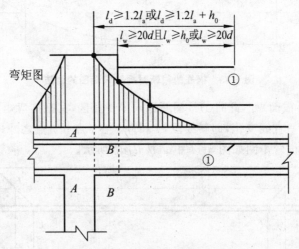

图 5-15　纵筋截断点及延伸长度要求

A-A—钢筋①的强度充分利用截面;B-B—按计算不需要钢筋①的截面

2. 纵向受拉钢筋的弯起位置确定

纵向受拉钢筋的弯起时,应同时满足下列两种要求。

1)保证正截面的受弯承载力

在梁的受拉区中,如果弯起钢筋的弯起点设在正截面受弯承载力计算不需要该钢筋截面之前,弯起钢筋与梁中心线的交点就应在钢筋的理论不需要点之外,必须使整个抵抗弯矩图都包在设计弯矩图之外,如图 5-16 所示。

2)保证斜截面的受弯承载力

截面 A-A 是钢筋①的充分作用点。在伸过截面 A-A 一段距离 a 以后,钢筋①被弯起。纵筋的弯起点与该钢筋充分利用点的距离应满足:

$$a \geqslant 0.5h_0 \tag{5-19}$$

式中:a——弯起钢筋的弯起点到该钢筋充分利用点间的距离,mm;

h_0——截面的有效高度,mm。

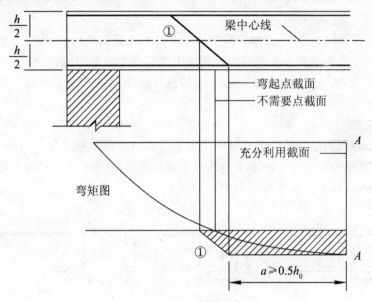

图 5-16   纵向受拉钢筋的弯起

以上要求可能与腹筋最大间距的限制条件相矛盾,尤其在承受负弯矩的支座的附近容易出现这个问题,其原因是同一根弯筋同时抗弯又抗剪。腹筋最大间距的限制是为保证斜截面的受剪承载力,而 $a \geqslant 0.5h_0$ 的条件是为保证斜截面的受弯承载力。当两者发生矛盾时,只能考虑弯起钢筋的一种作用,一般以满足受弯要求而另加斜筋受剪。

任务 4   钢筋骨架的构造规定

知识目标

掌握纵向钢筋、箍筋、弯起钢筋的构造要求。

能力目标

在设计和施工中能准确运用纵向钢筋、箍筋、弯起钢筋的构造要求。

为了使钢筋骨架适应受力的需要和便于施工,《水工混凝土结构设计规范》(SL 191—2008)对钢筋骨架的构造作出了相应规定。

模块1　纵向钢筋的构造要求

1. 纵向受力钢筋在支座中的锚固

1）简支梁支座

在构件的简支端，弯矩为零。当梁端剪力较小、不会出现斜裂缝时，受力筋适当伸入支座即可。但若剪力较大引起斜裂缝，就可能导致锚固破坏，所以简支梁下部纵向受力钢筋需伸入支座的锚固长度 l_{as}，如图 5-17（a）所示，应符合下列条件：

（1）当 $KV \leqslant V_c$ 时，$l_{as} \geqslant 5d$；

（2）当 $KV > V_c$ 时，$l_{as} \geqslant 12d$（带肋钢筋），$l_{as} \geqslant 15d$（光圆钢筋）。

如下部纵向受力钢筋伸入支座的锚固长度不能符合上述规定，如图 5-17（b）所示，则可在梁端将钢筋向上弯，或采用贴焊锚筋、镦头、焊锚板、将钢筋端部焊接在支座的预埋件上等专门锚固措施。

2）悬臂梁支座

如图 5-17（c）所示，悬臂梁的上部纵向受力钢筋从钢筋强度被充分利用的截面（即支座边缘截面）起伸入支座中的长度应不小于钢筋的锚固长度 l_a；如梁的下部纵向钢筋在计算上作为受压钢筋，则伸入支座中的长度应不小于 $0.7l_a$。

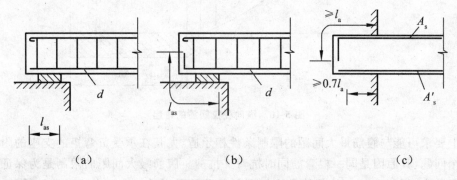

图 5-17　纵向受力钢筋在支座内的锚固

3）中间支座

连续梁中间支座的上部纵向钢筋应贯穿支座或节点，按承载力需要变化。下部纵向钢筋应伸入支座或节点，当计算中不利用其强度时，其伸入长度应符合上述对简支梁端 $KV > V_c$ 时的规定；当计算中充分利用其强度时，受拉钢筋的伸入长度不小于钢筋的锚固长度 l_a，受压钢筋的伸入长度不小于 $0.7l_a$。框架中间层、顶层端节点钢筋的锚固要求见《水工混凝土结构设计规范》（SL 191—2008）。

2. 架立钢筋的构造要求

为了使纵向受力钢筋和箍筋能绑扎成骨架，在箍筋的四角必须沿梁全长配置纵向钢筋，在没有纵向受力筋的区段，则应补设架立钢筋（见图 5-18）。

当梁跨 $l < 4m$ 时，架立钢筋直径 d 不宜小于 8mm；当 $l = 4 \sim 6m$ 时，d 不宜小于 10mm；当 $l > 6mm$ 时，d 不宜小于 12mm。

3. 腰筋及拉筋的构造要求

当梁的截面高度较大时，为防止由于温度变形及混凝土收缩等原因使梁中部产生竖向裂缝,同时也为了增强钢筋骨架的刚度,增强梁的抗扭作用,当梁的腹板高度 $h_w \geqslant 450$mm 时,应在梁的两侧沿高度设置纵向构造钢筋,称为腰筋,并用拉筋(见图 5-18)连系固定。每侧腰筋的截面积不应小于腹板截面积 bh_w 的 0.1%,且间距不宜大于 200mm。拉筋直径一般与箍筋的相同,拉筋间距常取为箍筋间距的倍数,一般为 500~700mm。

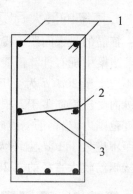

图 5-18　架立钢筋、腰筋及拉筋
1—架立钢筋；2—腰筋；3—拉筋

模块 2　箍筋的构造要求

1. 箍筋的形状和肢数

箍筋除了可以提高梁的抗剪能力外,还能固定纵筋的位置。箍筋的形状有封闭式和开口式两种,封闭式箍筋可以提高梁的抗扭能力,箍筋常采用封闭式箍筋。配有受压钢筋的梁,必须用封闭式箍筋。箍筋可按需要采用双肢或四肢(见图 5-19),在绑扎骨架中,双肢箍筋最多能扎结 4 根排在一排的纵向受压钢筋,否则应采用四肢箍筋(即复合箍筋);或当梁宽大于 400mm,一排纵向受压钢筋多于 3 根时,也应采用四肢箍筋。

2. 箍筋的最小直径

对于高度 $h > 800$mm 的梁,箍筋直径不宜小于 8mm;对于高度 $h \leqslant 800$mm 的梁,箍筋直径不宜小于 6mm。当梁内配有计算需要的纵向受压钢筋时,箍筋直径不应小于 $d/4$ (d 为受压钢筋中的最大直径)。为了方便箍筋加工成形,其常用直径为 6mm、8mm、10mm。考虑到高强度的钢筋延性较差,施工时成形困难,箍筋一般采用 HPB235 级和 HRB335 级钢筋。

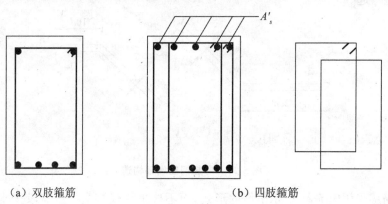

（a）双肢箍筋　　　　　　　（b）四肢箍筋

图 5-19　箍筋的肢数

3. 箍筋的布置

若按计算需要配置箍筋时,一般可在梁的全长均匀布置箍筋,也可以在梁两端剪力较大的部位布置得密一些。若按计算不需配置箍筋,则对于高度 $h > 300$mm 的梁,仍应沿全梁布置箍筋;对于高度 $h \leqslant 300$mm 的梁,可仅在构件端部各 1/4 跨度范围内配置箍筋,但当在构件中部1/2跨度范围内有集中荷载作用时,箍筋仍应沿梁全长布置。箍筋一般从梁边(或墙边)50mm 处开始设置。

4.箍筋的最大间距

箍筋的最大间距不得大于表 5-1 中所列的数值。

当梁中配有计算需要的受压钢筋时,箍筋的间距在绑扎骨架中不应大于 $15d$,在焊接骨架中不应大于 $20d$(d 为受压钢筋中的最小直径),同时在任何情况下均不应大于 $400mm$;当一排内纵向受压钢筋多于 5 根且直径大于 $18mm$ 时,箍筋间距不应大于 $10d$。在绑扎纵筋的搭接长度范围内,当钢筋受拉时,其箍筋间距不应大于 $5d$,且不大于 $100mm$;当钢筋受压时,箍筋间距不应大于 $10d$,且不大于 $200mm$。在此,d 为搭接钢筋中的最小直径。箍筋直径不应小于搭接钢筋较大直径的 0.25 倍。

模块 3　弯起钢筋的构造要求

1.弯起钢筋的最大间距要求

弯起钢筋的最大间距同箍筋的一样,不得大于表 5-1 中所列的数值。

2.弯起角度要求

梁中承受剪力的钢筋,宜优先采用箍筋。当需要设置弯起钢筋时,弯起钢筋的弯起角一般为 $45°$,当梁高 $h \geqslant 700mm$ 时也可用 $60°$。当梁宽较大时,为使弯起钢筋在整个宽度范围内受力均匀,宜在同一截面内同时弯起两根钢筋。

3.弯起钢筋的锚固

弯起钢筋的弯折终点应留有足够长的直线锚固长度(见图 5-20),其长度在受拉区不应小于 $20d$,在受压区不应小于 $10d$。对于光圆钢筋,其末端应设置弯钩。位于梁底和梁顶角部的纵向钢筋不应弯起。

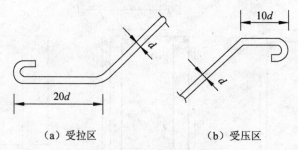

（a）受拉区　　　　　　（b）受压区

图 5-20　弯起钢筋端部构造

弯起钢筋应采用图 5-21 所示吊筋的形式,而不能采用仅在受拉区有较少水平段的浮筋,以防止由于弯起钢筋发生较大的滑移使斜裂缝开展过大,甚至导致斜截面受剪承载力降低。

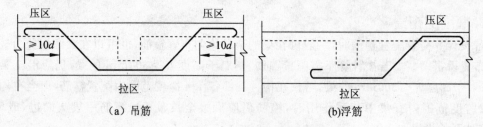

（a）吊筋　　　　　　　　　(b)浮筋

图 5-21　吊筋及浮筋

任务 5　钢筋混凝土结构施工图的识读

知识目标

掌握钢筋表中钢筋长度的计算方法。

能力目标

能绘制钢筋混凝土结构施工图。

1. 模板图

模板图主要用于注明构件的外形尺寸,以制作模板,同时用它计算混凝土方量。模板图一般比较简单,所以比例尺不要太大,但尺寸一定要全。构件上的预埋铁件一般可表示在模板图上。对于简单的构件,模板图可与配筋图合并。

2. 配筋图

配筋图表示钢筋骨架的形状以及在模板中的位置,主要为绑扎骨架用。凡规格、长度或形状不同的钢筋必须编以不同的编号,写在小圆圈内,并在编号引线旁注上这种钢筋的根数及直径。最好在每根钢筋的两端及中间都注上编号,以便查清每根钢筋的来龙去脉。

3. 钢筋表

钢筋表表示构件中所有不同编号的钢筋种类、规格、形状、长度、根数、重量等,主要为下料及加工成形用,同时可用来计算钢筋用量。

编制钢筋表主要为计算钢筋的长度,下面以一简支梁为例介绍钢筋长度的计算方法,如图 5-22 所示。

1) 直钢筋

图中的钢筋①、③、④号为直钢筋,其直段上所注长度 = l(构件长度) $-2c$(c 为混凝土保护层),此长度再加上两端弯钩长即为钢筋全长。一般每个弯钩长度为 $6.25d$。①受力钢筋是 HRB335 级,它的全长为(6000 -2×30)mm = 5940mm。③号架立钢筋和④号腰筋都是 HPB235 级钢筋,③号钢筋全长为(6000 $-2\times30+2\times6.25\times12$)mm = 6090mm,④号钢筋全长为(6000 $-2\times30+2\times6.25\times14$)mm = 6115mm。

2) 弯起钢筋

图中钢筋②的弯起部分的高度是以钢筋外皮计算的,即由梁高 550mm 减去上下混凝土保护层,(550 -60)mm = 490mm。由于弯折角等于 45°,故弯起部分的底宽及斜边各为 490mm 及 690mm。弯起后的水平直段长度由抗剪计算为 390mm。钢筋②的中间水平直段长由计算得出,即(6000 $-2\times30-2\times390-2\times490$)mm = 4180mm,最后可得弯起钢筋②的全长为(4180 $+2\times690+2\times390$)mm = 6340mm。

3) 箍筋和拉筋

箍筋尺寸一般标注内口尺寸,即构件截面外形尺寸减去主筋混凝土保护层尺寸。在标注箍筋尺寸时,应注明所注尺寸是内口。

箍筋的弯钩大小与主筋的粗细有关,根据箍筋与主筋直径的不同,箍筋两个弯钩的增加长度如表 5-2 所示。

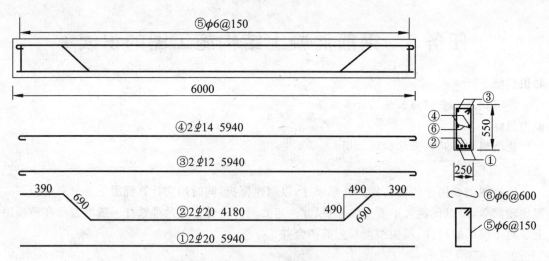

图 5-22　钢筋长度的计算(单位:mm)

表 5-2　箍筋两个弯钩的增加长度

主筋直径/mm	箍筋直径/mm				
	5	6	8	10	12
10~25	80	100	120	140	180
28~32		120	140	160	210

图中箍筋⑤的长度为[2×(490+190)+100]mm＝1460mm(内口)。

图中拉筋⑥的长度为(250−2×30+4×6)mm＝214mm。

此简支梁的钢筋表如表 5-3 所示。

表 5-3　钢筋表

编号	形　状	直径/mm	长度/mm	根数	总长/m	每米质量/(kg/m)	质量/kg
①	5940	20	5940	2	11.88	2.470	29.34
②	390　690　4180　690　390	20	6340	2	12.68	2.470	31.32
③	5940	12	6090	2	12.18	0.888	10.82
④	5940	14	6115	2	12.23	1.21	14.80
⑤	540　190　240　490　(内口)	6	1460	41	59.86	0.222	13.29
⑥	214	6	289	11	3.18	0.222	0.71
总质量/kg							100.28

必须注意,钢筋表内的钢筋长度不是钢筋加工时的断料长度。由于钢筋在弯折及弯钩时要伸长一些,因此断料长度应等于计算长度扣除钢筋伸长值。伸长值和弯折角度大小等有关

数据,可参阅施工手册。

4. 说明或附注

说明或附注中包括可以减少图纸工作量的内容以及一些在施工过程中必须引起注意的事项。例如,尺寸单位、钢筋保护层厚度、混凝土强度等级、钢筋级别、钢筋弯钩取值,以及其他施工注意事项。

任务6　钢筋混凝土外伸梁设计实例

【例 5-4】　某水电站副厂房砖墙上承受均布荷载作用的外伸梁,该梁处于一类环境条件。其跨长、截面尺寸如图 5-23 所示。水工建筑物级别为 2 级,在正常使用期间承受永久荷载标准值 $g_{1k}=12$kN/m、$g_{2k}=46$kN/m(包括自重),可变均布荷载标准值 $q_{1k}=36$kN/m、$q_{2k}=51$kN/m,采用 C20 混凝土,纵向钢筋为 HRB335 级,箍筋为 HPB235 级。试设计此梁,并绘制配筋图。

1. 基本资料

材料强度:C20 混凝土,$f_c=9.6$N/mm^2,　$f_t=1.1$N/mm^2,纵筋 HRB335 级,$f_y=300$N/mm^2,箍筋 HPB235 级,$f_{yv}=210$N/mm^2。

截面尺寸:$b=300$mm,$h=700$mm。

计算参数:$K=1.20$,$c=30$mm。

2. 内力计算

1)计算跨度

对于简支段,$l_{01}=7$m

对于悬臂段,$l_{02}=2$m

2)求支座反力 R_A、R_B

$$
\begin{aligned}
R_B &= \frac{\frac{1}{2}(1.05g_{1k}+1.20q_{1k})l_{01}^2+(1.05g_{2k}+1.20q_{2k})l_{02}(l_{01}+\frac{l_{02}}{2})}{l_{01}} \\
&= \frac{\frac{1}{2}(1.05\times12+1.20\times36)\times7^2+(1.05\times46+1.20\times51)\times2\times(7+\frac{2}{2})}{7}\text{kN} \\
&= 445.59\text{kN}
\end{aligned}
$$

$$
\begin{aligned}
R_A &= (1.05g_{1k}+1.20q_{1k})l_{01}+(1.05g_{2k}+1.20q_{2k})l_{02}-R_B \\
&= [(1.05\times12+1.20\times36)\times7+(1.05\times46+1.20\times51)\times2-445.59]\text{kN} \\
&= 164.01\text{ kN}
\end{aligned}
$$

3)剪力、弯矩值计算

支座边缘截面的剪力值

$$
\begin{aligned}
V_A &= R_A-(1.05\times12+1.20\times36)\times\frac{0.37}{2} \\
&= \left[164.01-(1.05\times12+1.20\times36)\times\frac{0.37}{2}\right]\text{kN} \\
&= 153.69\text{kN}
\end{aligned}
$$

$$V_B^r = (1.05 \times 46 + 1.20 \times 51) \times (2 - \frac{0.37}{2}) \text{kN} = 198.74 \text{ kN}$$

$$V_B^l = R_A - (1.05 \times 12 + 1.20 \times 36) \times (7 - \frac{0.37}{2})$$

$$= \left[164.01 - (1.05 \times 12 + 1.20 \times 36) \times (7 - \frac{0.37}{2}) \right] \text{kN}$$

$$= -216.27 \text{kN}$$

AB 跨的最大弯矩

$$M_{\max} = \left[164.01 \times 2.939 - (1.05 \times 12 + 1.20 \times 36) \times 2.939 \times \frac{2.939}{2} \right] \text{kN·m} = 241.03 \text{kN·m}$$

B 支座截面弯矩　　$M_B = -(1.05 \times 46 + 1.20 \times 51) \times 2 \times \frac{2}{2} \text{kN·m} = -219 \text{kN·m}$

作此梁在荷载作用下的弯矩图及剪力图，如图 5-23 所示。

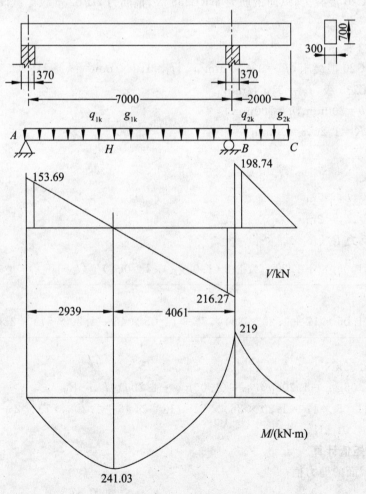

图 5-23　梁的计算简图及内力图

3. 验算截面尺寸

估计纵筋排一排，取 $a_s = 45 \text{mm}$，则 $h_0 = h - a_s = (700 - 45) \text{mm} = 655 \text{mm}$，$h_w = h_0$

＝655mm。

$$h_w/b = 655/300 = 2.18 < 4.0$$

$$0.25f_cbh_0 = 0.25 \times 9.6 \times 300 \times 655N = 4.716 \times 10^5 N = 471.6 \text{ kN}$$

$$> KV_{max} = 1.20 \times 216.27\text{kN} = 259.52\text{kN}$$

故截面尺寸满足抗剪要求。

4. 计算纵向钢筋

计算过程及结果如表 5-4 所示,配筋如图 5-24 所示。

表 5-4　纵向受拉钢筋计算表

计 算 内 容	跨中 H 截面	支座 B 截面
$M/(\text{kN} \cdot \text{m})$	241.03	219
$KM/(\text{kN} \cdot \text{m})$	289.24	262.8
$\alpha_s = \dfrac{KM}{f_cbh_0^2}$	0.234	0.213
$\xi = 1 - \sqrt{1-2\alpha_s} \leqslant 0.85\xi_b = 0.468$	0.271	0.242
$A_s = \dfrac{f_cb\xi h_0}{f_y} /\text{mm}^2$	1704	1522
选配钢筋	$2\ \phi\ 22 + 2\ \phi\ 25$	$4\ \phi\ 22$
实配钢筋面积 $A_{s实}/\text{mm}^2$	1742	1520
$\rho = \dfrac{A_{s实}}{bh_0} \geqslant \rho_{min} = 0.15\%$	0.89%	0.77%

5. 计算抗剪钢筋

1)验算是否按计算配置钢筋

$$0.7f_tbh_0 = 0.7 \times 1.1 \times 300 \times 655N = 151.305 \times 10^3 N = 151.31\text{kN} < KV_{min}$$

$$= 1.20 \times 153.69\text{kN} = 184.43\text{kN}$$

必须由计算确定抗剪腹筋。

2)受剪箍筋计算

按构造规定在全梁配置双肢箍筋 ϕ 8@220,则 $A_{sv} = 101\text{mm}^2$,$s < s_{max} = 250\text{mm}$

$$\rho_{sv} = A_{sv}/(bs) = 101/(300 \times 220) = 0.153\% > \rho_{svmin} = 0.15\%$$

满足最小配箍率的要求。

$$V_{cs} = 0.7f_tbh_0 + 1.25f_{yv}A_{sv}h_0/s$$

$$= (0.7 \times 1.1 \times 300 \times 655 + 1.25 \times 210 \times 101 \times 655/220)N = 230.24\text{kN}$$

3)弯起钢筋的设置

(1)支座 B 左侧

$$KV_B^1 = 1.20 \times 216.27\text{kN} = 259.52\text{kN} > V_{cs} = 230.24\text{kN}$$

需加配弯起钢筋帮助抗剪。

取 $\alpha = 45°$,并取 $V_1 = V_B^1$,计算第一排弯起钢筋:

$$A_{sb1} = (KV_1 - V_{cs})/(f_y\sin45°)$$

$$= (1.20 \times 216.27 - 230.24) \times 10^3/(300 \times 0.707)\text{mm}^2 = 138\text{mm}^2$$

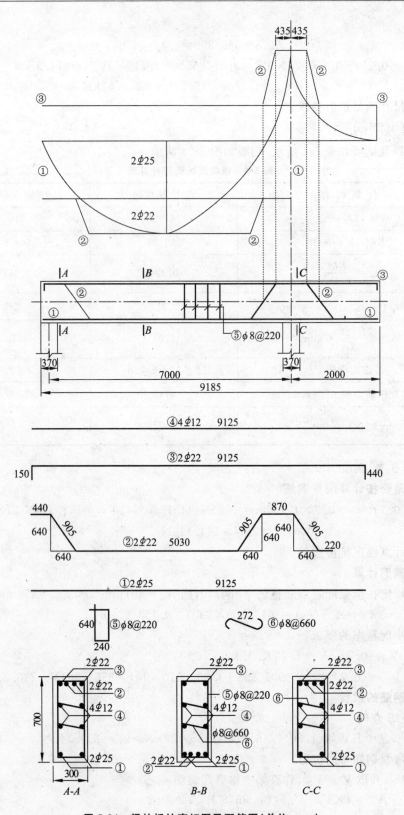

图 5-24　梁的抵抗弯矩图及配筋图(单位:mm)

由支座承担负弯矩的纵筋弯下 $2\phi22(A_{sb1}=760mm^2)$。第一排弯起钢筋的上弯点安排在离支座边缘 250mm，即 $s_1=s_{max}=250mm$。

由图 5-24 可知，第一排弯起钢筋的下弯点离支座边缘的距离为

$$[250+(700-2\times30)]mm=890mm$$

该处 $KV_2=1.20\times[216.27-(1.05\times12+1.20\times36)\times0.89]kN=199.93kN<V_{cs}=230.24\ kN$。

故不需弯起第二排钢筋抗剪。

（2）支座 B 右侧

$$KV_B^r=1.20\times198.74kN=238.49kN>V_{cs}=230.24kN$$

故需配置弯起钢筋。又因为 $V_B^l>V_B^r$，故可同样弯下 $2\phi22$ 即可满足要求，不必再进行计算。第一排弯起钢筋的下弯点距支座边缘的距离为 890mm，此处的 $KV_2=1.20\times[198.74-0.89\times(1.05\times46+1.20\times51)]kN=121.54kN<V_{cs}$，故不必再弯起第二排钢筋。

（3）支座 A

$$KV_A=1.20\times153.69kN=184.43kN<V_{cs}=230.24kN$$

但为了加强梁的受剪承载力，仍由跨中弯起 $2\phi22$ 至梁顶再伸入支座。第一排弯起钢筋的上弯点安排在离支座边缘 100mm 处，$s=100mm<s_{max}=250mm$，则第一排弯起钢筋的下弯点离支座边缘的距离为 $100+(700-2\times30)mm=740mm$。

6. 钢筋的布置设计

钢筋的布置设计要利用抵抗弯矩图（M_R 图）进行图解。为此，先将弯矩图（M 图）、梁的纵剖面图按比例画出（见图 5-24），再在 M 图上作 M_R 图。

（1）跨中正弯矩的 M_R 图。跨中 M_{max} 为 241.03kN·m，需配 $A_s=1704mm^2$ 的纵筋，现实配 $2\phi22+2\phi25(A_s=1742mm^2)$，因两者钢筋截面积相近，故可直接在 M 图上 M_{max} 处，按各钢筋面积的比例划分出 $2\phi25$ 及 $2\phi22$ 钢筋能抵抗的弯矩值，这就可确定出各根钢筋各自的充分利用点和理论切断点。按预先布置，要从跨中弯起钢筋②至支座 B 和支座 A，钢筋①将直通而不再弯起。由图 5-24 可以看出跨中钢筋的弯起点至充分利用点的距离 a 均大于 $0.5h_0=328mm$ 的条件。

（2）支座 B 负弯矩区的 M_R 图。支座 B 需配纵筋 $1522mm^2$，实配 $4\phi22(A_s=1520mm^2)$，两者钢筋截面积也相近，故可直接在 M 图上的支座 B 处四等分，每一等分即为 $1\phi22$ 所能承担的弯矩。在支座 B 左侧要弯下 $2\phi22$（钢筋②）；另两根放在角隅的钢筋③因要绑扎箍筋形成骨架，兼作架立钢筋，必须全梁直通。在支座 B 右侧只需弯下 $2\phi22$。

在梁的两侧应沿高度设置两排 $2\phi12$ 纵向构造钢筋，并设置 $\phi8@660$ 的连系拉筋。

7. 施工图绘制

梁的抵抗弯矩图及配筋图如图 5-24 所示。

表 5-5　钢筋表

编号	形　状	直径/mm	长度/mm	根数	总长/m	每米质量/(kg/m)	质量/kg
①	9125	25	9125	2	18.25	3.85	70.26
②	440 905 5000 905 870 905 220 640 640 640 640	22	9245	2	18.49	2.98	55.10
③	150 9125 440	22	9715	2	19.43	2.98	57.90
④	300 640 700 (内口) 240	8	1880	43	80.84	0.395	31.93
⑤	9125	12	9125	4	36.5	0.888	32.41
⑥	272	8	372	15	5.58	0.395	2.20
总质量/kg							249.8

习　题

1. 思考题

1.1　钢筋混凝土梁的斜截面破坏形态主要有哪三种? 其破坏特征各是什么?

1.2　影响斜截面抗剪承载力的主要因素有哪些?

1.3　有腹筋梁斜截面受剪承载计算公式是由哪种破坏形态建立起来的? 该公式的适用条件是什么?

1.4　在梁的斜截面承载力计算中,若计算结果不需要配置腹筋,那么该梁是否仍需配置箍筋和弯起钢筋? 若需要,应如何确定?

1.5　在斜截面受剪承载力计算时,为什么要验算截面尺寸和最小配箍率?

1.6　什么是抵抗弯矩图(M_R图)? 当纵向受拉钢筋截断或弯起时,M_R图上有什么变化?

1.7　在绘制 M_R 图时,如何确定每一根钢筋所抵抗的弯矩? 其理论截断点或充分利用点又是如何确定的?

1.8　梁中纵向钢筋的弯起与截断应满足哪些要求?

1.9　斜截面受剪承载力的计算位置如何确定? 在计算弯起钢筋时,剪力值如何确定?

1.10　箍筋的最小直径和箍筋的最大间距分别与什么有关?

1.11　当受力钢筋伸入支座的锚固长度不满足要求时,可采用哪些措施?

1.12　架立钢筋的直径大小与什么有关? 当截面的腹板高度超过多少时需设置腰筋和拉筋?

2. 选择题

2.1　有腹筋梁抗剪力计算公式中的 $0.7f_t b h_0$ 代表(　　)抗剪能力。

　　A. 混凝土　　　B. 不仅是混凝土的　　　　　　C. 纵筋与混凝土的　　　D. 纵筋的

2.2 箍筋对斜裂缝的出现( )。

A. 影响很大 B. 影响不如纵筋的大 C. 无影响 D. 影响不大

2.3 抗剪公式适用的上限值是为了保证( )。

A. 构件不发生斜压破坏 B. 构件不发生剪压破坏

C. 构件不发生斜拉破坏 D. 箍筋不致配得太多

2.4 在下列哪种情况下,梁斜截面宜设置弯起钢筋?( )

A. 梁剪力小

B. 剪力很大,仅配箍筋不足时(箍筋直径过小或间距过大)

C. 跨中梁下部具有较多的 $+M$ 纵筋,而支座 $-M$ 小

D. 为使纵筋强度得以充分利用来承受 $-M$

2.5 为了保证梁正截面及斜截面的抗弯强度,在作弯矩抵抗图时,应当保证( )。

A. 弯起点距该根钢筋的充分利用点的距离不小于 $h_0/2$

B. 弯起点距该根钢筋的充分利用点距离小于 $h_0/2$

C. 弯起点距该根钢筋的充分利用点距离不小于 $h_0/2$,且弯矩抵抗图不进入弯距图中

D. 弯起点距该根钢筋的充分利用点距离小于 $h_0/2$,且弯矩抵抗图不进入弯矩图中

2.6 限制梁的最小配箍率是防止梁发生( )破坏。

A. 斜拉 B. 少筋 C. 斜压 D. 剪压

2.7 限制梁中箍筋最大间距是为了防止( )。

A 箍筋配置过少,出现斜拉破坏

B. 斜裂缝不与箍筋相交

C. 箍筋对混凝土的约束能力降低

D. 箍筋配置过少,出现斜压破坏

2.8 已知某 2 级建筑物中的矩形截面梁,$bh = 200\text{mm} \times 550\text{mm}$,承受均布荷载作用,配有双肢 $\phi 6@200$ 箍筋。混凝土采用 C20,箍筋采用 HPB235 级。$a = 45\text{mm}$,该梁能承担的剪力计算值为( )。

A. 85 kN B. 91 kN C. 95 kN D. 98 kN

2.9 提高梁的斜截面受剪承载力最有效的措施是( )。

A. 提高混凝土强度等级 B. 加大截面宽度

C. 加大截面高度 D. 增加箍筋或弯起钢筋

2.10 关于受拉钢筋锚固长度 l_a 的说法正确的是( )。

A. 随混凝土强度等级的提高而增大 B. 随钢筋直径的增大而减小

C. 随钢筋等级提高而提高

D. 条件相同,光圆钢筋的锚固长度小于变形钢筋

3. 计算题

3.1 某钢筋混凝土简支梁,一类环境条件,水工建筑物级别为 2 级,截面尺寸 $bh = 250\text{mm} \times 550\text{mm}$,梁的净跨 $l_n = 4.76\text{m}$,承受永久荷载标准值 $g_k = 20\text{kN/m}$(包括自重),可变均布荷载标准值 $q_k = 30\text{kN/m}$;采用 C25 混凝土,HPB235 级箍筋,取 $a_s = 45\text{mm}$。试为该梁配置箍筋。

3.2　某建筑物级别为 2 级的钢筋混凝土梁截面尺寸 $bh=250\text{mm}\times500\text{mm}$,在均布荷载作用下,产生的最大剪力设计值 $V=198\text{kN}$。采用 C25 混凝土,HPB235 级箍筋,取 $a_s=45\text{mm}$。试进行箍筋计算。

3.3　建筑物级别为 2 级的矩形截面简支梁,梁的净跨 $l_n=5\text{m}$,截面尺寸 $bh=200\text{mm}\times500\text{mm}$,梁承受的最大剪力设计值 $V=150\text{kN}$,采用 C25 混凝土,配置 $4\phi20$ 的 HRB335 级纵筋、HPB235 级箍筋,取 $a_s=45\text{mm}$。试计算腹筋数量。

3.4　某承受均布荷载的楼板连续次梁,该建筑物级别为 3 级。截面尺寸 $b=250\text{mm}$,$h=600\text{mm}$,$b_f'=1600\text{mm}$,$h_f'=80\text{mm}$;承受剪力设计值 $V=168\text{kN}$;采用 C25 混凝土,HRB335 级纵筋,HPB235 级箍筋,取 $a_s=45\text{mm}$。试配置腹筋。

3.5　已知矩形截面梁,建筑物级别为 2 级。截面尺寸 $bh=200\text{mm}\times550\text{mm}$,承受均布荷载作用,配有双肢 $\phi8@200$ 箍筋。混凝土采用 C20,箍筋采用 HPB235 级钢筋。若支座边缘截面剪力设计值 $V=112\text{kN}$,取 $a_s=45\text{mm}$,试按斜截面承载力复核该梁是否安全。

3.6　某支承在砖墙上的钢筋混凝土矩形截面外伸梁,截面尺寸 $bh=250\text{mm}\times600\text{mm}$,其跨度 $l_1=7.0\text{m}$,外伸臂长度 $l_2=1.82\text{m}$,如图 5-25 所示。该梁处于一类环境条件,水工建筑物级别为 2 级,在正常使用期间承受永久荷载标准值 $g_{1k}=20\text{kN/m}$、$g_{2k}=22\text{kN/m}$(包括自重),可变均布荷载标准值 $q_{1k}=15\text{kN/m}$、$q_{2k}=45\text{kN/m}$,采用 C20 混凝土,纵向钢筋为 HRB335 级,箍筋为 HPB235 级。试设计此梁,设计内容如下。

(1)梁的内力计算,并绘出弯矩图和剪力图。

(2)截面尺寸复核。

(3)根据正截面承载力要求,确定纵向钢筋的用量。

(4)根据斜截面承载力要求,确定腹筋的用量。

(5)绘制梁的抵抗弯矩图(M_R 图)。

(6)绘制梁的施工图。

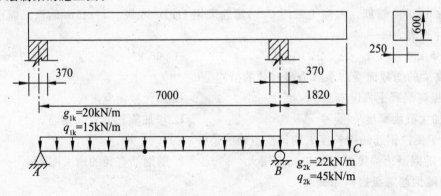

图 5-25　题 3.6 图

项目6　受压构件承载力计算

项目重点

　　轴压构件承载力计算基本公式和稳定系数;大、小偏压构件承载力计算;对称配筋偏压构件设计;偏压构件截面承载能力 N 与 M 的关系。

教学目标

　　理解受压构件的破坏特点;掌握轴心受压和偏心受压承载力的计算,能进行简单的受压构件配筋设计并能用计算机软件出图。

任务1　受压构件的构造要求

知识目标

　　掌握受压构件的基本概念;熟悉受压构件的一般构造要求。

能力目标

　　能利用构造要求对构件进行相关尺寸的设计。

模块1　受压构件的基本概念

　　水工钢筋混凝土结构中,除了板、梁等受弯构件外,另一种主要的构件就是受压构件。

　　受压构件可分为两种:轴向压力通过构件截面重心的受压构件称为轴心受压构件;轴向压力不通过截面重心,而与截面重心有一偏心距 e_0 的称为偏心受压构件。截面上同时作用有通过截面重心的轴向压力 N 及弯矩 M 的压弯构件,也是偏心受压构件,因为轴向压力 N 及弯矩 M 可以换算成具有偏心距 $e_0 = M/N$ 的偏心轴向压力。

　　水电站厂房中支承吊车梁的柱子是一个典型的偏心受压构件(见图6-1)。它承受屋架传来的垂直力 P_1 及水平力 H_1、吊车轮压 P_2、吊车横向制动力 T_H、风荷载 W、自重 G_1 和 G_2 等外力,使截面同时受到通过截面重心的轴向压力和弯距的作用。

　　渡槽的支承钢架、闸墩、桥墩、箱形涵洞以及拱式渡槽的支承拱圈等,在某些荷载组合下也都是偏心受压构件。

　　严格地说,实际工程中真正的轴心受压构件是没有的。因为实际的荷载合力对构件截面重心来说总是或多或少存在着偏心,例如,混凝土浇筑的不均匀、构件尺寸的施工误差、钢筋的偏位、装配式构件安装定位不明确等,都会导致轴向压力产生偏心。因此,不少国家的设计规范中规定了一个最小偏心距值,从而所有受压构件均按偏心受压构件设计。在我国,规范目前仍对这两种构件分别计算,并认为像等跨柱网的有柱、桁梁的压件、码头中的桩等结构,当偏心很小在设计中可略去不计时,就可当做轴心受压构件计算。

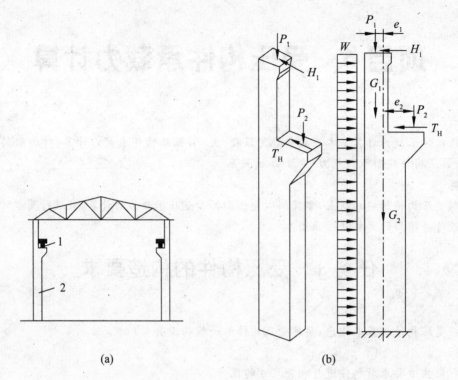

图 6-1　水电站厂房柱

1—吊车梁；2—柱

模块 2　受压构件的构造要求

1. 截面形式和尺寸

为了方便模板制作，受压构件一般采用方形或矩形截面。偏心受压构件采用矩形截面时，截面长边布置在弯矩作用方向，长边与短边的比值一般为 1.5～2.5。

为了减轻自重，预制装配式受压构件也可能做成 I 形截面。某些水电站厂房的框架立柱及拱结构中也有采用 T 形截面的。灌注桩、预制桩、预制电杆等受压则采用圆形和环形截面。

受压构件的截面尺寸不宜太小，因为构件越细长，纵向弯曲的影响力越大，承荷载降低越多，不能充分利用材料强度。水工建筑中现浇的立柱，其边长不宜小于 300mm，否则施工缺陷所引起的影响就较为严重。在水平位置浇件的装配式柱则可不受此限制。顶部承受竖向荷载的承重墙，其厚度不应小于无支承高度的 $\frac{1}{25}$，也不宜小于 150mm。

为了施工方便，截面尺寸一般采用整数。柱边长在 800mm 以下时以 50mm 为模数，800mm 以上时以 100mm 为模数。

2. 受压构件中混凝土的构造要求

受压构件的承载力主要受控于混凝土的抗压强度等级。因此，与受弯构件不同，混凝土的强度等级对受压构件的承载力影响很大，取用较高强度等级的混凝土是经济合理的。通常排架立柱、拱圈等受压构件可采用强度等级为 C25、C30 或更高强度等级的混凝土，其目的是充分利用混凝土的优良抗压性能以减少构件截面尺寸。当截面尺寸不是由承载力条件确定时

（如闸墩、桥墩），也可以采用 C20 混凝土。

3. 受压构件中纵向钢筋的构造要求

受压构件内配置的钢筋一般可用 HRB335 及 HRB400 钢筋。对受压钢筋来说，不宜采用高强度钢筋，因为它的抗压强度受到混凝土极限压应变的限制，不能充分发挥其高强度作用。

纵向受力钢筋的直径不宜小于 12mm。直径过小则钢筋骨架柔性大，施工不便，工程中常用的钢筋直径为 12～32mm。受压构件承受的轴向压力很大而弯矩很小时，钢筋大体可沿周边布置，每边不少于 2 根；承受弯矩大而轴向压力小时，钢筋侧沿垂直于弯矩作用平面的两个面布置。为了顺利地浇注混凝土，现浇时纵向钢筋的净距不应小于 50mm，水平浇注（装配式柱）时净距可参照梁的相关规定。同时，纵向受力钢筋的间距也不应大于 300mm。偏心受压柱边长大于或等于 600mm 时，沿边长中间应设置直径为 10～16mm 的纵向构造钢筋，其间距不大于 400mm。

承重墙内竖向钢筋的直径不应小于 10mm，间距不应大于 300mm。当按计算不需配置竖向受力钢筋时，则在墙体截面两端应各设置不少于 4 根直径为 12mm 或 2 根直径为 16mm 的竖向构造钢筋。

纵向钢筋混凝土保护层的规定参见附录表 C-1。

受压杆件的纵向钢筋，其用量不能过少。纵向钢筋太少，构件破坏时呈脆性，这对抗震很不利。同时钢筋太少，在荷载长期作用下，由于混凝土的徐变，容易引起钢筋的过早屈服。当受压杆件的截面尺寸由承载力条件确定时，其纵向钢筋最小配筋率的规定参见附录表 C-3。截面厚度较大的墩墙，有关纵向钢筋最小配筋率的规定见附录表 C-3。

纵向配筋也不宜过多，配筋过多既不经济，施工也不方便。在柱子中全部纵向钢筋的合适配筋率为 0.8%～2.0%，荷载特大时，也不宜超过 5%。

4. 受压构件中箍筋的构造要求

受压杆件中除了平行于轴向压力配置纵向钢筋外，还应配置箍筋。箍筋能阻止纵向钢筋受压时的向外弯凸，从而防止混凝土保护层向外膨胀剥落。受压杆件的箍筋都应做成封闭式，与纵钢筋绑扎或焊接成整体骨架。在墩墙类受压杆件（如闸墩）中，则可用水平钢筋代替箍筋，但应设置连系拉住墩墙两侧的钢筋。

柱中箍筋直径不应小于 0.25 倍纵向钢筋的直径，亦不应小于 6mm。

箍筋间距 s 应符合下列三个条件（见图 6-2）：

（1）$s \leqslant 15d$（绑扎骨架）或 $s \leqslant 20d$（焊接骨架），d 为纵向钢筋的最小直径；

（2）$s \leqslant b$，b 为截面的短边尺寸；

（3）$s \leqslant 400$mm。

当纵向钢筋的接头采用绑扎搭接时，则在搭接长度范围内箍筋应加密。当钢筋受压时，箍筋间距 s 不应大于 $10d$（d 为搭接钢筋中的最小直径），且不大于 200mm。

当全部纵向受力钢筋的配筋率超过 3% 时，钢筋直径不宜小于 8mm，间距不应大于 $10d$（d 为纵向钢筋的最小直径），且不应大于 200mm；箍筋末端做成 135° 弯钩，末端平直段长度不应小于直径的 10 倍；箍筋也可以焊成封闭式。

当截面尺寸大于 400mm 且各边纵向钢筋多于 3 根时，或当柱截面短边尺寸不大于 400mm 但各边纵向钢筋多于 4 根时，必须设置复合箍筋（除上述基本箍筋外，为了防止中间纵向钢筋的曲率，还需添置附加箍筋或连系拉筋），如图 6-3 所示。原则上希望纵向钢筋每隔一

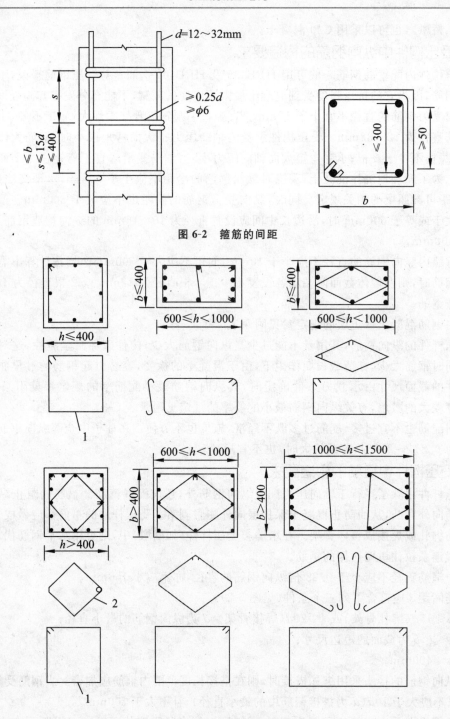

图 6-2　箍筋的间距

图 6-3　基本箍筋与附加箍筋
1—基本箍筋；2—附加箍筋

　　根就置于箍筋的转角处，使该纵向钢筋能在两个方向受到固定。当偏心受压杆截面长边设置纵向构造钢筋时，也要相应地设置复合箍筋或连系拉筋。

　　当纵向钢筋构造配置钢筋强度未充分利用时，箍筋的配置要求可适当放宽。

不应采用有内折角的箍筋,如图 6-4(b)所示,内折角箍筋受力后拉直的趋势易使转角处混凝土崩裂。遇到截面有内折角时,箍筋可按图 6-4(a)所示的方式布置。

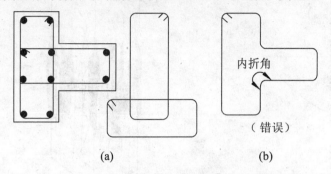

(a)　　　　　　　　　　　　　　　(b)

图 6-4　截面有内折角时箍筋的布置

箍筋除了具有固定纵向钢筋,防止纵向钢筋弯凸的功能外,还有抗剪力及增加受压杆件延性的作用。除了上述普通箍筋外,受压构件中也有采用螺旋形或焊环式箍筋的。间距紧密的螺旋箍或焊环箍对提高混凝土的抗压强度和延性有很大的作用,常用于抗震结构中。

任务 2　轴心受压构件正截面承载力计算

知识目标

熟悉轴心受压构件受力破坏形态;掌握轴心受压构件正截面承载力的计算。

能力目标

能进行轴心受压构件的配筋设计并能运用计算机软件出图。

模块 1　轴心受压构件受力分析和承载力计算公式的推导

1. 受力破坏分析

轴心受压构件试验时,采用配有纵向钢筋和箍筋的短柱体为试件。在整个加载过程中,可以观察到短柱全截面受压,其压应变是均匀的。由于钢筋与混凝土之间存在黏结力,从加载到破坏,钢筋与混凝土共同变形,两者的压应变始终保持一样。在荷载较小时,材料处于弹性状态,所以混凝土和钢筋两种材料应力的比值基本上符合它们的弹性模量之比。

随着荷载逐步加大,混凝土的塑性变形开始发展,其变形模量降低。因此,当柱子变形越来越大时,混凝土的应力却增加得越来越慢。而钢筋由于在屈服之前一直处于弹性阶段,因此混凝土应力的增加始终与其应变成正比。在此情况下,混凝土和钢筋两者的应力之比不再符合弹性模量之比,如图 6-5 所示。如果荷载长期持续作用,混凝土还有徐变发生,此时混凝土与钢筋之间更会引起混凝土应力有所减少,而钢筋的应力有所增大的情况,如图 6-5 中的实线所示。

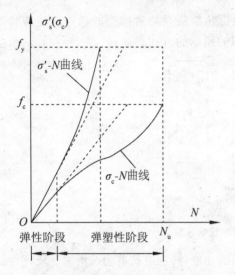

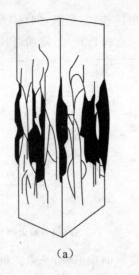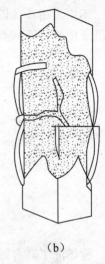

（a）　　　　　（b）

图 6-5　轴心受压柱的应力-荷载曲线　　　图 6-6　轴心受压短柱破坏形态

当纵向荷载达到柱子破坏荷载的 90％时，柱子由于横向变形达到极限而出现纵向裂缝，如图 6-6（a）所示，混凝土保护层开始剥落，最后，箍筋间的纵向钢筋发生曲折向外弯凸，混凝土被压碎，整个柱子也就被破坏了，如图 6-6（b）所示。

图 6-7 所示为混凝土和钢筋混凝土理想轴心受压短柱在短期荷载作用下的荷载与纵向压应变的关系示意图。所谓理想的轴心受压是指轴向压力与截面物理中心重合。其中曲线 A 代表不配筋的素混凝土短柱，其曲线形状与混凝土棱柱体受压的应力-应变曲线相同。曲线 B 代表配置普通箍筋的钢筋混凝土短柱（其中 B_1、B_2 表示不同箍筋用量），曲线 C 则代表配置螺旋箍筋的钢筋混凝土短柱，其中 C_1、C_2、C_3 分别表示不同螺旋的螺旋箍筋。

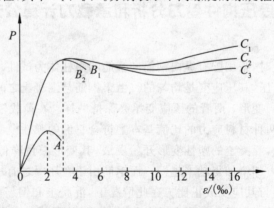

图 6-7　不同箍筋短柱的荷载-应变曲线

试验说明，钢筋混凝土短柱的承载力比素混凝土短柱的高。它的延性比素混凝土短柱的也好得多，表现在最大荷载作用时的变形（应变）值比较大，而且荷载-应变曲线的下降段的坡度也较为平缓。素混凝土棱柱体构件达到最大压应力值时的压应变为 0.0015～0.002，而钢筋混凝土短柱混凝土达到应力峰值时的压应变一般为 0.0025～0.0035。试验还证明，柱子延性的好坏主要取决于箍筋的数量和形式。箍筋数量越多，对柱子的侧向约束程度越大，柱子的延性就越好，特别是螺旋箍筋，对增加延性的效果更为明显。

破坏时,一般是纵向钢筋先达到屈服强度,此时可继续增加一些荷载。最后混凝土达到极限压应变,构件破坏。当纵向钢筋的屈服强度较高时,可能会出现钢筋没有达到屈服强度而混凝土达到了极限压应变的情况。但由于热扎钢筋的抗压强度设计值 f'_y 不大于 $400\text{N}/\text{mm}^2$,它是以构件的压应变达到 0.002 为控制条件确定的。因而,破坏时混凝土的应力达到了混凝土轴心抗压强度设计值 f_c,钢筋应力达到了抗压强度设计值 f'_y。

根据上述试验的分析,配置普通箍筋的钢筋混凝土短柱的正截面极限承载力由混凝土和纵向钢筋两部分受压承载力组成,即

$$N_u = f_c A_c + f'_y A'_s \tag{6-1}$$

式中:N_u——截面破坏时的极限轴向压力;

A_c——混凝土截面积;

A'_s——全部纵向受压钢筋截面积。

上述破坏情况只是对比较粗的短柱而言的。当柱子较细长时,则会发现它的破坏荷载小于短柱的,且柱子越细长,破坏荷载小得越多。

由试验得知,长柱在轴向压力作用下,不仅发生压缩变形,同时还发生纵向弯曲,产生横向挠度。在荷载不大时,长柱截面也是全部受压的。但由于发生纵向弯曲,内凹一侧的压应力就比外凸一侧的来得大。在破坏前,横向挠度增加得很快,使长柱的破坏来得突然。破坏时,凹侧混凝土被压碎,纵向钢筋被压弯而向外弯凸;凸侧则由受压突然变为受拉,出现水平的受拉裂缝(见图 6-8)。

这一现象的发生是由于钢筋混凝土柱不可能为理想的轴心受压构件,而轴向压力多少存在一个初始偏心,这一偏心所产生的附加弯距对于短柱来说,影响不大,可以忽略不计。但对长柱来说,会使构件产生横向挠度,横向挠度又加大了初始偏心,这样互为影响,使得柱子在弯矩及轴力共同作用下发生破坏。很细长的长柱还有可能发生失稳破坏,失稳时的承载力也就是临界压力。

因此,在设计中必须考虑由于纵向弯曲对柱子承载力降低的影响。常用稳定系数 φ 来表示长柱承载力较短柱降低的程度。φ 是长柱承载力(临界压力)与短柱承载力的比值,即

$$\varphi = \frac{N_{u长}}{N_{u短}}$$

显然 φ 是一个小于 1 的数值。

图 6-8　轴心受压长柱破坏形态

实验表明,影响 φ 值的主要因素为柱的长细比 $\dfrac{l_0}{b}$(b 为矩形截面柱短边尺寸,l_0 为柱子的计算长度),混凝土强度等级和配筋率对 φ 值影响很小,可予以忽略。根据中国建筑科学院的试验资料并参照国外有关资料,φ 值与 $\dfrac{l_0}{b}$ 的关系见表 6-1。当 $\dfrac{l_0}{b} < 8$ 时,$\varphi \approx 1$,可不考虑纵向弯曲问题,也就是 $\dfrac{l_0}{b} < 8$ 的柱可称为短柱;而当 $\dfrac{l_0}{b} \geqslant 8$ 时,φ 值随 $\dfrac{l_0}{b}$ 的增大而减小。

表 6-1　钢筋混凝土轴心受压构件的稳定系数

l_0/b	≤8	10	12	14	16	18	20	22	24	26	28
l_0/i	≤28	35	42	48	55	62	69	78	83	90	97
φ	1.0	0.98	0.95	0.92	0.87	0.81	0.75	0.70	0.65	0.60	0.56
l_0/b	30	32	34	36	38	40	42	44	46	48	50
l_0/i	104	111	118	125	132	139	146	153	160	167	174
φ	0.52	0.48	0.44	0.40	0.36	0.32	0.29	0.26	0.23	0.21	0.19

注：l_0 为构件计算长度，按表 6-2 计算；b 为矩形截面的短边尺寸；i 为截面最小回转半径。

受压构件的计算长度 l_0 与其两端的约束情况有关，可由表 6-2 查得。实际工程中，两端的约束情况常不是理想的完全固定或完全铰接，因此对具体情况应进行具体分析。规范针对单层厂房及多层房屋柱的计算长度均作了具体规定。

表 6-2　受压构件的计算长度

杆件	两端约束情况	l_0	杆件	两端约束情况	l_0
直杆	两端固定	$0.5l$	拱	三铰拱	$0.58S$
	一端固定，一端为不移动的铰	$0.7l$		两铰拱	$0.54S$
	两端为不移动的铰	l		无铰拱	$0.36S$
	一端固定，一端自由	$2l$			

注：l 为构件支点间长度；S 为拱轴线长度。

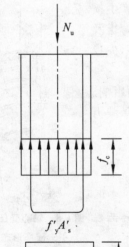

图 6-9　轴心受压柱正截面受压
承载力计算图

必须指出，采用过分细长的柱子是不合理的，因为柱子越细长，受压后越容易发生纵向弯曲而导致失稳，构件承载力降低越多，材料强度不能充分利用。因此，对一般建筑物中的柱，常限制长细比 $\dfrac{l_0}{b} \leqslant 30$ 及 $\dfrac{l_0}{h} \leqslant 25$（$b$ 为矩形截面的短边尺寸，h 为长边尺寸）。

2. 普通箍筋柱的正截面受压承载力计算

根据以上受力性能分析，普通箍筋柱的正截面受压承载力（见图 6-9），可按下列公式计算：

$$KN \leqslant N_u = \varphi(f_c A + f'_y A'_s) \tag{6-2}$$

式中：K——承载力安全系数；

N——轴向压力设计值；

N_u——截面破坏时的极限轴向压力；

φ——钢筋混凝土轴心受压构件稳定系数，见表 6-1；

f_c——混凝土的轴心抗压强度设计值；

A——构件截面积（当配筋率 $\rho' > 3\%$ 时，需扣去纵向钢筋截面积，$\rho' = \dfrac{A'_s}{A}$）；

f'_y——纵向钢筋的抗压强度设计值；

A'_s——全部纵向钢筋的截面积。

模块 2　普通箍筋柱正截面受压承载力计算公式的应用

1. 截面设计

柱的截面尺寸可根据构造要求或参照同类结构确定,然后根据 $\dfrac{l_0}{b}$ 或 $\dfrac{l_0}{i}$ 由表 6-1 查出 φ,再按式(6-2)计算所需要钢筋截面积

$$A'_s = \frac{KN - \varphi f_c A}{\varphi f'_y} \tag{6-3}$$

求得钢筋截面积 A'_s 后,验算配筋率 $\rho' = \dfrac{A'_s}{A}$ 是否适中(柱子的合适配筋率为 $0.8\%\sim 2.0\%$)。如果 ρ' 过大或过小,说明截面尺寸选择不当,可另行选定,重新进行计算。

2. 承载力复核

轴心受压柱的承载力复核,是已知截面尺寸、钢筋截面积和材料强度后,验算截面承受某一轴向压力时是否安全,即计算截面能承担多大的轴向压力。

可根据 $\dfrac{l_0}{b}$ 查表 6-1 得 φ 值,然后按式(6-2)计算所能承受的轴向压力 N。

若柱的截面能做八角形或圆形,并配置纵向钢筋和横向螺旋筋,则称为螺旋箍筋柱。螺旋箍筋柱能增加柱的纵向承载力并且能极大地提高结构的延性,常用于抗震的框架柱中。但由于施工较为复杂,在水工建筑中不常采用。这类柱的正面截面承载力计算可参照《混凝土结构设计规范》(GB 50010—2002)进行。

模块 3　普通箍筋柱正截面受压承载力计算案例

【例 6-1】 现浇的轴心受压柱,柱底固定,顶部为不移动铰接,柱高 6500mm,永久荷载标准值产生的轴向压力 $N_{Gk}=480kN$(包括自重)。可变荷载标准值产生的轴力 $N_{Qk}=520kN$,该柱安全级别为 Ⅱ 级,采用 C25 混凝土,HRB335 钢筋,试设计截面及配筋。

解　已知 $f_c=11.9N/mm^2$,$f'_y=300N/mm^2$,$K=1.20$

该柱承受的轴力设计值为

$$N = 1.05 N_{Gk} + 1.20 N_{Qk} = (1.05 \times 480 + 1.2 \times 520)kN = 1128kN$$

设柱截面形状为正方形,边长 $b=300mm$;由表 6-2 知

$$l_0 = 0.7 l = 0.7 \times 6500mm = 4550mm$$

$l_0/b = 4550/300 = 15.17 > 8$,需要考虑纵向的影响,由表 6-1 查得 $\varphi \approx 0.89$。

按式(6-3)计算 A'_s,有

$A'_s = (KN - \varphi f_c A)/\varphi f'_y = (1.20 \times 1128 \times 1000 - 0.89 \times 11.9 \times 300 \times 300)/0.89 \times 300\,mm^2$
$= 1500mm^2$

$\rho = A'_s/A = 1500/(300 \times 300) = 0.0167 > \rho_{min} = 0.006$(见附录表 C-3)

可以选用 $4 \phi 22$ 钢筋($A'_s = 1521mm^2$),排列于柱子四角。箍筋选用 $\phi 8@250$。

任务3　偏心受压构件正截面承载力计算

知识目标

熟悉偏心受压构件受力破坏形态;掌握偏心受压构件正截面承载力的计算。

能力目标

能进行偏心受压构件的配筋设计并能利用计算机软件出图。

模块1　偏心受压构件受力破坏分析

试验结果表明,偏心受压短柱试件的破坏可归为两类情况。

1. 第一类破坏情况——大偏心受压破坏(受拉破坏)

如图6-10(a)所示,当轴向压力的偏心距较大时,截面部分受压。如果受压区配置的受拉钢筋数量适中(即不是超筋情况时),则试件在受力后,受拉区先出现横向裂缝。当荷载增加,裂缝不断开展延伸,受拉钢筋应力首先达到受拉屈服强度 f_y。此时受拉应变的发展大于受压应变的发展,中和轴受压边缘移动,使混凝土受压区很快缩小,受压区应变很快增加,最后混凝土压应变达到极限压应变而被压碎,构件也就破坏了。破坏时混凝土压碎区外轮廓线大体呈三角形,压碎区段较短。受压钢筋应力一般也达到其受压强度。因为这种破坏发生于轴向压力偏心距较大的场合,因此也称大偏心受压破坏。它的破坏特征是受拉钢筋应力先达到屈服强度,然后受压区混凝土被压碎,与配筋量适中的双筋受弯构件的破坏相类似。

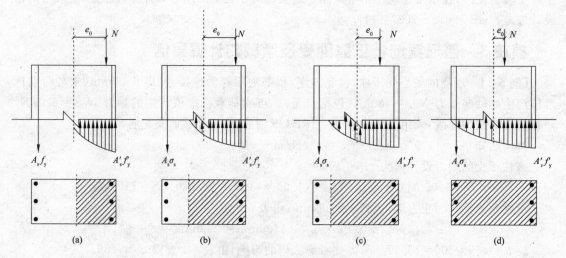

图6-10　偏心受压柱的不同破坏情况

2. 第二类破坏情况——小偏心受压破坏(受压破坏)

这类破坏可包括下列三种情况。

1)当偏心距很小时

如图6-10(d)所示,截面全部受压。一般是靠近轴向压力一侧的压应力较大一些,当荷载增大后,这一侧混凝土先被压碎(发生纵向裂缝),受压钢筋应力达到抗压强度,而另一侧的混凝土和钢筋应力在构件破坏时均未能达到抗压强度。

2)当偏心距稍大时

如图 6-10(c)所示,截面也会出现小部分受拉区,但由于受拉钢筋很接近中和轴,应力很小。受压应变的发展大于受拉应变的发展,破坏发生在受压一侧。破坏时受压一侧混凝土的应变达到极限压应变,并发出纵向裂缝。破坏无明显预兆,混凝土强度等级越高,破坏越带突然性。破坏时在受拉区一侧可能出现一些裂缝,也可能没有裂缝,受拉钢筋应力达不到屈服强度。

3)当偏心距较大时

如图 6-10(b)所示,本应发生第一类大偏心受压破坏,但如果受拉钢筋配置特别多(超筋情况),那么受拉一侧的钢筋应变仍很小,破坏仍由受压区混凝土被压碎开始。破坏时受拉钢筋应力达不到屈服强度。这种破坏性质与超筋梁的类似,在设计中应予避免。

上述三种情况,破坏时的应力状态虽有所不同,但破坏特性都是靠近轴向压力一侧的受压混凝土应变先达到极限应变而被压坏,所以称为受压破坏。前两种破坏发生于轴向压力偏心距较小的场合,因此也称为小偏心受压破坏。

特别情况:由于轴向压力偏心距极小,同时距轴向压力较远一侧的钢筋 A_s 配置过少时,破坏也可能在轴向压力较远一侧发生。这是因为当偏心距极小时,如混凝土质地不均匀或考虑钢筋截面积后,截面的实际重心(物理中心)可能偏到轴向压力的另一侧。此时,离轴向压力较远的一边压应力就较大,靠近轴向压力一边反而较小。破坏也就可能从离轴向压力较远的一边开始。

试验还说明,偏心受压构件的箍筋用量越多时,其延性也越好,但箍筋阻止混凝土横向扩张的作用不如在轴心受压构件中那样有效。

3. 大、小偏心受压破坏的分界

大、小偏心受压破坏形态的根本区别就在于远离轴向力一侧的纵向钢筋在破坏时是否达到受拉屈服。这与配有受压钢筋的适筋梁和超筋梁的破坏情况完全一致,即在远离轴向力一侧的钢筋受拉屈服的同时,受压区混凝土恰好达到极限压应变。这种破坏为大、小偏心受压的界限破坏。当 $\xi \leqslant \xi_b$ 时,截面破坏时远离轴向力一侧的钢筋受拉屈服,属于大偏心受压;当 $\xi > \xi_b$ 时,截面破坏时远离轴向力一侧的钢筋无论受拉或受压均未达到屈服,属于小偏心受压。

模块 2　矩形截面偏心受压构件承载力计算

1. 基本假定

与钢筋混凝土受弯构件相类似,钢筋混凝土偏心受压构件的正截面承载力计算采用下列基本假定:

(1)平截面假定(即构件的正截面在构件受力变形后仍保持为平面);

(2)不考虑截面受拉区混凝土参加工作;

(3)混凝土非均匀受压区的压应力图形可简化为等效的矩形应力图形。其高度等于按平截面假定所确定的中和轴高度乘以系数 0.8,矩形应力图形的应力值取为 f_c。

2. 基本公式

计算简图如图 6-11 所示。根据计算简图和截面内力的平衡条件,并满足承载能力极限状态的计算要求,可得矩形截面偏心受压构件正截面承载力计算的两个基本公式:

$$KN \leqslant N_u = f_c bx + f'_y A'_s - \sigma_s A_s \qquad (6\text{-}4)$$

$$KNe = f_c bx \left(h_0 - \frac{x}{2}\right) + f'_y A'_s (h_0 - a'_s) \qquad (6\text{-}5)$$

式中：K ——承载力安全系数，按附录表 A-9 采用；

　　　N——轴向压力设计值，按荷载效应基本组合计算；

　　　x——混凝土受压计算高度，当 $x > h$ 时，在计算中应取 $x = h$；

　　　σ_s——受压边或受压较小边钢筋的应力；

　　　e——轴向压力作用点至钢筋 A_s 的距离，$e = \eta e_0 + \dfrac{h}{2} - a_s$。

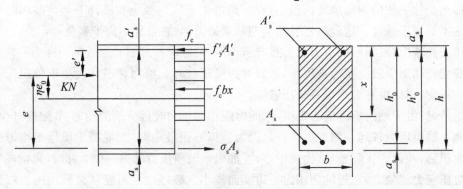

图 6-11　矩形截面偏心受压构件正截面承载力计算图式

1)偏压构件中受拉钢筋应力 σ_s 的计算

在偏心受压构件承载力计算时，必须确定 σ_s。

(1)当为大偏压时，σ_s 即为钢筋的屈服强度 f_y。

(2)当为小偏压时，试验结果表明，实测的钢筋应力 σ_s 与 ξ 之间的关系取为下式表示的直线

$$\sigma_s = f_y \frac{0.8 - \xi}{0.8 - \xi_b} \qquad (6\text{-}6)$$

式中：ξ_b ——受拉钢筋和受压区混凝土同时达到强度设计值时的相对界限受压区计算高度。

若利用式(6-6)计算得出的 σ_s 大于 f_y，即 $\xi \leqslant \xi_b$，取 $\sigma_s = f_y$；若计算得出的 σ_s 小于 $-f'_y$，即 $\xi > 1.6 - \xi_b$ 时，取 $\sigma_s = -f'_y$。

2)相对界限受压区计算高度 ξ_b

按式(6-6)求解 σ_s 时，必须知道相对界限受压区计算高度 ξ_b。与受弯构件相类似，利用平截面假定可推导出相对界限受压区计算高度 ξ_b 的计算公式为

$$\xi_b = \frac{0.8}{1 + \dfrac{f_y}{0.0033 E_s}} \qquad (6\text{-}7)$$

3)偏心受压构件纵向弯曲影响

细长的偏心受压构件在荷载作用下，将发生结构侧移和构件的纵向弯曲，由于侧向挠曲变形(见图 6-12)，轴向压力产生二阶效应，引起附加弯矩。

图 6-12 所示为两端铰支的偏心受压柱，轴向压力 N 在柱上下端的偏心距为 e_0，柱中截面侧向挠度为 f。因此，对柱跨中截面来说，轴向压力 N 的实际偏心距为 $e_0 + f$，即柱跨中截面

的弯矩为 $M = N(e_0 + f)$，$\Delta M = Nf$ 为柱中截面侧向挠度引起的附加弯距。显然，在材料、截面配筋和偏心距 e_0 相同的情况下，柱的长细比 l_0/h 越大，侧向挠度 f 即附加弯距 ΔM 也越大，承载力 N_u 降低也就越多。因此，在计算长细比较大的钢筋混凝土偏心受压构件时，轴向压力产生的二阶效应时承载力 N_u 降低的影响是不能忽略的。

偏心受压构件在二阶效应影响下的破坏类型可分为材料破坏与失稳破坏两类，材料破坏是构件临界截面上的材料达到其极限强度而引起的破坏，而失稳破坏往往是由于构件长细比较大，受压时因构件纵向弯曲而失去平衡引起的，此时材料并未达到其极限强度。

考虑二阶效应的计算方法目前主要有非线性有限单元法和偏心距增大系数法两种，可根据设计要求选择采用。

(1)非线性有限单元法。

非线性有限单元法考虑结构的材料非线性和几何非线性(侧移与纵向弯曲)，对结构进行有限元计算，求得结构在承载能力极限状

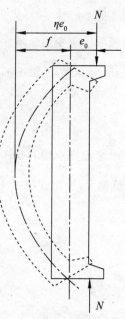

图 6-12 偏心受压长柱的纵向弯曲影响

态下各截面的内力。由于计算同时考虑了材料非线性和几何非线性，因而所得到的截面内力包括了一阶内力和二阶效应引起的附加内力在内。该方法被认为是一个理论上比较合理，计算结果比较准确的方法，但它必须借助软件与计算机进行计算，计算工作量大，实际应用不方便，只有在某些有特别要求的杆系结构二阶效应分析时才采用。由于该方法得到的截面内力值已考虑了二阶效应，可直接用于配筋计算。

(2)偏心距增大系数法。

偏心距增大系数法是一个传统的方法，因其使用方便，并在大多数情况下具有足够的精度，至今仍被各国规范所采用。它采用将偏心距 e_0 乘以一个大于 1 的偏心距增大系数 η 来考虑二阶效应，即

$$e_0 + f = \left(1 + \frac{f}{e_0}\right)e_0 = \eta e_0 \tag{6-8}$$

对两端铰支、计算长度为 l_0 的标准受压柱(见图 6-12)，假定其纵向弯曲变形曲线为正弦曲线，由材料力学可知横向挠度 f 为

$$f = \phi \frac{l_0^2}{\pi^2} \tag{6-8(a)}$$

所以

$$\eta = 1 + \frac{f}{e_0} = 1 + \frac{1}{e_0}\phi\frac{l_0^2}{\pi^2} \tag{6-8(b)}$$

式(6-8(b))中的 ϕ 为计算截面达到破坏时的曲率。当大、小偏心受压界限破坏时，受拉钢筋达到屈服，钢筋应变为 $\varepsilon_y = \dfrac{f_y}{E_s}$；受压混凝土边缘极限压应变为 ε_{cu}，由平截面假定得

$$\phi = \frac{\varepsilon_{cu} + \varepsilon_y}{h_0} \tag{6-8(c)}$$

将 ϕ 代入式(6-8(b))，可得

$$\eta = 1 + \frac{1}{e_0}\left(\frac{\varepsilon_{cu} + \varepsilon_y}{h_0}\right)\left(\frac{l_0^2}{\pi^2}\right) \tag{6-8(d)}$$

取 $\varepsilon_{cu} = 1.25 \times 0.0033$，其中 1.25 是徐变系数，用于考虑荷载长期作用下混凝土受压徐变对极限压应变的影响。以 HRB335 钢筋代表，取 $\varepsilon_y = \dfrac{f_y}{E_s} = \dfrac{335}{2 \times 10^5} \approx 0.0017$，并取 $\pi^2 \approx 10$、$h = 1.1h_0$ 代入式(6-8(d))，得

$$\eta = 1 + \frac{1}{1400\,\dfrac{e_0}{h_0}} \left(\frac{l_0}{h}\right)^2 \tag{6-8(e)}$$

考虑到小偏心受压时，钢筋应变达不到 $\dfrac{f_y}{E_s}$，以及构件十分长细时，式(6-8(e))计算得到的 η 值偏大，故将式(6-8(e))再乘以两个修正系数，得

$$\eta = 1 + \frac{1}{1400\,\dfrac{e_0}{h_0}} \left(\frac{l_0}{h}\right)^2 \zeta_1 \zeta_2 \tag{6-9}$$

$$\zeta_1 = \frac{0.5 f_c A}{KN} \tag{6-10}$$

$$\zeta_2 = 1.15 - 0.01\,\frac{l_0}{h} \tag{6-11}$$

式中：e_0——轴向压力对截面重心的偏心距，在式(6-9)中，当 $e_0 < h_0/30$ 时，取 $e_0 = h_0/30$；

l_0——构件的计算长度，按表 6-2 计算；

h——截面高度；

h_0——截面的有效高度；

A——构件的截面积；

ζ_1——考虑截面应变对截面曲率的影响系数，当 $\zeta_1 > 1$ 时，取 $\zeta_1 = 1$；对于大偏心受压构件，直接取 $\zeta_1 = 1.0$；

ζ_2——考虑构件长细比对截面曲率的影响系数，当 $l_0/h < 15$ 时，取 $\zeta_2 = 1$。

式(6-9)是由两端铰支的标准受压柱得到的。对实际工程中的受压构件，规范根据实际压柱的挠度曲线与标准受压柱挠度曲线相当的原则，通过调整计算长度 l_0，将实际受压柱转化为两端铰支、计算长度为 l_0 的标准受压柱来考虑二阶效应，因而偏心距增大系数法也称为 l_0-η 法。

矩形截面当 $l_0/h \leqslant 8$ 时，属于短柱范畴，可不考虑纵向弯曲的影响，取 $\eta = 1$；对于 $l_0/h > 30$ 的长柱，式(6-9)不再适用，它的纵向弯曲问题应专门研究。

模块 3　矩形截面偏心受压构件承载力计算公式应用

1. 截面设计

矩形截面偏心受压构件的截面设计，一般总是首先通过对结构受力的分析，并参照同类的建筑物或凭设计经验，假定构件的截面尺寸和选用材料。截面设计主要决定钢筋截面积 A_s 及 A'_s 的用量和布置。当计算出的结果不合理时，则可对初拟的截面尺寸加以调整，然后再重新进行设计。

在截面设计时，首先遇到的问题是如何判别构件是属于大偏心受压还是小偏心受压，以便采取不同的公式进行配筋计算。在设计之前，由于钢筋截面积 A_s 及 A'_s 为未知数，构件截面

的混凝土相对受压区高度 ξ 将无从计算,因此无法利用 ξ_b 判断截面是属于大偏心受压还是小偏心受压。实际设计时常根据偏心距的大小来加以判定。根据对设计经验的总结和理论分析,如果截面每边配置了不少于最小配筋率的钢筋,则:

(1)若 $\eta e_0 > 0.3h_0$,可按大偏心受压构件设计,即当 $\eta e_0 > 0.3h_0$ 时,在正常配筋范围内一般均属于大偏心受压破坏。

(2)若 $\eta e_0 \leqslant 0.3h_0$,可按小偏心受压构件设计,即当 $\eta e_0 \leqslant 0.3h_0$ 时,在正常配筋范围内一般均属于小偏心受力破坏。

1)矩形截面大偏心受压构件截面设计

对于大偏心受压构件,受压区钢筋的应力可以达到受拉屈服强度 f_y,取 $\sigma_s = f_y$。从式(6-4)、式(6-5)可知,共有 A_s、A'_s、x 三个未知数,由两个基本公式可得出答案,其中最经济合理的解答应该是能使钢筋用量最少,要达到这个目的,即应充分利用受压区混凝土的抗压作用。因此,与双筋受弯构件一样,补充 $x = \xi_b h_0$ 这一条件。x 既为已知值,代入式(6-5)得

$$KNe = f_c \alpha_{sb} b h_0^2 + f'_y A'_s (h_0 - a'_s)$$

式中:$\alpha_{sb} = \xi_b(1 - 0.5\xi_b)$。

所以

$$A'_s = \frac{KNe - \alpha_{sb} f_c b h_0^2}{f'_y(h_0 - a'_s)} \tag{6-12}$$

其中

$$e = \eta e_0 + \frac{h}{2} - a_s$$

再将 $x = \xi_b h_0$ 及求得的 A'_s 值代入式(6-12),可求得

$$A_s = \frac{f_c \xi_b b h_0 + f'_y A'_s - KN}{f_y} \tag{6-13}$$

按式(6-12)计算出的受压钢筋截面积 A'_s 若小于按规定的最小配筋率配置的钢筋截面积($A'_s = \rho_{min} b h_0$),则按规定的最小配筋率和构造要来配置 A'_s。此时 A'_s 为已知,所以由两个基本公式正好可解出 x 及 A'_s 两个未知数,也可利用双筋受弯构件的截面设计方法进行计算。

为了便于计算,引入 $x = \xi h_0$,则式(6-4)、式(6-5)成为

$$KN \leqslant N_u = f_c \xi b h_0 + f'_y A'_s - f_y A_s \tag{6-14}$$

$$KNe \leqslant N_u e = f_c \alpha_s b h_0^2 + f'_y A'_s (h_0 - a'_s) \tag{6-15}$$

式中:$\alpha_s = \xi(1 - 0.5\xi)$,由式(6-15)可求得

$$\alpha_s = \frac{KNe - f'_y A'_s(h_0 - a'_s)}{f_c b h_0^2} \tag{6-16}$$

若所得的 $\xi \leqslant \xi_b$,可保证构件破坏时受拉钢筋应力先达到 f_y,因而符合大偏心受压破坏情况,且 $x = \xi h_0 \geqslant 2a'_s$,则保证构件破坏时受压钢筋有足够的变形,其应力能达到 f'_y。此时,由式(6-14)计算

$$A_s = \frac{f_c b \xi h_0 + f'_y A'_s - KN}{f_y} \tag{6-17}$$

若受压区高度 $x < 2a'$,则受压钢筋的应力达不到 f'_y。此时与双筋受弯构件一样,可取以 A'_s 为矩心的力矩计算(设混凝土压应力合力点与受压钢筋压力作用点重合),得

$$KNe' = f_y A_s(h_0 - a'_s) \tag{6-18}$$

所以
$$A_s = \frac{KNe'}{f_y(h_0 - a'_s)} \tag{6-19}$$

$$e' = \eta e_0 - \frac{h}{2} + a'_s \tag{6-20}$$

式中：e'——轴向压力作用点至钢筋 A'_s 的距离。

当式(6-20)中 e' 为负值时(即轴向压力 N 作用在钢筋 A_s 与 A'_s 之间)，则 A_s 一般可按最小配筋和构件率以及构造来配置。

应当指出，如果算得的受拉钢筋配筋量 A_s 小于最小配筋率的要求，均需按最小配筋率配置 A_s。

2)矩形截面小偏心受压构件截面设计

分析研究表明小偏心受压情况下，离轴向压力较远一侧的钢筋可能受拉也可能受压，构件破坏时其应力 σ_s 一般达不到屈服强度。

在构件截面设计时，可利用计算 σ_s 的公式(6-6)与构件承载力计算的基本公式(6-4)、式(6-5)联合求解，此时，共有四个未知数 ξ、A_s、A'_s、σ_s，因此，设计时需要补充一个条件才能求解。

由于构件破坏时 A_s 的应力 σ_s 一般达不到屈服强度。因此，为节约钢材，可按最小配筋率及构造要求配置 A_s，即取 $A_s = \rho_{min}bh_0$ 或按构造要求配置。

由以上条件首先确定出 A_s 后，剩下 ξ、A'_s 及 σ_s 三个未知数，即可直接利用式(6-4)、式(6-5)、式(6-6)三个方程式进行截面设计。

若求得满足 $\xi < 1.6 - \xi_b$，求得 A'_s，计算完毕。

若求得 $\xi > 1.6 - \xi_b$，可取 $\sigma_s = -f'_y$ 及 $\xi = 1.6 - \xi_b$(当 $\xi > \frac{h}{h_0}$ 时，取 $\xi = \frac{h}{h_0}$)代入式(6-4)和式(6-5)求得 A_s 和 A'_s 值。A_s 和 A'_s 必须满足最小配筋的要求。

此外，对小偏心受压构件，当 $KN > f_cbh$ 时，由于偏心距很小，而轴向压力很大，全截面受压，远离轴向压力一侧的钢筋 A_s 如配得太少，该侧混凝土的压应变就有可能先达到极限压应变而破坏。为防止此种情况发生，还应满足对 A'_s 的外力矩小于或等于截面诸力对 A'_s 的抵抗力矩，按此力矩方程可对 A_s 用量进行核算

$$A_s \geqslant \frac{KNe' - f_cbh\left(h'_0 - \frac{h}{2}\right)}{f'_yA_s(h'_0 - a_s)} \tag{6-21}$$

式中：$e' = \frac{h}{2} - a'_s - e_0$，$h' = h - a'_s$，此时为了安全起见，在计算 e' 时，取 $\eta = 1$。

2.承载力复核

进行偏心受压构件的承载力复核时，不像截面设计那样按偏心距 e_0 的大小来作为两种偏心受压情况的分界。因为在截面尺寸、钢筋截面积及偏心距 e_0 均已确定的条件下，受压高度 x 即已确定。所以应该根据 x 的大小来判别是大偏心受压还是小偏心受压。此时的 x 可先按大偏心受压的截面应力计算图形，对 N_u 作用点取矩直接求得(见图6-13)。

$$f_cb\left(e - h_0 + \frac{x}{2}\right) = f_yA_se \pm f'_yA'_se' \tag{6-22}$$

式中：$e = \eta e_0 + \frac{h}{2} - a_s$；$e' = \eta e_0 - \frac{h}{2} + a'_s$。

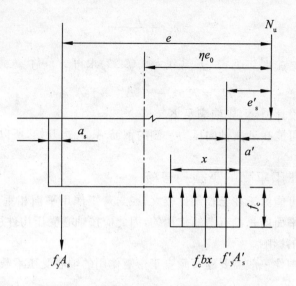

图 6-13　矩形截面大偏心受压构件应力计算

注意,式(6-22)中的 e' 取绝对值;当轴向压力作用在 A_s 和 A'_s 之间 $\left(\eta e_0 < \dfrac{h}{2} - a'_s\right)$ 时用"+"号;当轴向压力作用在 A_s 和 A'_s 之外 $\left(\eta e_0 \geqslant \dfrac{h}{2} - a'_s\right)$ 时用"-"号。

求出 $x \leqslant \xi_b h_0$ 时,为大偏心受压。此时,当 $x \geqslant 2a'_s$,将 $\sigma_s = f_y$ 代入式(6-4)可求得构件的承载力 N_u

$$N_u = f_c bx + f'_y A'_s - f_y A_s$$

当 $x < 2a'$ 时,则由式(6-18)得

$$N_u = \frac{f_u A_s (h_0 - a'_s)}{e'}$$

其中

$$e' = \eta e_0 - \frac{h}{2} + a'_s$$

若已知轴向压力设计值 N,则满足 $KN \leqslant N_u$ 。

求出的 $x > \xi_b h_0$ 时,为小偏心受压。此时需按小偏心受压构件承载力计算公式重新计算。与推导公式(6-21)类似可以得到

$$f_b bx \left(e - h_0 + \frac{x}{2}\right) = \sigma_s A_s e + f'_y A'_s e'$$

以 $\sigma_s = f_y \dfrac{0.8 - \xi}{0.8 - \xi_b}$ 代入式(6-4),可解得混凝土受压区计算高度 x 。

当 $\xi = \dfrac{x}{h_0} < 1.6 - \xi_b$ 时,将 x 代入式(6-5)可求得 N_u ,即

$$N_u = \frac{f_c bx \left(h_0 - \dfrac{x}{2}\right) + f'_y A'_s (h_0 - a'_s)}{e}$$

其中

$$e = \eta e_0 + \frac{h}{2} - a_s$$

当 $\xi = \frac{x}{h_0} \geqslant 1.6 - \xi_b$ 时，$\sigma_s = -f'_y$，代入式(6-22)求得 x，再代入式(6-4)计算 N_u，有

$$N_u = f_b bx + f'_y A'_s - f_y A_s$$

若已知轴向压力设计值 N，则应满足 $KN \leqslant N_u$。

有时构件破坏也可能在远离轴向压力一侧的钢筋 A_s 一边开始，所以还需要用式(6-20)计算 N_u，并满足 $KN \leqslant N_u$。

3. 垂直于弯矩作用平面的承载力复核

偏心受压构件还可能由于柱子长细比较大，在与弯矩作用平面相垂直的平面内发生纵向弯曲而破坏。在这个平面内是没有弯矩作用的，因此应按轴心受压构件进行承载力复核，计算时须考虑稳定系数 φ 的影响。

对于小偏心受压构件一般需要验算垂直于弯矩作用的轴心受压承载力。

模块 4 矩形截面偏心受压构件承载力计算案例

【例6-2】 某钢筋混凝土偏心受压柱，Ⅱ级安全级别，$b = 400\text{mm}$，$h = 600\text{mm}$，$a_s = a'_s = 40\text{mm}$，计算长度 $l_0 = 5200\text{mm}$，承受内力设计值 $M = 161\text{kN} \cdot \text{m}$，$N = 298\text{kN}$，采用 C30 混凝土、HRB400 钢筋。求钢筋截面积 A_s 和 A'_s，并画出截面配筋图。

解 已知 $f_c = 14.3\text{N/mm}^2$，$f'_y = f_y = 360 \text{ N/mm}^2$，$K = 1.20$，$h_0 = 560\text{mm}$。

(1)计算 η 值。

$\dfrac{l_0}{h} = \dfrac{5200}{600} = 8.67 > 8$，故应考虑纵向弯曲影响。

$$e_0 = \frac{M}{N} = \frac{161 \times 10^6}{298 \times 10^3}\text{mm} = 540\text{mm} > \frac{h_0}{30} = \frac{560}{30}\text{mm} = 19\text{mm}$$

故按实际偏心距 $e_0 = 540\text{mm}$ 进行计算。

由式(6-10)得

$$\zeta_1 = \frac{0.5 f_c A}{KN} = \frac{0.5 \times 14.3 \times 400 \times 600}{1.20 \times 298 \times 10^3} = 4.8 > 1$$

故应取 $\zeta_1 = 1$。

因为 $\dfrac{l_0}{h} = 8.67 < 15$，故取 $\zeta_2 = 1$。代入式(6-9)，得

$$\eta = 1 + \frac{1}{1400 \dfrac{e_0}{h_0}}\left(\frac{l_0}{h}\right)^2 \zeta_1 \zeta_2 = 1 + \frac{1}{1400 \times \dfrac{540}{560}} \times 8.67^2 \times 1 \times 1 = 1.06$$

(2)判别大、小偏心。

因为 $\eta e_0 = 1.06 \times 540\text{mm} = 572\text{mm} > 0.3 h_0 = 0.3 \times 560\text{mm} = 168\text{mm}$，所以按大小偏心受压构件进行计算。

(3)计算 A'_s。

$$e = \eta e_0 + \frac{h}{2} - a_s = (572 + 300 - 40)\text{mm} = 832\text{mm}$$

采用 HRB400 钢筋，查表得 $\xi_b = 0.518$，$\alpha_{sb} = \xi_b(1 - 0.5\xi_b) = 0.384$。

$$A'_s = \frac{KNe - \alpha_{sb} f_c bh_0^2}{f'_y (h_0 - a'_s)}$$

$$= \frac{1.20 \times 298 \times 10^3 \times 832 - 0.384 \times 14.3 \times 400 \times 560^2}{360 \times (560 - 40)} \text{mm}^2 < 0$$

$$A'_s = \rho_{min} bh_0 = 0.2\% \times 400 \times 560 \text{ mm}^2 = 448 \text{ mm}^2$$

选用 3 ϕ 14($A'_s = 461$ mm^2)

（4）计算 A_s。

$$\alpha_s = \frac{KNe - f'_y A'_s (h_0 - a'_s)}{f_c bh_0^2}$$

$$= \frac{(1.20 \times 298 \times 10^3 \times 832 - 360 \times 461 \times (560 - 40)}{14.3 \times 400 \times 560^2}$$

$$= 0.118$$

$$\xi = 1 - \sqrt{1 - 2\alpha_s} = 1 - \sqrt{1 - 2 \times 0.118} = 0.126 < \xi_b = 0.518$$

$$x = \xi h_0 = 0.126 \times 560 \text{ mm} = 71 \text{ mm} < 2a' = 80 \text{ mm}$$

$$e' = \eta e_0 - \frac{h}{2} + a'_s = \left(572 - \frac{600}{2} + 40\right) \text{ mm} = 312 \text{ mm}$$

$$A_s = \frac{KNl'}{f_y (h_0 - a'_s)} = \frac{1.20 \times 298 \times 10^3 \times 312}{360 \times (560 - 40)} \text{ mm}^2 = 596 \text{ mm}^2 > \rho_{min} bh_0 = 448 \text{ mm}^2，选用$$

3 ϕ 16（$A_s = 603$ mm^2）。箍筋选用 ϕ 8@300（见图 6-14）。

由于 $h = 600$mm，截面长边应放置 2 ϕ 12 构造钢筋，并相应放置 ϕ 8@600 拉筋。

【例 6-3】 某钢筋混凝土柱采用 C25 混凝土，HRB335 钢筋，Ⅱ级安全级别：在使用阶段，永久荷载标准值对该柱产生的弯矩 $M_{Gk} = 30.0$kN·m，轴向压力 $N_{Gk} = 800.0$kN，可变荷载标准值对该柱产生的弯矩 $M_{Qk} = 50.0$QN·m 及轴向压力 $N_{Qk} = 750.0$kN；柱截面尺寸为 $bh = 350$mm×500mm，柱在弯矩作用平面的计算长度 $l_0 = 7200$mm。在垂直于弯矩作用平面的计算长度 $l'_0 = 3600$mm。试计算该柱所需钢筋。

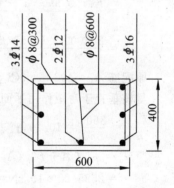

图 6-14　柱截面配筋图

解　已知 $K = 1.20$，$f_c = 11.9$ N/mm^2，$f_y = f'_y = 300$ N/mm^2，$a_s = a'_s = 40$mm（一类环境）。

弯矩设计值

$$M = 1.05 M_{Gk} + 1.20 M_{Qk} = (1.05 \times 30 + 1.20 \times 50) \text{ kN·m}$$

$$= 91.50 \text{kN·m}$$

轴向压力设计值

$$N = 1.05 N_{Gk} + 1.20 N_{Qk} = (1.05 \times 800 + 1.20 \times 750) \text{ kN} = 1740.0 \text{kN}$$

$\frac{l_0}{h} = \frac{7200}{500} = 14.4 > 8$，需要考虑纵向弯曲的影响。

$e_0 = \frac{M}{N} = \frac{91.5}{1740} = 0.0526 \text{m} = 53 \text{mm} > \frac{h_0}{30} = \frac{460}{30} \text{mm} = 15 \text{mm}$，故按实际偏心距 $e_0 = 53$ mm 计算。

$$\zeta_1 = \frac{0.5 f_c A}{KN} = \frac{0.5 \times 11.9 \times 350 \times 500}{1.20 \times 1740 \times 1000} = 0.499$$

因 $\dfrac{l_0}{h} < 15$，取 $\zeta_2 = 1.0$。

$$\eta = 1 + \frac{1}{1400 \dfrac{e_0}{h_0}} \left(\frac{l_0}{h}\right)^2 \zeta_1 \zeta_2 = 1 + \frac{1}{1400 \times \dfrac{53}{500-40}} \times 14.4^2 \times 0.499 \times 1 = 1.64$$

$\eta e_0 = 1.64 \times 53\text{mm} = 87\text{mm} < 0.3h_0 = 0.3 \times 460 = 138\text{mm}$，故应按小偏心受压构件计算。

$$e = \eta e_0 + \frac{h}{2} - a_s = (87 + 250 - 40)\text{mm} = 297\text{mm}$$

按最小配筋率配置 $A_s = \rho_{\min} bh_0 = 0.2\% \times 350 \times 460\text{mm}^2 = 322\text{mm}^2$，选用 $2\phi16$（$A_s = 402\text{mm}^2$）。

根据求 σ_s 的公式式(6-6)并将 $x = \xi h_0$ 代入基本公式式(6-4)及式(6-5)，同时查表得 $\xi_b = 0.550$，可得出下列方程式

$$\sigma_s = f_y \frac{0.8 - \xi}{0.8 - \xi_b} = 300 \times \frac{0.8 - \xi}{0.8 - 0.550} = 960 - 1200\xi \tag{a}$$

$$1.20 \times 1740 \times 1000 = 11.9 \times 350 \times 460\xi + 300 \times A_s' - 402 \times \sigma_s \tag{b}$$

$$1.20 \times 1740 \times 1000 \times 297 = 11.9 \times 350 \times 460^2 \times \xi(1 - 0.5\xi) + 300 \times 420 \times A_s' \tag{c}$$

联立求解式(a)、(b)、(c)得

$$\xi = 0.842 < 1.6 - \xi_b = 1.05$$

$A_s' = 1511\text{mm}^2 > \rho_{\min} bh_0 = 0.20\% \times 350 \times 460\text{mm}^2 = 322\text{mm}^2$，选用 $4\phi22$（$A_s' = 1520\text{mm}^2$）。$KN = 1.20 \times 1740\text{kN} = 2088.0\text{kN} > f_c bh = 11.9 \times 350 \times 500\text{kN} = 2082.50\text{kN}$，此时应按式(6-21)复核 A_s 值：

$$A_s = \frac{KN(0.5h - a' - e_0) - f_c bh(h_0' - 0.5h)}{f_y'(h_0' - a_s)}$$

$$= \frac{208000 \times (0.5 \times 500 - 40 - 53) - 11.9 \times 350 \times 500 \times (460 - 250)}{300 \times (460 - 40)}\text{mm}^2 < 0$$

原配筋 $A_s = 402\text{mm}^2$（$2\phi16$）已足够。

复核垂直于弯矩作用平面（按轴心受压构件）的承载力为

$\dfrac{l_0'}{b} = \dfrac{3600}{350} = 10.29$，查表6-1得 $\varphi = 0.976$。

$$N_u = \varphi[f_c A + f_y'(A_s + A_s')] = 0.976 \times [11.9 \times 350 \times 500 + 300 \times (1520 + 402)]\text{N}$$
$$= 2595.28 \times 10^3\text{N} = 2595.28\text{kN}$$

$N = 1740\text{kN} < \dfrac{N_u}{K} = \dfrac{2595.28}{1.20}\text{kN} = 2163\text{kN}$，满足要求。

【例6-4】 某水电站厂房边柱为钢筋混凝土偏心受压构件，I级安全级别，基本荷载效应组合，承受弯矩设计值为 $M = 69.0\text{kN·m}$，轴心压力设计值为 $N = 300\text{kN}$，截面尺寸 $b = 300\text{mm}$，$h = 400\text{mm}$，柱计算高度为 $l_0 = 5000\text{mm}$，配有受压钢筋 $2\phi16$（$A_s' = 402\text{mm}^2$），受拉钢筋 $4\phi18$（$A_s = 1017\text{mm}^2$），混凝土强度等级 C25。试复核柱截面的承载力是否满足要求？

解 已知 $K = 1.35$，$f_c = 11.9\text{N/mm}^2$，$f_y = f_y' = 300\text{N/mm}^2$；取 $a_s = 45\text{mm}$，$h_0 = 400 - 45\text{mm} = 355\text{mm}$。

$\dfrac{l_0}{h} = \dfrac{5000}{400} = 12.5 > 8$，故应计算 η。

$$e_0 = \frac{M}{N} = \frac{69 \times 1000}{300}\, \text{mm} = 230\text{mm} > 0.3\, h_0 = 0.3 \times 355\text{mm}$$

$$= 107\text{mm} > \frac{h_0}{30} = \frac{355}{30}\, \text{mm} \approx 12\text{mm}$$

$$\zeta_1 = \frac{0.5 f_c A}{KN} = \frac{0.5 \times 11.9 \times 300 \times 400}{1.35 \times 300 \times 10^3} = 1.76, \text{取 } \zeta_1 = 1.$$

$$\frac{l_0}{h} = \frac{5000}{400} = 12.5 < 15, \text{取 } \zeta_2 = 1.$$

$$\eta = 1 + \frac{1}{1400 \times \frac{e_0}{h_0}} \left(\frac{l_0}{h}\right)^2 \zeta_1 \zeta_2$$

$$= 1 + \frac{1}{1400 \times \frac{230}{355}} \times 12.5^2 \times 1 \times 1 = 1.17$$

$$e = \eta e_0 + \frac{h}{2} - a_s = (1.17 \times 230 + \frac{400}{2} - 45)\text{mm} = 424\text{mm}$$

$$e' = \eta e_0 - \frac{h}{2} + a'_s = (1.17 \times 230 - \frac{400}{2} + 45)\text{mm} = 114\text{mm}$$

由式(6-22)得

$$11.9 \times 300 \times (424 - 355 + \frac{x}{2})\, x = 300 \times 1017 \times 424 - 300 \times 402 \times 114$$

解之得

$$x = 195\text{mm}$$

$$2 a'_s = 2 \times 45\text{mm} = 90\text{mm} < x = 195\text{mm} \leqslant \xi_b h_0 = 0.55 \times 355\text{mm} = 195\text{mm}$$

$$N_u = f_c b x + f'_y A'_s - f_y A_s$$

$$= (11.9 \times 300 \times 195 + 300 \times 402 - 300 \times 1017)\text{kN} = 511.65\text{kN}$$

$$N = 300\text{kN} < \frac{N_u}{K} = \frac{511.65}{1.35}\, \text{kN} = 379.0\text{kN}, \text{满足要求。}$$

任务 4 对称配筋的矩形截面偏心受压构件

知识目标

理解对称配筋的含义;掌握对称配筋情况下大、小偏心受压构件的承载力计算公式。

能力目标

能对对称配筋偏心受压构件进行配筋设计;能熟练地运用计算机软件绘制配筋图。

模块 1 对称配筋的矩形截面偏心受压构件承载力计算

不论大、小偏心受压构件,两侧的钢筋截面积 A_s 和 A'_s 都是由各自的计算公式得出的,其数量一般不相等,这种配筋方式称为不对称配筋。不对称配筋比较经济,但施工不够方便。

在工程实践中,常在构件两侧配置相等的钢筋,称为对称配筋。对称配筋虽然要多用一些钢筋,但构造简单,施工方便。特别是构件在不同的荷载组合下,同一截面可能承受数量相近的正负弯矩时,更应采用对称配筋。例如,厂房(或渡槽)的排(钢)架立柱在不同方向的风荷载作用下,同一截面就可能承受数值相差不大的正负弯矩,此时就应该设计成对称配筋。

对称配筋偏心受压构件的计算公式如下。

1. 大偏心受压

因为 $A_s = A'_s$,同时 $f_y = f'_y$,所以由式(6-14)可得

$$\xi = \frac{KN}{f_c b h_0} \tag{6-23}$$

如 $x = \xi h_0 \geqslant 2a'$,则由式(6-15)得

$$A_s = A'_s = \frac{KNe - f_c \alpha_s b h_0^2}{f'_y (h_0 - a'_s)} \tag{6-24}$$

其中:　　　　　　　$e = \eta e_0 + \dfrac{h}{2} - a_s$; $\alpha_s = \xi(1 - 0.5\xi)$

如 $x < 2a'_s$,则由式(6-19)得

$$A_s = A'_s = \frac{KNe'}{f_y(h_0 - a'_s)} \tag{6-25}$$

其中:　　　　　　　　　$e' = \eta e_0 - \dfrac{h}{2} + a'_s$

实际配置的 A_s 及 A'_s 均必须大于 $\rho_{min} b h_0$ 。

2. 小偏心受压

将 $A_s = A'_s$ 、$x = \xi h_0$ 及 $\sigma_s = f_y \dfrac{0.8 - \xi}{0.8 - \xi_b}$ 带入基本公式式(6-4)及式(6-5),得

$$KN \leqslant N_u = f_c b \xi h_0 + f_y A_s \frac{\xi - \xi_b}{0.8 - \xi_b} \tag{6-26}$$

$$KNe \leqslant N_u = f_c b h_0^2 \xi(1 - 0.5\xi) + f'_y A'_s (h_0 - a'_s) \tag{6-27}$$

将上列方程式联立求解可得出相对受压区高度 ξ 及钢筋截面积 A'_s 。但在联立求解上述方程式时,需求解 ξ 的 3 次方程,求解十分困难,必须简化。考虑到在小偏心受压范围内 $\xi_b \sim$ 1.1,相应 $\xi_b(1 - 0.5\xi_b)$ 在 0.4 至 0.5 之间,平均值为 0.45。因此在关于 ξ 的 3 次方程式中,以 $\xi_b(1 - 0.5\xi_b) = 0.45$ 代入,可得到近似公式

$$\xi = \frac{KN - \xi_b f_c b h_0}{\dfrac{KNe - 0.45 f_c b h_0^2}{(0.8 - \xi_b)(h_0 - a'_s)} + f_c b h_0} + \xi_b \tag{6-28}$$

由式(6-28)求出 ξ ,代入式(6-24)得

$$A_s = A_s{}' = \frac{KNe - \xi(1 - 0.5\xi) f_c b h_0^2}{f'_y(h_0 - a'_s)} \tag{6-29}$$

实际配置的 A_s 及 A'_s 均必须大于 $\rho_{min} bh$ 。

采用对称配筋时,偏心距增大系数 η 值仍按式(6-9)计算。

采用对称配筋时,大、小偏心的区别可先用偏心距来区分,如 $\eta e_0 \leqslant 0.3h_0$,则用小偏心受压公式计算,如 $\eta > 0.3h_0$,则用大偏心受压公式计算,但此时如果算出的 $\xi > \xi_b$,则仍按小偏心受压计算。

关于对称配筋截面,在构件承载力复核时,其他方法和步骤与不对称配筋截面基本相同,不再赘述。

对称配筋和非对称配筋的矩形截面小偏心受压构件,也可按《水工混凝土结构设计规范》

(SL191—2008)附录 D 的简化方法计算。

模块 2　对称配筋的矩形截面偏心受压构件承载力计算案例

【例 6-5】　某抽水站钢筋混凝土铰接排架柱,对称配筋,截面尺寸 $bh = 400\text{mm} \times 500\text{mm}$, $a_s = a'_s = 50\text{mm}$,计算长度 $l_0 = 7600\text{mm}$,采用 C25 混凝土及 HRB335 钢筋,若已知该柱为 Ⅱ 级安全级别,在使用期间截面承受内力设计值有下列两组:① $N = 556\text{kN}$,$M = 275\text{kN} \cdot \text{m}$;② $N = 1359\text{kN}$,$M = 220\text{kN} \cdot \text{m}$。该配置该柱钢筋。

解　已知 $K = 1.20$,$f_c = 11.9\text{N/mm}^2$,$f_y = f'_y = 300\text{N/mm}^2$;$a_s = a'_s = 50\text{mm}$,$h_0 = (500 - 50)\text{mm} = 450\text{mm}$

$$\frac{l_0}{h} = \frac{7600}{500} = 15.2 > 8 \text{ 需考虑纵向弯曲的影响。}$$

第一组内力:$N = 556\text{kN}$,$M = 275\text{kN} \cdot \text{m}$。计算 η 值:

$$e_0 = \frac{M}{N} = \frac{275000}{556}\text{mm} = 495\text{mm} > \frac{h_0}{30} = \frac{450}{30}\text{mm} = 15\text{mm}$$

故按实际偏心距 $e_0 = 495\text{mm}$ 计算。

由式(6-10)、式(6-11)得

$$\zeta_1 = \frac{0.5f_c A}{KN} = \frac{0.5 \times 11.9 \times 400 \times 500}{1.2 \times 556000} = 1.78,\text{取 } \zeta_1 = 1。$$

$$\zeta_2 = 1.15 - 0.01\frac{l_0}{h} = 1.15 - 0.01 \times 15.2 = 0.998$$

代入式(6-9)得

$$\eta = 1 + \frac{1}{1400\dfrac{e_0}{h_0}}\left(\frac{l_0}{h}\right)^2 \zeta_1 \zeta_2 = 1 + \frac{1}{1400 \times \dfrac{495}{450}} \times 15.2^2 \times 1 \times 0.998 = 1.15$$

判断大偏心受压计算。

计算 ξ 值,由式(6-23)得

$$\xi = \frac{KN}{f_c b h_0} = \frac{1.20 \times 556000}{11.9 \times 400 \times 450} = 0.331 < \xi_b = 0.550$$

$$x = \xi h_0 = 0.331 \times 450\text{mm} = 140\text{mm} > 2a'_s = 100$$

$$\alpha_s = \xi(1 - 0.5\xi) = 0.331 \times (1 - 0.5 \times 0.331) = 0.263$$

计算 $A_s(A'_s)$ 的值:

$$e = \eta e_0 + \frac{h}{2} - a_s = (569 + 250 - 50)\text{mm} = 769\text{mm}$$

由式(6-24)得

$$\begin{aligned}
A_s = A'_s &= \frac{KNe - f_c \alpha_s b h_0^2}{f'_y(h_0 - a'_s)} \\
&= \frac{1.20 \times 556000 \times 769 - 11.9 \times 0.263 \times 400 \times 450^2}{300 \times (450 - 50)}\text{mm}^2 \\
&= 2163\text{mm}^2 > \rho_{min} b h_0 = 0.20\% \times 400 \times 460\text{mm}^2 = 368\text{mm}^2
\end{aligned}$$

A_s 及 A'_s 各选用 2 ϕ 28 + 2 ϕ 25($A_s = A'_s = 2214\text{mm}^2$)。

第二组内力:$N = 1359\text{kN}$,$M = 220\text{kN} \cdot \text{m}$。计算 η 值:

$$e_0 = \frac{M}{N} = \frac{220000}{1359} \text{mm} = 162 \text{mm} > \frac{h_0}{30} = \frac{450}{30} \text{mm} = 15 \text{mm}$$

故按实际偏心距 $e_0 = 162 \text{mm}$ 计算。

$$\zeta_1 = \frac{0.5 f_c A}{KN} = \frac{0.5 \times 11.9 \times 400 \times 500}{1.20 \times 1359000} = 0.73$$

$$\zeta_2 = 1.15 - 0.01 \frac{l_0}{h} = 1.15 - 0.01 \times 15.2 = 0.998$$

$$\eta = 1 + \frac{1}{1400 \dfrac{e_0}{h_0}} \left(\frac{l_0}{h} \right)^2 \zeta_1 \zeta_2 = 1 + \frac{1}{1400 \times \dfrac{162}{450}} \times 15.2^2 \times 0.73 \times 0.998 = 1.33$$

判断大、小偏心：

$$\eta e_0 = 1.33 \times 162 \text{mm} = 216 \text{mm} > 0.3 h_0 = 138 \text{mm}$$

按大偏心受压计算。

$\eta e_0 > 0.3 h_0$，但此时的 $\xi > \xi_b$，故按小偏心受压计算。

按小偏心受压重新计算 ξ 值。因为

$$e = \eta e_0 + \frac{h}{2} - a_s = (215 + 250 - 50) \text{mm} = 415 \text{mm}$$

由式(6-28)得

$$\xi = \frac{KN - \xi_b f_c b h_0}{\dfrac{KNe - 0.45 f_c b h_0^2}{(0.8 - \xi_b)(h_0 - a'_s)} + f_c b h_0} + \xi_b$$

$$= \frac{1.20 \times 1359 \times 10^3 - 0.550 \times 11.9 \times 400 \times 450}{\dfrac{1.20 \times 1359 \times 10^3 \times 415 - 0.45 \times 11.9 \times 400 \times 450^2}{(0.8 - 0.550) \times (450 - 50)} + 11.9 \times 400 \times 450} + 0.55$$

$$= 0.649$$

计算 A_s（A'_s）值，由式(6-29)得

$$A_s = A'_s = \frac{KNe - \xi(1 - 0.5\xi) f_c b h_0^2}{f'_y (h_0 - a'_s)}$$

$$= \frac{1.20 \times 1359000 \times 415 - 0.649 \times (1 - 0.5 \times 0.649) \times 11.9 \times 400 \times 450^2}{300 \times (450 - 50)} \text{mm}^2$$

$$= 2118 \text{ mm}^2 > \rho_{min} b h_0 = 368 \text{ mm}^2$$

A_s 和 A'_s 各选 $2 \phi 28 + 2 \phi 25$（$A_s = A'_s = 2214 \text{ mm}^2$）。

经以上计算可知，该柱配筋控制于第一组内力，柱截面两侧沿短边方向应当配置钢筋 $2 \phi 28 + 2 \phi 25$。配筋图如图 6-15 所示，箍筋选用 $\phi 8 @ 300$。

复核垂直于弯距作用平面的承载力 $\frac{l_0}{b} = \frac{7600}{400} = 19$，由表 6-1 查得 $\varphi = 0.78$。

$$N_u = \varphi [f_c A + f'_y (A_s + A'_s)]$$
$$= 0.78 \times [11.9 \times 400 \times 500 + 300 \times (2214 + 2214)] \text{kN}$$
$$= 2892.5 \text{kN}$$

$N = 1359.0 \text{kN} < \dfrac{N_u}{K} = \dfrac{2892.55}{1.20} \text{kN} = 2410.46 \text{kN}$，满足要求。

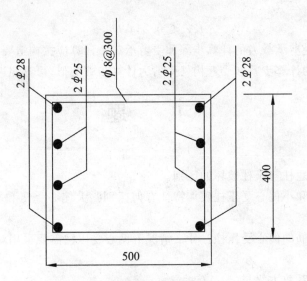

图 6-15 柱截面配筋图(单位:mm)

任务 5 偏心受压构件斜截面受剪承载力计算

知识目标

理解偏心受压构件斜截面受剪的破坏特点;掌握其承载力计算公式。

能力目标

能对偏心受压构件斜截面受剪构件进行简单的配筋设计和截面校核;能熟练地运用计算机软件绘制配筋图。

在实际工程中,不少偏心受压构件在承受轴向压力 N 和弯矩 M 的同时还承受剪力 V 的作用,因此,也同样有斜截面受剪承载力计算的问题。偏心受压杆件相当于对受弯构件增加了一个轴向压力 N。轴向压力的存在能限制斜裂缝的开展,增强骨料间的咬合力,扩大混凝土受剪承载力。

偏心受压杆件斜截面受承载力的计算公式,是在受弯构件斜截面受剪承载力计算公式基础上,加上考虑轴向压力 N 的存在,使混凝土受剪承载力提高。根据实验资料,从偏于安全考虑,混凝土受剪承载力提高值取为 $0.07N$。

《水工混凝土结构设计规范》(SL 191—2008)规定偏心受压构件的斜截面受剪承载力应按下式计算:

$$KV \leqslant V_u = V_c + V_{sv} + V_{sb} + 0.07N \qquad (6-30)$$

式中:K——承载力安全系数;

N——与剪力设计值 V 相应的轴向压力设计值,当 $N > 0.3f_c A$ 时,取 $N = 0.3f_c A$,A 为构件的截面积。

如能符合公式 $KV \leqslant V_c + 0.07N$,则可不进行斜截面受剪承载力计算,仅需按构造要求配置箍筋抗剪。

为防止发生斜压破坏,矩形、T 形、I 形截面的偏心受压构件,其截面尺寸应满足下列要求：

$$KV \leqslant 0.25 f_c bh_0$$

偏心受压构件受剪承载力的计算步骤和受剪承载力计算应按构造要求配置箍筋。偏心受压构件受剪承载力的计算步骤和受弯构件受剪力计算步骤类似，可参照进行。

习　题

1. 思考题

1.1　简述轴心受压短柱与长柱破坏的区别。

1.2　大偏心受压柱和小偏心受压柱破坏特征有何区别？大偏心受压和小偏心受压的界限是什么？

1.3　什么是对称配筋的偏心受压柱？什么情况下偏心受压柱需要采用对称配筋？

2. 选择题

2.1　轴压构件稳定系数主要与（　　）有关。

　　A. 长细比　　　　　B. 混凝土强度等级　　　　C. 钢筋强度　　　　D. 纵筋配筋率

2.2　当轴压柱的长细比很大时，易发生（　　）。

　　A. 压碎破坏　　　　B. 弯曲破坏　　　　　　　C. 失稳破坏　　　　D. 断裂破坏

3. 计算题

3.1　某 2 级水工建筑物钢筋中的柱，截面尺寸为 $300\text{mm} \times 300\text{mm}$，$l_0 = 4.6\text{m}$，采用 C20 混凝土、HRB335 级钢筋。柱底截面承受的轴心压力设计值 $N = 860\text{ kN}$，试计算柱底截面受力钢筋面积并配筋。

3.2　某 3 级水工建筑物中的钢筋混凝土轴心受压柱，截面尺寸为 $350\text{mm} \times 350\text{mm}$，柱高 3.6m，两端为不移动铰支座，采用 C20 混凝土，已配 $8\phi14$ 钢筋。作用在截面的轴心压力设计值 $N = 1100\text{kN}$。试复核截面是否安全。

3.3　某 2 级水工建筑物中的矩形截面偏心受压柱，截面尺寸为 $bh = 400\text{mm} \times 500\text{mm}$，计算长度为 $l_0 = 5\text{m}$，采用 C30 混凝土、HRB335 级钢筋，承受内力设计值 $N = 1200\text{kN}$，$M = 330\text{kN} \cdot \text{m}$。$a_s = a_s' = 45\text{mm}$，试按对称配筋配置该柱钢筋。

项目7 受拉构件承载力计算

项目重点

轴心受拉构件承载力计算、偏心受拉构件承载力计算。

教学目标

理解受拉构件的破坏特点;掌握区别偏心受拉构件类型的方法;掌握轴心受拉构件承载力计算、偏心受拉构件承载力计算,能进行简单的受拉构件配筋设计。

任务1 受拉构件基本概念和一般构造要求

知识目标

掌握受拉构件的基本概念;熟悉受拉构件的一般构造要求。

能力目标

能利用构造要求对构件进行设计。

模块1 受拉构件相关概念

以承受轴向拉力为主的构件属于受拉构件。钢筋混凝土受拉构件可分为轴心受拉构件和偏心受拉构件两类:当轴向拉力作用点与截面重心重合时,称为轴心受拉构件;当构件上既作用有拉力又作用有弯矩,或轴向拉力作用点偏离截面重心时,称为偏心受拉构件。

由于混凝土是一种非匀质材料,加之施工上的误差,无法做到轴向拉力能通过构件任意横截面的重心连线,许多构件上既有拉力作用又有弯矩作用,因此理想的轴心受拉构件在工程中是没有的。但是对于承受轴向拉力为主的构件,当偏心距很小(或弯矩很小)时,为方便计算,可近似按轴心受拉构件计算,如图7-1(a)、(b)所示。又如渡槽侧墙的拉杆、钢筋混凝土屋架下弦杆、单纯承受管内水压力的管道壁(管壁厚度不大时)等都属于轴心受拉构件。而单侧弧门推力作用下的预应力闸墩颈部、矩形水池的池壁、调压井的侧壁、浅仓的仓壁、圆形水管在管外土压力和管内水压力作用下的管壁等,均属偏心受拉构件,如图7-1(c)、(d)所示。

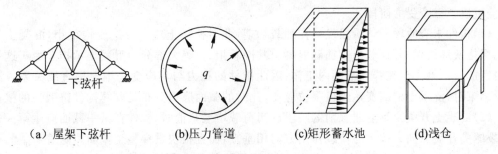

(a)屋架下弦杆　　　　(b)压力管道　　　　(c)矩形蓄水池　　　　(d)浅仓

图 7-1 受拉构件实例

模块 2　受拉构件的构造要求

1. 纵向受拉钢筋

(1)为了增强钢筋与混凝土之间的黏结力并减少构件的裂缝开展宽度,受拉构件的纵向受力钢筋宜采用直径稍细的带肋钢筋,宜采用 HRB335 级、HRB400 级钢筋。轴心受拉构件的受力钢筋应沿构件周边均匀布置;偏心受拉构件的受力钢筋布置在垂直于弯矩作用平面的两边。

(2)轴心受拉和小偏心受拉构件(如桁架和拱的拉杆)中的受力钢筋不得采用绑扎接头,必须采用焊接;大偏心受拉构件中的受拉钢筋,当直径大于 28mm 时,也不宜采用绑扎接头,构件端部处的受力钢筋应可靠地锚固在支座内。钢筋接头位置应错开,在接头截面左右 $35d$ 且不小于 500mm 的区段内所焊接的受拉钢筋截面积不宜超过受拉钢筋总截面积的 50%。

(3)为了避免受拉钢筋配置过少引起的脆性破坏,受拉钢筋的用量不应小于最小配筋率配筋。具体规定详见附录表 C-3。

(4)纵向钢筋的混凝土保护层厚度的要求与梁的相同。

2. 箍筋

在受拉构件中,箍筋的作用是与纵向钢筋形成骨架,固定纵向钢筋在截面中的位置;对于有剪力作用的偏心受拉构件,箍筋主要起抗剪作用。受拉构件中的箍筋,其构造要求与受弯构件箍筋的相同。

任务 2　轴心受拉构件正截面承载力计算

知识目标

理解轴心受拉构件破坏特点;掌握轴心受拉构件承载力的相关计算。

能力目标

能利用相关知识进行轴心受拉构件配筋设计和承载力检验;能熟练运用计算机软件进行配筋图的绘制。

模块 1　轴心受拉构件的受力破坏过程

根据截面受力和构件上裂缝的开展,可以将轴心受拉构件从开始加载到构件破坏的全过程,分成以下三个受力阶段。

(1)构件未裂阶段。该阶段发生在加载初期,此时构件上应力及应变均很小,混凝土与钢筋能保持变形协调,外荷载由钢筋和混凝土共同承担,但绝大部分由混凝土承担。由于这一阶段内钢筋与混凝土均在弹性范围内工作,因此构件的拉力与其应变基本上呈直线关系。这一阶段结束时,混凝土的应变达到极限拉应变,此时的截面应力分布是验算构件抗裂性的依据。

(2)混凝土开裂至钢筋屈服前的阶段。当荷载增至某值时,构件在某一截面产生第一条裂缝,裂缝的开展方向大体上与荷载作用方向相垂直,而且很快贯穿整个截面。随着荷载的逐渐增大,构件其他截面上也陆续产生裂缝,这些裂缝将构件分割成许多段,各段之间仅以钢筋连系着,如图 7-2(b)所示。在裂缝截面上,外荷载全部由钢筋承担,混凝土不参与受力。这一阶段是验算构件裂缝宽度的依据。

（3）钢筋屈服至构件破坏阶段。随着荷载进一步增大，截面中部分钢筋逐渐达到屈服强度，此时裂缝迅速扩展，构件的变形随之大幅度增加，裂缝宽度也增大许多，如图 7-2(c)所示，此时构件已达到破坏状态。这一阶段构件的应力分布是构件承载力计算的依据。

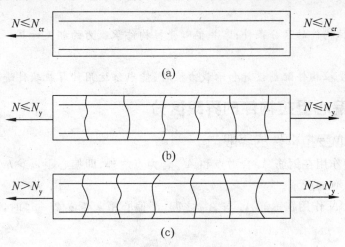

图 7-2　轴心受拉构件受力全过程示意图

模块 2　轴心受拉构件承载力计算公式推导

在轴心受拉构件中，混凝土开裂以前，混凝土与钢筋共同承担拉力。混凝土开裂以后，裂缝截面与构件轴线垂直，并贯穿于整个截面，在裂缝截面上，混凝土退出工作，全部拉力由纵向钢筋承担。当纵向钢筋受拉屈服时，构件达到其极限承载力而破坏。

由上述分析，得出轴心受拉构件正截面受拉承载力计算简图，如图 7-3 所示。根据承载力计算简图和内力平衡条件，并满足承载能力极限状态设计表达式的要求，可建立基本公式：

$$KN \leqslant f_y A_s \tag{7-1}$$

式中：N——轴向拉力设计值，N；

　　K——承载力安全系数；

　　f_y——抗拉强度设计值，N/mm^2；

　　A_s——全部纵向钢筋的截面积，mm^2。

模块 3　轴心受拉构件承载力计算案例

【例 7-1】　一钢筋混凝土屋架的下弦杆，其截面尺寸为 $bh = 200mm \times 180mm$，承受的轴心拉力设计值为 $N = 285kN$，混凝土强度等级采用 C30，钢筋采用 HRB400 级，求截面配筋。

解　（1）确定基本参数：查附录表 A-6 及表 A-9 可得

$$f_y = 360N/mm^2, \quad K = 1.20$$

（2）计算钢筋截面积

$$A_s = \frac{KN}{f_y} = \frac{1.2 \times 285 \times 10^3}{360} \, mm^2 = 950mm^2$$

（3）查钢筋表（表 B-1），确定配筋，应选择 $4 \phi 18 (A_s = 1017mm^2)$。

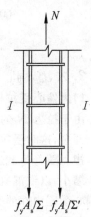
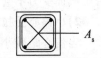

图 7-3　钢筋混凝土轴心
受拉构件

任务 3　偏心受拉构件正截面承载力计算

知识目标

　　掌握偏心受拉构件的区分条件;掌握偏心受拉构件承载力的相关计算。

能力目标

　　能进行偏心受拉构件配筋设计和承载力检验;能熟练运用计算机软件进行配筋图的绘制。

模块 1　偏心受拉构件的界限区分

1. 大、小偏心受拉构件的界限

　　(1)轴向拉力作用在钢筋 A_s 合力点和 A'_s 合力点之外,即偏心距 $e_0 > h/2 - a_s$ 时,称为大偏心受拉,如图 7-4(a)所示。

　　(2)轴向拉力 N 作用在钢筋 A_s 与 A'_s 之间,即偏心距 $e_0 \leqslant h/2 - a_s$ 时,称为小偏心受拉,如图 7-4 (b)所示。

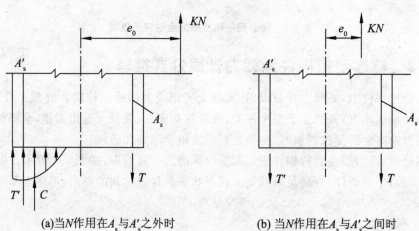

(a)当N作用在 A_s 与 A'_s 之外时　　　　　(b) 当N作用在 A_s 与 A'_s 之间时

图 7-4　大、小偏心受拉的界限

2. 大、小偏心受拉构件的受力特点

1)大偏心受拉构件

　　由于拉力 N 的偏心距较大,受力后截面部分受拉、部分受压,随着荷载的增加,受拉区混凝土开裂,这时受拉区拉力仅由受拉钢筋 A_s 承担,而受压区压力由混凝土和受压钢筋 A'_s 共同承担。随着荷载进一步增加,裂缝进一步扩展,受拉区钢筋 A_s 达到屈服强度 f_y,受压区进一步缩小,以致混凝土被压碎,同时受压钢筋 A'_s 的应力也达到屈服强度 f'_y,其破坏形态与大偏心受压构件的类似。大偏心受拉构件破坏时,构件截面不会裂通,截面上有受压区存在,否则截面受力不会平衡。

2)小偏心受拉构件

　　当偏心距较小时,受力后即为全截面受拉,随着荷载的增加,混凝土达到极限拉应变而开裂,进而全截面裂通,最后钢筋应力达到屈服强度,构件破坏;当偏心距较大时,混凝土开裂前截面部分受拉,部分受压,在受拉区混凝土开裂以后,裂缝迅速发展至全截面裂通,混凝土退出工作,这时截面将全部受拉,随着荷载的不断增加,最后钢筋应力达到屈服强度,构件破坏。

因此,只要拉力 N 作用在钢筋 A_s 与 A'_s 之间,不管偏心距大小如何,构件破坏时均为全截面受拉,拉力由 A_s 与 A'_s 共同承担,构件受拉承载力取决于钢筋的抗拉强度。小偏心受拉构件破坏时,构件全截面裂通,截面上不会有受压区存在,否则,截面受力不会平衡。

模块 2　偏心受拉构件正截面承载力计算

1. 大偏心受拉构件

对于正常配筋的矩形截面,大偏心受拉构件的破坏形态与适筋受弯构件或大偏心受压构件的相似。当偏心拉力 N 作用在 A_s 和 A'_s 合力点之外时,在受拉的一侧发生裂缝,钢筋承受拉力,而在另一侧形成压区。因此,裂缝不会贯穿整个截面。随着偏心拉力的增大,裂缝继续开展,压区面积减少。当偏心拉力增大到一定程度时,受拉钢筋首先达到抗拉屈服强度。随着受拉钢筋塑性变形的增长,受压区混凝土边缘逐步达到其极限压应变而破坏。

大偏心受拉构件的计算应力图形如图 7-5 所示。

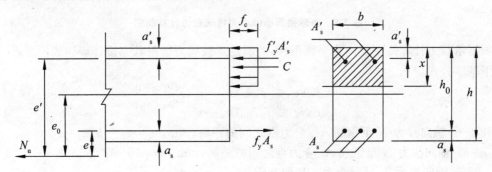

图 7-5　矩形截面大偏心受拉承载力计算简图

1)基本公式

根据图 7-5 所示的大偏心受拉构件正截面受拉承载力计算简图及内力平衡条件,并满足承载能力极限状态设计表达式的要求,可得矩形截面大偏心受拉构件正截面受拉承载力计算的基本公式:

$$KN \leqslant f_y A_s - f_c bx - f'_y A'_s \tag{7-2}$$
$$KNe \leqslant f_c bx(h_0 - 0.5x) + f'_y A'_s(h_0 - a'_s) \tag{7-3}$$

式中:e——轴向力 N 作用点到近侧受拉钢筋 A_s 合力点之间的距离,mm,$e = e_0 - h/2 + a_s$。

为了计算方便,可将 $x = \xi h_0$ 代入公式式(7-2)、式(7-3)中,并令 $\alpha_s = \xi(1 - 0.5\xi)$,则可将公式式(7-2)、式(7-3)改为

$$KN \leqslant f_y A_s - f_c b\xi h_0 - f'_y A'_s \tag{7-4}$$
$$KNe \leqslant \alpha_s f_c bh_0{}^2 + f'_y A'_s(h_0 - a'_s) \tag{7-5}$$

当 $x < 2a'_s$ 时,上述两式不再适用。此时,可假设混凝土压力合力点与受压钢筋 A'_s 合力点重合,取以 A'_s 为矩心的力矩平衡方程得

$$KNe' \leqslant f_y A_s(h_0 - a'_s) \tag{7-6}$$

式中:e'——轴向力 N 作用点到受压钢筋 A'_s 合力点之间的距离,mm,$e' = e_0 - h/2 - a'_s$。

2)适用条件

$$x \leqslant 0.85\xi_b h_0$$

$$x \geqslant 2a'_s$$

2. 小偏心受拉构件

如前所述,小偏心受拉构件在轴向力作用下,截面达到破坏时,全截面受拉裂通,拉力全部由钢筋 A_s 和 A'_s 承担,其应力均达到屈服强度。小偏心受拉构件正截面承载力计算简图如图7-6所示。

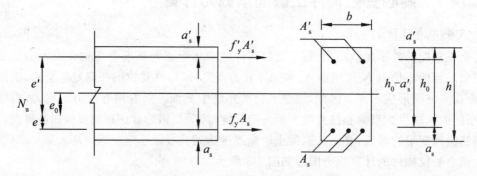

图 7-6　矩形截面小偏心受拉承载力计算简图

根据承载力计算简图及内力平衡条件,并满足承载能力极限状态设计表达式的要求,可建立如下基本公式:

$$KNe' \leqslant f_y A_s(h_0 - a'_s) \tag{7-7}$$

$$KNe \leqslant f_y A'_s(h_0 - a'_s) \tag{7-8}$$

式中:e'——轴向拉力 N 至钢筋 A'_s 合力点之间的距离,mm,$e' = e_0 - h/2 - a'_s$;

e——轴向拉力 N 至钢筋 A_s 合力点之间的距离,mm,$e = e_0 - h/2 - a_s$;

e_0——轴向拉力 N 对截面重心的偏心距,mm,$e_0 = M/N$;

A_s、A'_s——配置在靠近及远离轴向力一侧的纵向钢筋截面积。

A_s、A'_s 均应满足最小配筋率的要求。

截面设计时,由式(7-7)和式(7-8)可求得钢筋的截面积为

$$A_s \geqslant \frac{KNe'}{f_y(h_0 - a'_s)} \tag{7-9}$$

$$A'_s \geqslant \frac{KNe}{f_y(h_0 - a'_s)} \tag{7-10}$$

在采用对称配筋时,由内外力平衡条件可知,远离偏心一侧的钢筋 A'_s 的应力达不到其抗拉强度设计值。因此,在截面设计时,钢筋 A_s、A'_s 均应由式(7-9)、式(7-10)确定。

当进行截面复核时,由于已知 A_s、A'_s 及 e_0,故利用利用式(7-9)、式(7-10)分别求出截面所能承担的轴向拉力 N,其中较小值即为所求。

模块 3　偏心受拉构件正截面承载力计算公式的应用

1. 截面设计

当已知截面尺寸、材料强度及偏心拉力计算值 N,按非对称配筋方式进行矩形截面大偏心受拉构件截面设计时,有以下两种情况。

1)第一种情况:A_s、A'_s 均未知

在这种情况下,式(7-4)和式(7-5)中有三个未知量 A_s、A'_s 和 ξ,无法求解,需要补充一个

条件才能求解。通常以充分利用受压区混凝土抗压而使钢筋总用量($A_s + A'_s$)最省作为补充条件,令 $\xi = 0.85\xi_b$,$\alpha_s = \alpha_{smax} = 0.85\xi_b(1 - 0.5 \times 0.85\xi_b)$。将 $\alpha_s = \alpha_{smax}$ 代入式(7-5),得

$$A'_s = \frac{KNe - \alpha_{smax}f_c bh_0^2}{f'_y(h_0 - a'_s)} \tag{7-11}$$

若 $A'_s \geqslant \rho'_{min}bh_0$,则将求得的 A'_s 和 $\xi = 0.85\xi_b$ 代入式(7-4)求 A_s,即

$$A_s = (0.85f_c b\xi_b h_0 + f'_y A'_s + KN)/f_y \tag{7-12}$$

若 $A'_s < \rho'_{min}bh_0$,可取 $A'_s = \rho'_{min}bh_0$,然后按第二种情况求 A_s。按式(7-12)求出的 A_s 需满足最小配筋率的要求。

2)第二种情况:已知 A'_s,求 A_s

在这种情况下,式(7-4)和式(7-5)中有两个未知量 A_s 和 ξ,求解步骤如下。

由式(7-5)得

$$\alpha_s = \frac{KNe - f'_y A'_s(h_0 - a'_s)}{f_c bh_0^2}$$

进而求得

$$\xi = 1 - \sqrt{1 - 2\alpha_s} \ , \ x = \xi h_0$$

当 $2a'_s \leqslant x \leqslant 0.85\xi_b h_0$ 时,可将 x 和 A'_s 代入式(7-2)计算 A_s。

当 $x < 2a'_s$ 时,可由式(7-6)计算 A_s。

当 $x > 0.85\xi_b h_0$ 时,说明已配置的受压钢筋 A'_s 数量不足,可按第一种情况重新计算。

2.截面校核

当截面尺寸、材料强度及配筋面积已知,要复核截面的承载力是否满足要求时,联立式(7-2)和式(7-3)求得 x。

若 $2a'_s \leqslant x \leqslant 0.85\xi_b h_0$,将 x 代入式(7-2)复核承载力,当式(7-2)满足时,截面承载力满足要求,否则不满足要求。

若 $x > 0.85\xi_b h_0$,则取 $x = 0.85\xi_b h_0$ 代入式(7-3)复核承载力,当式(7-3)满足时,则截面承载力满足要求,否则不满足要求。

若 $x < 2a'_s$,由式(7-6)复核截面承载力,当式(7-6)满足时,截面承载力满足要求,否则不满足要求。

模块 4　偏心受拉构件正截面承载力计算案例

【例 7-2】　矩形偏心受拉构件,$b = 300$mm,$h = 500$mm,$a_s = a'_s = 35$mm,采用 C20 混凝土、HPB335 级钢筋,二类环境,试分别按对称和非对称配筋两种情况计算钢筋面积 A_s 和 A'_s。

解　(1)按非对称配筋计算 A_s、A'_s。

①判别大、小偏心受拉。

$$e_0 = \frac{M}{N} = \frac{65.8 \times 10^6}{620 \times 10^3} \text{mm} = 106.1\text{mm}$$

$$\frac{h}{2} - a_s = \left(\frac{500}{2} - 35\right) \text{mm} = 215 \text{mm} > e_0 = 106.1\text{mm}$$

故属于小偏心受拉。

②计算 A_s、A'_s。

$$e_0 = h - a'_s = (500 - 35)\,\text{mm} = 465\text{mm}$$

$$e' = \frac{h}{2} - a'_s + e_0 = \left(\frac{500}{2} - 35 + 106.1\right)\text{mm} = 321.1\text{mm}$$

$$e = \frac{h}{2} - a_s - e_0 = \left(\frac{500}{2} - 35 - 106.1\right)\text{mm} = 108.9\text{mm}$$

$$A_s = \frac{KNe'}{f_y(h_0 - a'_s)} = \frac{1.2 \times 620 \times 10^3 \times 321.1}{300 \times (465 - 35)}\,\text{mm}^2 = 1852\text{mm}^2$$

$$A_s' = \frac{KNe}{f_y(h_0 - a'_s)} = \frac{1.2 \times 620 \times 10^3 \times 108.9}{300 \times (465 - 35)}\,\text{mm}^2 = 628\text{mm}^2$$

③选配钢筋。

A_s 选用 $2\phi22 + 2\phi28$($A_s = 1992\text{mm}^2$)，A'_s 选用 $2\phi20$($A'_s = 628\text{mm}^2$)，配筋如图 7-7 所示。

(2)按对称配筋计算 A_s、A'_s。

$$A_s = A'_s = \frac{KNe'}{f_y(h_0 - a'_s)} = \frac{1.2 \times 620 \times 10^3 \times 321.1}{300 \times (465 - 35)}\,\text{mm}^2$$
$$= 1852\text{mm}^2$$

各侧应配 $2\phi22 + 2\phi28$($A_s = 1992\text{mm}^2$)

从上述结果可知,对称配筋时的钢筋总用量为 3984mm^2,非对称配筋时的钢筋总用量为 2620mm^2,用钢量超过 50%。因此,在通常情况下,采用非对称配筋。但在某些情况下,如预制构件或承受变号弯矩,则应采用对称配筋。

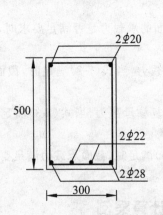

图 7-7　例 7-2 配筋图(单位:mm)

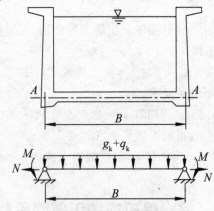

图 7-8　渡槽底板计算简图

【例 7-3】 某渡槽(3 级水工建筑物)底板设计时,沿水流方向取单宽板带为计算单元(取 $b = 1000\text{ mm}$),取板底厚度 $h = 300\text{mm}$,计算简图如图 7-8 所示。已知跨中截面上弯矩设计值 $M = 36\text{kN·m}$(底板下部受拉),轴心拉力设计值 $N = 21\text{kN}$,$K = 1.20$,根据结构耐久性要求取 $a_s = a'_s = 40\text{mm}$,采用 C25 混凝土($f_c = 11.9\text{N/mm}^2$)及 HRB335 级钢筋($f_y = f'_y = 300\text{N/mm}^2$)。试配置跨中截面的钢筋并绘制配筋图。

解 (1)判别偏心受拉构件类型。

$$e_0 = M/N = 36/21\,\text{m} = 1.714\text{ m}$$
$$= 1714\text{mm} > h/2 - a_s$$
$$= (300/2 - 40)\,\text{mm} = 110\text{ mm}$$

属于大偏心受拉构件。

（2）计算纵向钢筋 A'_s 。

$$h_0 = h - a_s = (300 - 40) \text{ mm} = 260 \text{ mm}$$

$$e = e_0 - h/2 + a_s = (1714 - 300/2 + 40) \text{ mm}$$

$$= 1604 \text{ mm}$$

$$\alpha_{s\max} = 0.85\xi_b(1 - 0.5 \times 0.85\xi_b)$$

$$= 0.85 \times 0.550 \times (1 - 0.5 \times 0.85 \times 0.550)$$

$$= 0.358$$

$$A'_s = \frac{KNe - \alpha_{s\max} f_c b h_0^2}{f'_y(h_0 - a'_s)} = \frac{1.2 \times 21 \times 10^3 \times 1604 - 0.358 \times 11.9 \times 1000 \times 260^2}{300 \times (260 - 40)} < 0$$

按构造要求受压钢筋配置 $\phi 12@200$（$A'_s = 565 \text{ mm}^2 > \rho'_{\min} b h_0 = 0.0015 \times 1000 \times 260 \text{ mm}^2 = 390 \text{mm}^2$），此时，本题转化为已知 A'_s 求 A_s，其计算方法与大偏压构件的相似。

（3）已知 A'_s 求 A_s 。

$$\alpha_s = \frac{KNe - f'_y A'_s (h_0 - a'_s)}{f_c b h_0^2}$$

$$= \frac{1.20 \times 21 \times 10^3 \times 1604 - 300 \times 565 \times (260 - 40)}{11.9 \times 1000 \times 260^2} = 0.004$$

$$\xi = 1 - \sqrt{1 - 2\alpha_s} = 1 - \sqrt{1 - 2 \times 0.004} \approx 0.004$$

$$x = \xi h_0 = 0.004 \times 260 \text{mm} = 1.04 \text{mm}$$

$$x < 2a'_s = 2 \times 40 \text{mm} = 80 \text{mm}$$

则 $e' = e_0 + h/2 - a'_s = (1714 + 300/2 - 40) \text{ mm} = 1824 \text{mm}$

$$A_s = \frac{KNe'}{f_y(h_0 - a'_s)} = \frac{1.20 \times 21 \times 10^3 \times 1824}{300 \times (260 - 40)} \text{ mm}^2$$

$$= 696 \text{ mm}^2 > \rho_{\min} b h_0 = 0.15\% \times 1000 \times 260 \text{mm}^2 = 390 \text{mm}^2$$

（4）选配钢筋并绘制配筋图。

受拉钢筋选配 $\phi 14@200$（$A_s = 770 \text{mm}^2$），截面配筋图如图 7-9 所示。

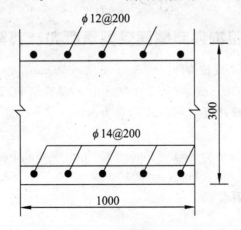

图 7-9　例 7-3 配筋图（单位：mm）

任务 4　偏心受拉构件斜截面受剪承载力计算

知识目标

理解偏心受拉构件斜截面受剪破坏特点；掌握剪力对偏心受拉构件承载力的影响。

能力目标

能利用相关知识进行偏心受拉构件斜截面受剪时配筋设计和承载力检验；能熟练运用计算机软件进行配筋图的绘制。

模块 1　剪力对偏心受拉构件承载力的影响

一般偏心受拉构件，在承受弯矩和拉力的同时，也存在着剪力，尚需进行斜截面受剪承载力计算。

相关试验表明，轴向拉力可以使构件产生贯穿全截面的垂直裂缝，若再有横向荷载，则由剪力产生的斜裂缝可以直接与拉力产生的垂直裂缝相交，使剪压区混凝土截面减小，甚至没有剪压区。

相关理论分析也表明，轴向拉力的存在，增大了由剪力和弯矩产生的主拉应力。因此，构件的斜截面承载力比无轴向拉力时的要降低。《水工混凝土结构设计规范》(DL/T 5057—2009)根据相关试验结果，建议偏心受拉构件的斜截面承载力按下式计算：

$$KV \leqslant V_c + V_{sv} + V_{sb} - 0.2N \tag{7-13}$$

式中：N ——与剪力设计值 V 相应的轴向拉力设计值。

当式(7-13)右边的计算值小于 $V_{sv} + V_{sb}$ 时，应取为 $V_{sv} + V_{sb}$，这相当于不考虑混凝土的受剪承载力。同时要求箍筋的受剪承载力 V_{sv} 不应小于 $0.36 f_t b h_0$，这是为了保证箍筋具有一定的受剪承载力。

为防止发生斜压破坏，常见截面形式（矩形、T形、I形）的偏心受拉构件，其截面尺寸应满足下式要求：

$$KV \leqslant 0.25 f_c b h_0 \tag{7-14}$$

模块 2　偏心受拉构件斜截面受剪承载力计算案例

【例 7-4】 矩形截面偏心受拉构件，$b = 350\text{mm}$，$h = 500\text{mm}$，$a_s = a'_s = 35\text{mm}$，$H_n = 3.0\text{m}$，采用 C20 混凝土（$f_c = 9.6\text{N/mm}^2$，$f_t = 1.1\text{N/mm}^2$），箍筋用 HPB235 级钢筋（$f_{yv} = 210\text{N/mm}^2$），柱作用的轴向压力设计值 $N = 245\text{kN}$，剪力设计值 $V = 185\text{kN}$，试求箍筋数量。

解 （1）验算截面尺寸。

$$h_0 = h - a'_s = (500 - 35)\text{mm} = 465\text{mm}$$

$0.25 f_c b h_0 = 0.25 \times 9.6 \times 350 \times 465\text{N} = 3906000\text{N} = 390.6\text{kN} > KV = 1.2 \times 185\text{kN} = 222\text{kN}$

故截面尺寸满足设计要求。

（2）计算箍筋用量。

$$KV \leqslant V_c + V_{sv} + V_{sb} - 0.2N$$

$$1.2 \times 185 \times 10^3 \leqslant 0.5 f_t b h_0 + f_{yv} \frac{A_{sv}}{s} h_0 - 0.2N$$

即 $1.2 \times 185 \times 10^3 \leqslant 0.5 \times 1.1 \times 350 \times 465 + 210 \dfrac{A_{sv}}{s} \times 465 - 0.2 \times 245 \times 10^3$

得 $\dfrac{A_{sv}}{s} \geqslant 1.48$

(3)比较配箍率。

$f_{yv} \dfrac{A_{sv}}{s} h_0 = 210 \times 1.48 \times 465\text{N} = 138.66\text{kN} > 0.36 \times 1.1 \times 350 \times 465\text{N} = 64.45\text{kN}$

故满足设计要求。

(4)选配钢筋。

采用 $\phi 10@100$ 双肢箍筋($\dfrac{A_{sv}}{s} = \dfrac{2 \times 78.5}{100} = 1.57 > 1.48$)。

习　题

1. 思考题

1.1　哪些构件属于受拉构件? 试举例说明。

1.2　轴心受拉构件的破坏过程可以分成几个阶段? 各阶段的标志是什么?

1.3　轴心受拉构件的钢筋用量是由什么条件确定的?

1.4　轴心受拉构件有哪些特殊的构造要求? 这些特殊构造要求的目的是什么?

1.5　大、小偏心受拉的界限如何划分? 它们的受力特点与破坏形态各有何不同?

1.6　试从破坏形态、截面应力、计算公式及计算步骤来分析大偏心受拉与受压有什么不同之处。

2. 判断题

2.1　钢筋混凝土大偏心受拉构件,当出现 $x < 2a'_s$ 时,则表明 Ne 值较小,而设置的 A'_s 较多。　　　　　　　　　　　　　　　　　　　　　　　　　　　(　　)

2.2　钢筋混凝土大偏心受拉构件,必须满足适用条件 $x \leqslant 2a'_s$。　　　　(　　)

3. 选择题

3.1　两个截面尺寸、材料相同的钢筋混凝土轴心受拉构件,在即将开裂时,配筋率高的钢筋应力比配筋率低的钢筋应力(　　)。

　　A. 高　　　　　　　B. 低　　　　　　　C. 基本相等　　　　　　　D. 以上均不正确

3.2　轴心受拉构件正截面承载力计算时,截面上的拉应力(　　)。

　　A. 全部由混凝土和纵向钢筋承担　　　　B. 全部由混凝土和部分纵向钢筋共同承担

　　C. 全部由纵向钢筋承担　　　　　　　　D. 全部由混凝土承担

3.3　当轴向拉力 N 偏心距为(　　)时,属于小偏心受拉构件。

　　A. $e_0 > h/2 - a'_s$　　　　　　　　　B. $e_0 < h/2 - a'_s$

　　C. $e_0 \leqslant h/2 - a'_s$　　　　　　　D. $e_0 \geqslant h/2 - a'_s$

3.4　矩形截面大偏心受拉构件破坏时,截面上(　　)。

　　A. 有受压区　　　　　　　　　　　　　B. 无受压区

　　C. 轴向拉力 N 大时,有受压区　　　　　D. 轴向拉力 N 小时,有受压区

3.5　钢筋混凝土大偏心受拉构件的承载力主要取决于(　　)。

　　A. 受拉钢筋的强度和数量　　　　　　　B. 受压钢筋的强度与数量

C. 受压混凝土的强度   D. 与受压混凝土的强度和受拉钢筋的强度无关

3.6 大偏心受拉构件设计时,若已知受压钢筋截面积 A'_s,计算出 $\xi > \xi_b$,则说明( )。

    A. A'_s 过多   B. A'_s 过少   C. A_s 过多   D. A_s 过少

3.7 大偏心受拉构件的破坏特征与( )构件的类似。

    A. 小偏心受拉   B. 大偏心受压   C. 受剪   D. 小偏心受压

3.8 对于小偏心受拉构件,当轴向拉力值一定时,( )。

    A. 若偏心距 e_0 改变,则总用量 $A_s + A'_s$ 不变

    B. 若偏心距 e_0 改变,则总用量 $A_s + A'_s$ 改变

    C. 若偏心距 e_0 增大,则总用量 $A_s + A'_s$ 增大

    D. 若偏心距 e_0 增大,则总用量 $A_s + A'_s$ 减小

3.9 偏心受拉构件的受剪承载力( )。

    A. 随着轴向力的增加而增加

    B. 随着轴向力的减少而增加

    C. 小偏心受拉时随着轴向力的增加而增加

    D. 大偏心受拉时随着轴向力的增加而增加

4. 计算题

4.1 钢筋混凝土拉杆为 3 级构件,承受轴向拉力设计值为 350kN,其截面尺寸为 200mm× 250mm,混凝土采用 C20,钢筋采用 HRB335 级钢筋,试设计该构件。

4.2 如图 7-10 所示,钢筋混凝土压力管道为 2 级水工建筑物,其内径为 1000mm,壁厚为 150mm,承受内水压力标准值为 200kN/m²,采用 C20 混凝土及 HPB235 级钢筋,试按 轴心受拉构件设计该管道(忽略管道自重)。

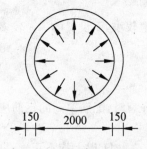

150   2000   150

图 7-10   4.2 题图(单位:mm)

4.3 某 I 级水工建筑物中的矩形截面受拉构件,截面尺寸为 $bh = 300mm \times 450mm$,采用 C20 混凝土、HRB335 级钢筋,承受轴向拉力设计值 $N = 602kN$,弯矩设计值 $M = 602kN$,弯矩设计值 $M = 60.5kN \cdot m$,$a_s = a'_s = 45mm$。试按对称和不对称配筋两种情况确定钢筋面积 A_s 和 A'_s。

4.4 某钢筋混凝土矩形水池(3 级水工建筑物)壁厚 300mm,沿池壁 1m 高的垂直截面上作用的内力设计值 $N = 240kN$,$M = 120kN \cdot m$,采用 C25 混凝土和 HRB400 级钢筋,$a_s = a'_s = 40mm$。试确定钢筋面积 A_s 和 A'_s。

4.5 某刚架柱在控制截面作用轴向力设计值 $N = 185kN$,剪力设计值 $V = 120kN$,柱截面尺寸 $bh = 300mm \times 350mm$,净高 $H_n = 4.2m$,采用 C25 混凝土、HRB335 级纵向钢筋和 HPB235 级箍筋,二类环境,试设计该柱的受剪箍筋。

项目 8　受扭构件承载力计算

项目重点

受扭构件的受力性能及破坏特征、受扭构件的设计计算方法、钢筋混凝土受扭构件的构造要求。

教学目标

理解矩形截面受扭构件的破坏形态；掌握矩形纯扭构件的扭曲截面承载力计算、纯扭构件和弯剪扭按《混凝土结构设计规范》(GB 50010—2011)的配筋计算方法。能进行简单受扭构件的钢筋配置及其构造设计。

任务 1　矩形截面纯扭构件承载力计算

知识目标

掌握矩形截面纯扭构件的破坏形态、纵筋和箍筋配置对纯扭构件破坏性态的影响，以及矩形截面纯扭构件承载力计算和适用条件。

能力目标

能进行矩形截面纯扭构件承载力计算。

模块 1　矩形截面纯扭构件的破坏形态

钢筋混凝土纯扭构件的最终破坏形态为三面螺旋形受拉裂缝和一面(截面长边)的斜压破坏面，如图 8-1 和图 8-2 所示。试验研究表明，钢筋混凝土构件截面的极限扭矩比相应的素混凝土构件的增大很多，但开裂扭矩增大不多。

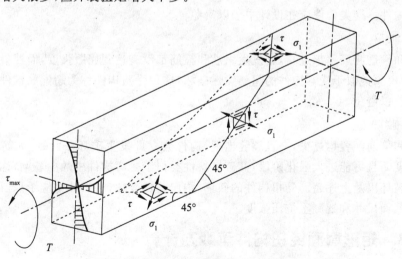

图 8-1　未开裂混凝土构件受扭

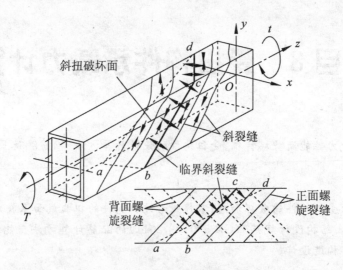

图 8-2　开裂混凝土构件的受力状态

模块 2　纵筋和箍筋配置对纯扭构件破坏性态的影响

受扭构件的破坏形态与受扭纵筋和受扭箍筋配筋率的大小有关,大致可分为适筋破坏、部分超筋破坏、超筋破坏和少筋破坏等四种破坏形态。

1. 适筋破坏

对于正常配筋条件下的钢筋混凝土构件,在扭矩作用下,纵筋和箍筋先达到屈服强度,然后混凝土被压碎而破坏。这种破坏与受弯构件适筋梁的类似,属延性破坏。此类受扭构件称为适筋受扭构件。受扭承载力取决于受扭钢筋配筋量。

2. 部分超筋破坏

当纵筋和箍筋配筋比率相差较大,破坏时仅配筋率较小的纵筋或箍筋达到屈服强度,而另一种钢筋不屈服,此类构件破坏时,亦具有一定的延性,但比适筋构件的延性小,此类构件称为部分超配筋构件。这类构件应在设计中予以避免。

3. 超筋破坏

当纵筋和箍筋配筋率都过高,会发生纵筋和箍筋都没有达到屈服强度,而混凝土先行压坏的现象,这种现象类似于受弯构件的超筋脆性破坏,这种受扭构件称为超配筋构件。这类构件应在设计中予以避免。

4. 少筋破坏

若纵筋和箍筋配置均过少,一旦裂缝出现,构件会立即发生破坏。此时,纵筋和箍筋不仅达到屈服强度而且可能进入强化阶段,其破坏特性类似于受弯构件中的少筋梁,称为少筋受扭构件。这种破坏以及上述超筋受扭构件的破坏,均属脆性破坏,在设计中应予以避免。受扭承载力取决于截面尺寸和混凝土抗压强度。

模块 3　矩形截面纯扭构件承载力计算

矩形截面纯扭构件承载力的计算原则是,纯扭构件在裂缝出现前,构件内纵筋和箍筋的应力都很小,因此当扭矩不足以使构件开裂时,按构造要求配置受扭钢筋即可。在扭矩较大致使构件形成裂缝后,此时需按计算配置受扭纵筋及箍筋,以满足构件的承载力要求。扭曲截面承载力计算中,构件开裂扭矩的大小决定了受扭构件的钢筋配置是否仅按构造配置或者需由计算确定。

1. 开裂扭矩

根据试验结果,由于钢筋混凝土纯扭构件在裂缝出现前的钢筋应力很小,钢筋的存在对开裂扭矩的影响也不大,因此,在确定构件截面开裂扭矩时可以忽略钢筋的作用。

根据大量试验的结果,为方便起见,按理想弹塑性材料计算的开裂扭矩乘以 0.7 的降低系数,作为混凝土材料开裂扭矩的计算公式:

$$T_{cr} = 0.7 W_t f_t \tag{8-1}$$

式中: W_t ——受扭构件的截面受扭塑性抵抗矩。

2. 纯扭构件的承载力计算公式

试验表明,受扭的素混凝土构件,一旦出现斜裂缝即完全破坏。若配置适量的受扭纵筋和受扭箍筋,则不但其承载力有较显著的提高,且构件破坏时会具有较好的延性。

通过对钢筋混凝土矩形截面纯扭构件的试验研究和统计分析,在满足可靠度要求的前提下,提出如下半经验半理论的纯扭构件承载力计算公式。

1) $h_w/b \leqslant 6$ 矩形截面钢筋混凝土纯扭构件受扭承载力计算公式

计算公式为

$$T_u = 0.35 f_t W_t + 1.2\sqrt{\zeta}\, \frac{f_{yv} A_{stl} A_{cor}}{s} \tag{8-2}$$

$$\zeta = \frac{f_y A_{stl} s}{f_{yv} A_{stl} u_{cor}} \tag{8-3}$$

式中: ζ ——受扭纵向钢筋与箍筋的配筋强度比;

h_w ——截面的腹板高度,对矩形截面,取有效高度 h_0;

A_{stl} ——受扭计算中对称布置的全部纵向钢筋截面积;

A_{stl} ——受扭计算中沿截面周边所配置箍筋的单肢截面积;

f_y ——抗扭纵筋抗拉强度设计值;

f_{yv} ——抗扭箍筋抗拉强度设计值;

s ——箍筋间距;

u_{cor} ——截面核心部分周长, $u_{cor} = 2(h_{cor} + b_{cor})$,其中, b_{cor} 和 h_{cor} 分别为截面核心短边与长边长度,如图 8-3 所示。

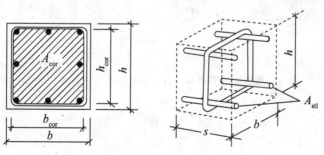

图 8-3 纵筋与箍筋强度比

式(8-2)由两项组成:第一项为开裂混凝土承担的扭矩,第二项为钢筋承担的扭矩,它是建立在适筋破坏形式的基础上的。

系数 ζ 为受扭纵向钢筋与箍筋的配筋强度比,用来考虑纵筋与箍筋不同配筋比和不同强度比对受扭承载力的影响,以避免某一种钢筋配置过多形成部分超筋破坏。试验表明,若 ζ 在 $0.5\sim2.0$ 内变化,构件破坏时,其受扭纵筋和箍筋应力均可达到屈服强度。为稳妥起见,ζ 的限制条件为 $0.6\leqslant\zeta\leqslant1.7$,当 $\zeta>1.7$ 时,按 $\zeta=1.7$ 计算。

对于在轴向压力和扭矩共同作用下的矩形截面钢筋混凝土构件,其受扭承载力应按下列公式计算:

$$T_u = 0.35 f_t W_t + 1.2\sqrt{\zeta}\,\frac{f_{yv} A_{stl} A_{cor}}{s} + 0.07\frac{N}{A} W_t \tag{8-4}$$

式中:N ——与扭矩设计值 T 对应的轴向压力设计值,当 $N>0.3 f_c A$ 时,取 $N=0.3 f_c A$;

　　　A ——构件截面积。

2)$h_w/t_w\leqslant6$ 的箱形截面钢筋混凝土纯扭构件受扭承载力计算公式

实验和理论研究表明,一定壁厚箱形截面的受扭承载力与相同尺寸的实心截面构件的是相同的。对于箱形截面纯扭构件,采用下列计算公式:

$$T_u = 0.35\alpha_h f_t W_t + 1.2\sqrt{\zeta} f_{yv}\frac{A_{stl} A_{cor}}{s} \tag{8-5}$$

式中:α_h ——箱形截面壁厚影响系数;

　　　W_t ——箱形截面受扭塑性抵抗矩。

3)T 形和 I 形截面纯扭构件的受扭承载力计算公式

对于 T 形和 I 形截面,可将其截面划分为几个矩形截面进行配筋计算,矩形截面划分的原则是首先满足腹板截面的完整性,然后再划分受压翼缘和受拉翼缘的面积,如图 8-4 所示。划分的各矩形截面所承担的扭矩值,按各矩形截面的受扭塑性抵抗矩与截面总的受扭塑性抵抗矩的比值进行分配的原则确定,并分别按式(8-2)计算受扭承载力。

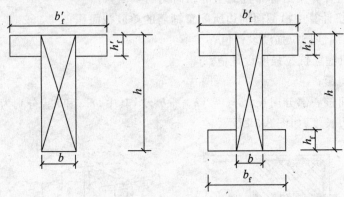

图 8-4　T 形和 I 形截面的矩形划分方法

对于腹板,　　　　　　　　　　　$$T_W = \frac{W_{tw}}{W_t} T \tag{8-6}$$

对于受压翼缘,　　　　　　　　　$$T_f' = \frac{W_{tf}'}{W_t} T \tag{8-7}$$

对于受拉翼缘，
$$T_f = \frac{W_{tf}}{W_t} T \tag{8-8}$$

式中：T——整个截面所承受的扭矩设计值；

T_w——腹板截面所承受的扭矩设计值；

T_f'、T_f——受压翼缘、受拉翼缘截面所承受的扭矩设计值；

W_{tw}、W_{tf}'、W_{tf}、W_t——腹板、受压翼缘、受拉翼缘受扭塑性抵抗矩和截面总的受扭塑性抵抗矩。

《水工混凝土结构设计规范》(SL 191—2008)规定，T 形和 I 形截面的腹板、受压和受拉翼缘部分的矩形截面受扭塑性抵抗矩，可分别按下列公式计算：

$$W_{tw} = \frac{b^2}{6}(3h - b) \ , \ W_{tf} = \frac{h_f^2}{2}(b_f - b) \ , \ W_{tf}' = \frac{h_f'^2}{2}(b_f' - b) \tag{8-9}$$

截面总的受扭塑性抵抗矩为

$$W_t = W_{tw} + W_{tf}' + W_{tf} \tag{8-10}$$

计算受扭塑性抵抗矩时取用的翼缘宽度应符合式(8-11)及式(8-12)。

$$b_f' \leqslant b + 6h_f' \tag{8-11}$$

$$b_f \leqslant b + 6h_f \tag{8-12}$$

3.纯扭构件的承载力计算公式的适用条件

与受弯构件类似，为了保证受扭构件破坏时有一定的延性，不致出现少筋或超筋的脆性破坏，各受扭承载力计算公式同样有上限条件和下限条件。

1)上限条件

当纵筋、箍筋配置较多、截面尺寸太小或混凝土强度等级过低时，钢筋的作用不能充分发挥。如前所述，这类构件在受扭纵筋和箍筋屈服前，往往发生混凝土压碎的超筋破坏。此时破坏扭矩值主要取决于混凝土强度等级及构件的截面尺寸。为了避免发生超筋破坏，构件的截面尺寸应满足下式的要求：

$$T \leqslant 0.25\beta_c f_c + 0.8W_t \tag{8-13}$$

式中：T——扭矩设计值；

0.8——可靠度要求对应的折减系数。

2)下限条件

当符合条件

$$T \leqslant 0.7W_t f_t \tag{8-14}$$

时，混凝土可抵抗该扭矩，可不进行构件受扭承载力计算，而仅需要按受扭纵筋最小配筋率和受扭箍筋最小配筋率的构造要求来配置钢筋。

受扭构件的最小纵筋和箍筋配筋量，原则上是根据钢筋混凝土构件所能承受的扭矩不低于相同截面素混凝土构件的开裂扭矩来确定。

(1)受扭纵筋最小配筋率

$$\rho_{stl} = \frac{A_{stl,min}}{bh} = 0.6\sqrt{\frac{T}{Vb}}\frac{f_t}{f_y} \tag{8-15}$$

(2)受扭构件最小配箍率

$$\rho_{sv} = \frac{nA_{svl}}{bs} \geqslant 0.28\frac{f_t}{f_{yv}} \tag{8-16}$$

模块 4　矩形截面纯扭构件承载力计算案例

【例 8-1】 某大型泵站（1 级建筑物）内有一单跨简支板，板厚 80mm（保护层厚度取 15mm），计算跨度 $l_0 = 3.0$m，承受均布恒荷载标准值 $g_k = 2$kN/m²（包括板自重），均布活荷载标准值 $q_k = 3$kN/m²，混凝土强度等级 C20，I 级钢筋，试按《水工混凝土结构设计规范》（SL 191—2008）求板的纵向钢筋。

解　（1）相关系数。

《水工混凝土结构设计规范》（SL 191—2008）3.2.4 条规定，1 级建筑物、基本组合的安全系数 $k = 1.35$，永久荷载对结构不利时，自重、设备等永久荷载系数为 1.05，一般可变荷载系数为 1.20，混凝土、钢筋强度设计值 $f_c = 9.6$ N/mm²，$f_y = 210$N/mm²。

（2）弯矩设计值计算。

取 1000mm 板带作为计算单元，$h_0 = 65$mm，有

$$M = \frac{(\gamma_r g_k + \gamma_r q_k) l_0{}^2}{8} = \frac{(1.05 \times 2 + 1.2 \times 3) \times 3.0^2}{8} \text{kN} \cdot \text{m} = 6.41\text{kN} \cdot \text{m}$$

（3）配筋计算。

$$a_s = kM/f_c bh_0{}^2 = 1.35 \times 6.41 \times 10^5 / 9.6 \times 1000 \times 65^2 = 0.213$$
$$\xi = 1 - (1 - 2 \times a_s)^{1/2} = 0.242$$
$$A_s = f_c \xi bh_0 / f_y = 720.2 \text{ mm}^2$$

任务 2　矩形截面剪扭构件承载力计算

知识目标

掌握弯剪扭构件承载力的破坏形式、扭矩对受弯和受剪构件承载力的影响，承载力之间的相关性，剪扭承载力计算。

能力目标

了解扭矩对受弯和受剪构件承载力的影响、承载力之间的相关性，以及矩形截面剪扭承载力计算。

模块 1　矩形截面剪扭构件破坏类型

钢筋混凝土受扭构件随弯矩、剪力和扭矩比值和配筋不同，有以下三种破坏类型。

第 I 类型——结构在弯剪扭共同作用下，当弯矩作用显著（即扭弯比 $\psi = \frac{T}{M}$ 较小时），扭矩产生的拉应力减少了截面上部的弯压区钢筋压应力。裂缝首先在弯曲受拉底面出现，然后发展到两侧面。三个面上的螺旋形裂缝形成一个扭曲破坏面，而第四面即弯曲受压顶面无裂缝，如图 8-5（a）所示。该破坏形态通常称为弯型破坏。

第 II 类型——结构在弯剪扭共同作用下，当扭矩作用显著（即扭弯比 ψ 和扭剪比 $\chi = \frac{T}{Vb}$ 均较大），而构件顶部纵筋少于底部纵筋时，可形成如图 8-5（b）所示的扭型破坏。

第 III 类型——结构在弯剪扭共同作用下，若剪力和扭矩起控制作用，则裂缝首先在侧面出

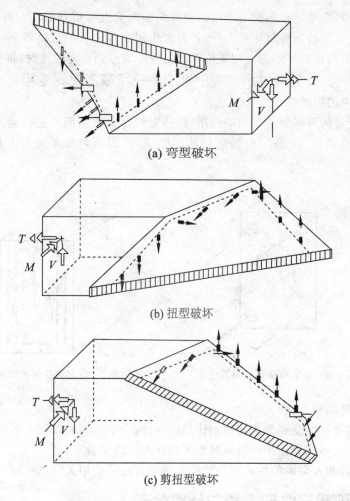

(a) 弯型破坏

(b) 扭型破坏

(c) 剪扭型破坏

图 8-5　矩形截面剪扭构件的破坏类型

现,然后向顶面和底面扩展,这三个面上的螺旋形裂缝形成扭曲破坏面,破坏时与螺旋形裂缝相交的纵筋和箍筋受拉并达到屈服强度,而受压区则靠近另一侧面,形成如图 8-5(c)所示的剪扭型破坏。

模块 2　弯剪扭构件承载力的影响因素

对于工程中大多处于弯矩、剪力、扭矩共同作用的受扭构件,其受扭承载力的大小与受弯和受剪承载力是相互影响的。也就是说,构件的受扭承载力随同时作用的弯矩、剪力的大小而发生变化;同样,构件的受弯和受剪承载力也随同时作用的扭矩大小而发生变化。对于这样的复杂受力构件,其各类承载力之间存在显著的相关性,必须加以考虑。

1. 破坏形式

处于弯矩、剪力和扭矩共同作用下的钢筋混凝土结构,构件的破坏特征及其承载力与构件截面所受内力及构件的内在因素有关。对于截面所受内力,应考虑其弯矩和扭矩的相对大小或剪力和扭矩的相对大小;对于构件的内在因素,则是指构件的截面尺寸、配筋及材料强度。试验表明,弯剪扭构件主要有三种破坏类型,即弯型破坏、扭型破坏和剪扭型破坏。

如前面章节所述,受弯矩和剪力作用的构件斜截面会发生剪压破坏。对于弯剪扭共同作用下的构件,除了前述的三种破坏形态外,若剪力作用十分显著而扭矩较小,则还会发生与剪压破坏十分相近的剪切破坏形态。扭矩值相比另外二者小到一定程度时,将不起控制作用。

2.扭矩对受弯、受剪构件承载力的影响——承载力之间的相关性

1)弯矩和扭矩的相关性

试验表明,受弯构件同时受到扭矩作用时,扭矩的存在使纵筋产生拉应力,加重了受弯构件纵向受拉钢筋的负担,使其应力提前到达屈服强度,因而降低了受弯承载能力,如图 8-6 所示。

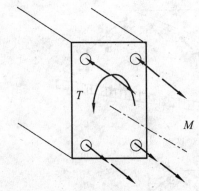 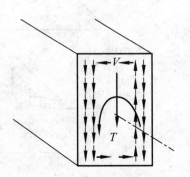

图 8-6 弯矩和扭矩的相关性　　　　图 8-7 剪力和扭矩的相关性

2)剪力和扭矩的相关性

试验表明,对于同时受到剪力和扭矩作用的构件,由于二者的剪应力在构件的一个侧面上是相互叠加的,因此承载力低于剪力或扭矩单独作用时的承载力。

工程上把这种相互影响的性质称为构件各承载力之间的相关性,如图 8-7 所示。

模块3　剪扭构件的承载力计算公式

1.承载力相关性

试验表明,在弯矩、剪力和扭矩的共同作用下,各项承载力相互关联,相互影响十分复杂。《混凝土结构设计规范》(GB 50010—2011)建议的简化方法如下。

(1)弯扭作用时,不考虑弯、扭的相关作用,而分别计算其抗弯和抗扭承载力。对钢筋混凝土矩形截面弯剪扭构件,其纵向钢筋应按弯扭构件的受弯、受扭承载力分别计算所需的纵筋面积之和配置。

(2)弯剪扭作用时,按剪扭构件的承载力和弯扭构件的承载力分别考虑。其纵向钢筋应按弯扭构件的受弯、受扭承载力分别计算所需的纵筋面积之和配置,其箍筋应按剪扭构件的受剪、受扭承载力分别计算所需的箍筋截面积之和进行配置。

为了防止混凝土双重利用而降低承载能力,《混凝土结构设计规范》(GB 50010—2011)规定采用混凝土受扭承载力降低系数来考虑剪扭共同作用的影响。

混凝土受扭承载力降低系数计算公式如下。

当均布荷载为主时, $\beta_t = \dfrac{1.5}{1 + 0.5 \dfrac{VW_t}{Tbh_0}}$

当集中荷载为主时，$\beta_t = \dfrac{1.5}{1 + 0.2(\lambda + 1)\dfrac{VW_t}{Tbh_0}}$

其中，λ 为计算截面的剪跨比，当 $\lambda < 1.5$ 时，取 $\lambda = 1.5$；当 $\lambda > 3$ 时，取 $\lambda = 3$。

当 $\beta_t < 0.5$ 时，取 $\beta_t = 0.5$；当 $\beta_t > 1.0$ 时，取 $\beta_t = 1.0$。

《混凝土结构设计规范》(GB 50010—2011)把弯剪扭构件的承载力按剪扭构件的承载力和弯扭构件的承载力分别考虑。

2. 剪扭承载力计算

对于混凝土部分在剪扭承载力计算中，有一部分被重复利用，对其抗扭和抗剪能力应予以降低。《混凝土结构设计规范》(GB 50010—2011)采用折减系数 β_t 来考虑剪扭共同作用的影响。

1)对于一般的矩形截面构件

剪扭构件的受剪承载力

$$V_u = 0.7(1.5 - \beta_t) f_t bh_0 + 1.25 f_{yv} \frac{A_{sv}}{s} h_0 \tag{8-17}$$

剪扭构件的受扭承载力

$$T_u = 0.35\beta_t f_t W_t + 1.2\sqrt{\zeta} f_{yv} \frac{A_{st1}}{s} A_{cor} \tag{8-18}$$

其中，β_t 的表达式为

$$\beta_t = \frac{1.5}{1 + 0.5\dfrac{V}{T}\dfrac{W_t}{bh_0}} \tag{8-19}$$

对集中荷载作用下独立的钢筋混凝土剪扭构件，包括作用有多种荷载，且集中荷载对支座截面或节点边缘所产生的剪力值占总剪力值的 75% 以上的情况，式(8-17)应改为

$$V_u = \frac{1.75}{\lambda + 1}(1.5 - \beta_t) f_t bh_0 + f_{yv} \frac{A_{sv}}{s} h_0 \tag{8-20}$$

且公式之中的剪扭构件混凝土承载力降低系数 β_t 应按下式计算：

$$\beta_t = \frac{1.5}{1 + 0.2(\lambda + 1)\dfrac{V}{T}\dfrac{W_t}{bh_0}} \tag{8-21}$$

按式(8-19)和式(8-21)计算得出的剪扭构件混凝土承载力降低系数 β_t 值，若小于 0.5，则不考虑扭矩对混凝土受剪承载力的影响，故此时取 $\beta_t = 0.5$；若大于 1.0，则可不考虑剪力对混凝土受扭承载力的影响，故此时取 $\beta_t = 1.0$。λ 为计算截面的剪跨比。

2)箱形截面的钢筋混凝土一般剪扭构件

对于箱形截面的一般剪扭构件，需要考虑箱形截面壁厚影响系数 α_h 对混凝土受扭承载力的修正。

$$T_u = 0.35\alpha_h \beta_t f_t W \tag{8-22}$$

3)T 形和 I 形截面剪扭构件

T 形和 I 形截面可以看做是由简单矩形截面所组成的复杂截面。剪力全部由腹板承担；扭矩由腹板、受拉翼缘和受压翼缘共同承受，并按各部分截面的抗扭塑性抵抗矩分配。

任务 3　矩形截面弯扭构件承载力计算

知识目标

掌握受弯构件同时承受扭矩的作用时,扭矩的存在总是使构件的受弯承载力降低,弯剪扭构件的承载力计算及计算公式的适用条件。

能力目标

能进行弯剪扭构件的承载力计算。

模块 1　弯扭构件的承载力计算

受弯构件同时承受扭矩的作用时,扭矩的存在总是使构件的受弯承载力降低。

1. 弯扭构件的破坏类型

1)在纵筋非对称配筋情况下

(1)当构件承受的弯矩 M 较大、扭矩 T 较小时,共同作用使截面上部纵筋中的压应力减小,但仍处于受压;下部纵筋中拉应力增大,它对截面承载力起控制作用,加速了下部纵筋的屈服。从图 8-8 可以看出,在配置纵筋相同条件下,T 增大,则 M 降低。

破坏是由于下部纵筋先达到屈服强度,然后上部混凝土压碎,这种破坏称为弯型破坏。

(2)当构件承受的扭矩 T 较大、弯矩 M 较小时,扭矩引起的上部纵筋拉应力很大,而弯矩引起的压应力很小,由于下部纵筋的数量多于上部纵筋,因而下部纵筋由 T 和 M 引起的拉应力将低于上部纵筋,截面承载力由上部纵筋拉应力所控制。

破坏是由于上部纵筋先达到屈服,然后截面下部混凝土压碎,这种破坏称为扭型破坏。

M 越大,上部纵筋拉应力的增长越慢,截面受扭承载力也越大。其相关性如图 8-8 中 AB 曲线所示。

2)在纵筋对称配筋情况下

在纵筋为对称配筋情况下,不可能出现扭型破坏,总是下部纵筋先达到屈服的弯型破坏,故只有弯型破坏。

2. 弯扭构件的承载力计算

不考虑弯扭相关性,分别按纯弯和纯扭构件计算和配筋,然后将钢筋面积叠加,如图 8-9 所示。

3. 计算公式的适用条件

与受弯构件和受剪构件类似,为了保证纯扭或弯剪扭构件破坏时有一定的延性,不致出现少筋或超筋的脆性破坏,各受扭承载力计算公式同样有上限和下限条件。

1)上限条件

当纵筋、箍筋配置较多,或截面尺寸太小或混凝土强度等级过低时,钢筋的作用不能充分发挥。这类构件在受扭纵筋和箍筋屈服前,往往发生混凝土压碎的超筋破坏。此时破坏扭矩值主要取决于混凝土强度等级及构件的截面尺寸。为了避免发生超筋破坏,对于在弯矩、剪力和扭矩共同作用下,且 $h_w/b \leqslant 6$ 的矩形截面、T 形、I 形和 $h_w/t_w \leqslant 6$ 的箱形截面混凝土构件,其截面尺寸应符合下列要求。

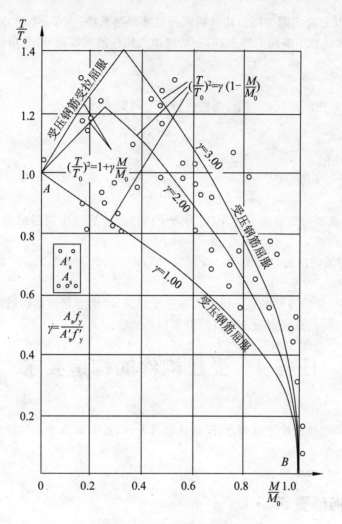

图 8-8 弯矩和扭矩相关性

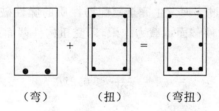

（弯）　　　　（扭）　　　　（弯扭）

图 8-9 弯扭构件的钢筋叠加

当 h_w/b（或 h_w/t_w）$\leqslant 4$ 时

$$\frac{V}{bh_0} + \frac{T}{0.8W_t} \leqslant 0.25\beta_c f_c \qquad (8\text{-}22)$$

当 h_w/b（或 h_w/t_w）$= 6$ 时

$$\frac{V}{bh_0} + \frac{T}{0.8W_t} \leqslant 0.2\beta_c f_c \qquad (8\text{-}23)$$

当 $4 < h_w/b$（或 h_w/t_w）< 6 时，按线性内插法确定。

当 $V=0$ 时，以上两式即为纯扭构件的截面尺寸限制条件；当 $T=0$ 时，则为纯剪构件的截面限制条件。计算时如不满足上述条件，一般应加大构件的截面尺寸，也可提高混凝土的强度等级。

2）下限条件

在弯矩、剪力和扭矩共同作用下，当构件符合下列要求，即

$$\frac{V}{bh_0} + \frac{T}{W_t} \leqslant 0.7f_t \tag{8-24}$$

或

$$\frac{V}{bh_0} + \frac{T}{W_t} \leqslant 0.7f_t + 0.07\frac{N}{bh_0} \tag{8-25}$$

时，可不进行构件截面剪扭承载力计算，但为防止构件开裂后产生突然的脆性破坏，必须按构造要求来配置钢筋。

式(8-25)中的轴向压力设计值 N，当 $N > 0.3f_cA$ 时，取 $N = 0.3f_cA$，其中 A 为构件的截面积。

弯剪扭构件中，受扭构件的最小纵筋和箍筋配筋量，原则上是根据钢筋混凝土构件所能承受的扭矩不低于相同截面素混凝土构件的开裂扭矩来确定的。

任务 4　受扭构件的构造要求

知识目标

掌握构造要求的截面尺寸限制条件、构造配筋条件、最小配筋率及钢筋的构造要求。

能力目标

了解受扭构件的构造要求。

模块 1　构造要求

1. 截面尺寸限制条件

为了避免受扭构件配筋过多而发生完全超配筋性质的脆性破坏，《混凝土结构设计规范》(GB 50010—2011)规定了构件截面承载力上限，即受扭构件截面尺寸和混凝土强度等级应符合下式要求：

当 $h_w/b \leqslant 4$ 时，
$$\frac{V}{bh_0} + \frac{T}{0.8W_t} \leqslant 0.25\beta_c f_c \tag{8-26}$$

当 $h_w/b = 6$ 时，
$$\frac{V}{bh_0} + \frac{T}{0.8W_t} \leqslant 0.2\beta_c f_c \tag{8-27}$$

当 $4 < h_w/b < 6$ 时，按线性内插法确定。

当不满足上式要求时，应增大截面尺寸或提高混凝土强度等级。

2. 构造配筋条件

对于纯扭构件，当 $T \leqslant 0.7f_t W_t$ 时，可不进行抗扭计算，而只需按构造配置抗扭钢筋。

对于弯剪扭构件，当 $\frac{V}{bh_0} + \frac{T}{W_t} \leqslant 0.7f_t$ 时，可不进行构件剪扭承载力计算，而只需按构造配置纵筋和箍筋。

3. 最小配筋率

为了防止构件中发生少筋性质的脆性破坏,在弯剪扭构件中箍筋和纵筋配筋率和构造上的要求要符合下列规定。

1)箍筋(剪扭箍筋)的最小配箍率

$$\rho_{sv} = \frac{A_{sv}}{bs} \geqslant \rho_{sv,\min} = \frac{A_{sv,\min}}{bs} = 0.28 \frac{f_t}{f_{yv}} \tag{8-28}$$

箍筋的间距应符合项目 3 任务 2 中的规定。其中受扭所需的箍筋必须为封闭式,且沿截面周边布置,当采用绑扎骨架时,受扭所需箍筋的末端应做成 135°的弯钩,弯钩端头平直段长度不应小于 $10d$(d 为箍筋直径)。

2)纵向钢筋的配筋率

不应小于受弯构件纵向受力钢筋最小配筋与受扭构件纵向受力钢筋的最小配筋率之和。

对于梁内弯曲受拉钢筋,最小配筋率见附录表 C-3。

受扭纵向受力钢筋最小配筋率为

$$\rho_{tl} = \frac{A_{stl}}{bh} \geqslant \rho_{tl,\min} = \frac{A_{stl,\min}}{bh} = 0.6 \sqrt{\frac{T}{Vb}} \frac{f_t}{f_y} \tag{8-29}$$

4. 钢筋的构造要求

受扭纵向受力钢筋间距不应大于 200mm 和梁截面宽度(短边长度);在截面四角必须设置受扭纵向受力钢筋,并沿截面周边均匀对称布置。受扭纵筋伸入支座长度应按充分利用强度的受拉钢筋考虑。

习　题

1. 思考题

1.1　弯扭构件什么情况下按构造配置受扭钢筋?

1.2　T 形、I 字形截面抗扭构件承载力计算时,有效翼缘宽度应符合哪些条件?

1.3　钢筋混凝土纯扭构件的破坏有几种类型? 各有何特点?

1.4　为使抗扭纵筋与箍筋相互匹配,有效地发挥抗扭作用,两者配筋强度比应满足什么条件?

1.5　在抗扭计算中如何避免少筋破坏?

1.6　抗扭纵筋配筋率与抗弯纵筋配筋率计算有何区别?

1.7　纯扭构件承载力计算公式中 ζ 的物理意义是什么? 它起什么作用?

1.8　对于纯扭构件,应如何配置受扭钢筋?

1.9　什么是剪扭相关关系?

1.10　受扭构件对截面有哪些限制条件?

项目 9　预应力混凝土结构的一般知识

项目重点

预应力混凝土结构的基本概念、施加预应力的目的和方法、预应力混凝土所用材料和常用工具。

教学目标

理解预应力混凝土结构的基本概念以及施加预应力的目的和方法；能进行简单的预应力混凝土构件的应力分析。

任务 1　预应力混凝土的基本知识

知识目标

掌握预应力混凝土的基本原理及优缺点。

能力目标

能根据构件所处的环境条件选择合适的预应力结构类型。

模块 1　预应力混凝土结构的基本概念

1. 出现预应力混凝土结构的背景条件

混凝土是一种抗压性能较好而抗拉性能甚差的结构材料，其抗拉强度仅为其抗压强度的 $1/18 \sim 1/8$，极限拉应变也仅为 $0.1 \times 10^{-3} \sim 0.15 \times 10^{-3}$。钢筋混凝土受拉构件、受弯构件、大偏心受压构件在受到各种作用时，都存在混凝土受拉区，在受拉区混凝土开裂之前，钢筋与混凝土是黏结在一起的，二者有相同的应变值，由此可以推算出构件即将开裂时钢筋的拉应力为 $20 \sim 30 \text{N/mm}^2$，仅相当于一般钢筋强度的 10% 左右。在使用荷载作用下，钢筋的拉应力是其强度的 $50\% \sim 60\%$，相应的拉应变为 $0.6 \times 10^{-3} \sim 1.0 \times 10^{-3}$，远远超过了混凝土的极限拉应变。因此，普通钢筋混凝土构件在使用阶段难免会产生裂缝。

虽然在一般情况下，只要裂缝宽度不致过大，并不影响构件的使用和耐久性。但是对于在使用上对裂缝宽度有严格限制或不允许出现裂缝的构件，普通钢筋混凝土就无法满足要求。

在普通钢筋混凝土结构中，常需将裂缝宽度限制在 $0.2 \sim 0.3 \text{mm}$，以满足正常使用要求，此时钢筋的应力应控制在 $150 \sim 200 \text{N/mm}^2$ 以下。因此，在普通钢筋混凝土结构中采用高强度钢筋是不合理的。

采用预应力混凝土结构是避免普通钢筋混凝土结构过早出现裂缝、减小正常使用荷载作用下的裂缝宽度、充分利用高强材料以适应现代建筑需要的最有效的方法。所谓预应力混凝土结构，就是在外荷载作用之前，先对荷载作用下受拉区的混凝土施加预压应力，这一预压应力能抵消外荷载所引起的大部分或全部拉应力。这样，在外荷载作用下，裂缝就能延缓或不致发生，即使发生了，其宽度也不致过大。

2. 预应力混凝土的基本原理

预应力混凝土的原理可以用图 9-1 来说明,简支梁在外荷作用下,梁下部产生拉应力 σ_3,如图 9-1(b)所示。如果在荷载作用之前,先给梁施加一个偏心压力 N,使梁的下部产生预压应力 σ_1,如图 9-1(a)所示。在外荷作用后,截面上的应力分布将是两者的叠加,如图 9-1(c)所示。梁的下部应力可以是压应力($\sigma_1 - \sigma_3 > 0$),也可以是数值较小的拉应力($\sigma_1 - \sigma_3 < 0$)。

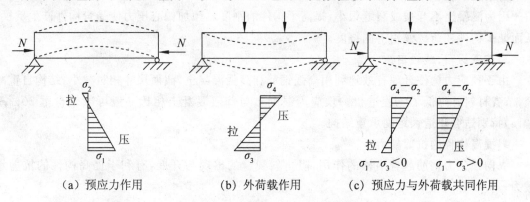

图 9-1　预应力简支梁的基本受力原理

3. 预应力结构的分类

使混凝土结构中的混凝土预先产生预压应力的方法中,最常用的是通过在弹性范围内张拉钢筋(被张拉的钢筋称为预应力筋),并利用预应力筋的弹性回缩,使截面上的混凝土受到预压,产生预压应力。

根据使用阶段构件截面上是否出现拉应力,预应力混凝土结构可以分为以下几种类型。

1) 全预应力混凝土

在使用阶段荷载作用下,构件受拉截面上混凝土不会出现拉应力的预应力混凝土构件称为全预应力混凝土构件。大致相当于《水工混凝土结构设计规范》(DL/T 5057—2009)中裂缝控制等级为一级——严格要求不出现裂缝的构件。

2) 有限预应力混凝土

在使用阶段荷载作用下,构件受拉边缘混凝土允许产生拉应力,但拉应力值不应超过规定值,大致相当于《水工混凝土结构设计规范》(DL/T 5057—2009)中裂缝控制等级为二级——一般要求不出现裂缝的构件。

3) 部分预应力混凝土

构件允许出现裂缝,但最大裂缝宽度不得超过允许的限制值,大致相当于《水工混凝土结构设计规范》(DL/T 5057—2009)中裂缝控制等级为三级——允许出现裂缝的构件。

一般而言,全预应力混凝土结构刚度大、变形小、抗裂性能和耐久性良好,而部分预应力混凝土结构由于所施加的预应力较小,与全预应力混凝土结构相比可以减少预应力钢筋数量,能够用非预应力钢筋代替部分预应力钢筋,因为造价较低;在大跨度结构中,部分预应力混凝土还可以减小因施加预应力而造成的过大的反拱;而且,部分预应力混凝土结构的延性明显优于全预应力混凝土结构,有利于结构抗震。

4. 预应力混凝土的特点

1)抗裂性和耐久性好

由于混凝土中存在预压应力,可以避免开裂和限制裂缝的开展,减少外界有害因素对钢筋的侵蚀,提高构件的抗渗性、抗腐蚀性和耐久性,这对水工结构的意义尤为重大。

2)刚度大,变形小

因为混凝土不开裂或裂缝很小,提高了构件的刚度。预加偏心压力使受弯构件产生反拱,从而减少构件在荷载作用下的挠度。

3)节省材料,减轻自重

由于预应力构件合理有效地利用高强钢筋和高强混凝土,截面尺寸相对减小,结构自重减轻,节省材料并降低了工程造价。预应为混凝土与普通混凝土相比一般可减轻自重20%~30%,特别适合建造大跨度承重结构。

4)提高构件的抗剪能力

纵向预应力钢筋起着锚栓的作用,阻止斜裂缝的出现与开展,有利于提高构件的抗剪承载力。

5)提高构件的抗疲劳性能

预应力混凝土构件也存在不足之处,如施工工序复杂,工期较长,施工制作所要求的机械设备与技术条件较高等,有待今后在实践中逐步完善。

预应力混凝土目前已广泛应用于渡槽、压力水管、水池、大型闸墩、水电站厂房吊车梁、门机轨道梁等水利工程中,也可用预加应力的方法来加固基岩、衬砌隧洞等。

5. 预应力的发展沿革

最早提出对钢筋混凝土施加预压应力概念的是 1888 年德国工程师道伦(W. Doehring),但因当时材料强度太低而未获得实际结果。直至 1928 年,法国工程师弗奈西涅(E. Freyssinet)利用高强钢丝和高强度等级混凝土并施加较高的预应力(大于 $400N/mm^2$)来制造预应力构件获得成功,预应力混凝土结构才真正开始应用到实际工程结构中。

在过去,预应力混凝土主要用于建造单层和多层房屋、电线杆、桩、油罐、公路和铁路桥梁、轨枕、压力管道、水塔、水池及水工建筑物等方面。随着预应力技术和材料的发展,现在预应力技术已扩大到高层建筑、地下建筑、压力容器、海洋结构、电视塔、飞机跑道、大吨位船舶、核反应堆的保护壳等诸多领域。

模块 2　预应力混凝土结构的施工方法

在构件上建立预应力,一般是通过张拉钢筋来实现的。也就是将钢筋张拉并锚固在混凝土上,然后放松,由于钢筋的弹性回缩,混凝土受到压应力。按照张拉钢筋和浇捣混凝土的先后次序,施加预应力的方法可以分为先张法和后张法两种。

1. 先张法

先张法是在浇捣混凝土之前先张拉预应力钢筋的方法。其工序如下。

(1)张拉和锚固钢筋。在台座(或钢模)上张拉钢筋,并锚固好,如图 9-2(a)、(b)所示。

(2)浇捣混凝土。支模、绑扎为满足某些要求而设置的非预应力钢筋,浇捣混凝土,如图 9-2(c)所示。

（3）放松钢筋。混凝土养护达到一定强度（一般要求达到设计强度的 75％以上）后，切断或放松钢筋，预应力钢筋在回缩时挤压混凝土，使混凝土获得预压应力，如图 9-2(d)所示。

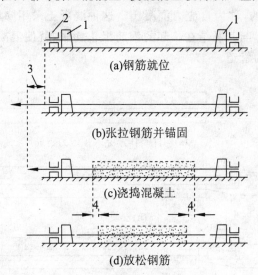

(a)钢筋就位

(b)张拉钢筋并锚固

(c)浇捣混凝土

(d)放松钢筋

图 9-2　先张法构件施工工序示意图

1—台座；2—横梁；3—钢筋伸长；4—混凝土压缩

在先张法预应力混凝土结构中，预应力是通过钢筋与混凝土之间的黏结力来传递的。

先张法的特点是，施工工序少，工艺简单，效率高，质量易保证，构件上不需要设永久性锚具，生产成本低，但需要有专门的张拉台座，不适于现场施工。它主要用于生产大批量的小型预应力构件和直线形配筋构件。

2. 后张法

后张法是指先浇筑混凝土构件，然后直接在构件上张拉预应力钢筋的一种施工方法。其工序如下。

（1）浇捣混凝土。立模，绑扎非预应力钢筋，浇捣混凝土，并在预应力钢筋位置预留孔洞，如图 9-3(a)所示。

（2）张拉钢筋。待混凝土达到设计规定的强度后，将预应力钢筋穿入孔道，安装张拉或锚固设备，利用构件本身作为加力台座张拉预应力钢筋。在张拉钢筋的同时，使混凝土受到预压。当预应力钢筋的张拉应力达到设计值后，在张拉端用锚具将钢筋固定，使混凝土保持预压状态，如图 9-3(a)、(b)、(c)所示。

（3）孔道灌浆。最后在孔道内灌浆，使预应力钢筋与混凝土形成有黏结预应力构件，如图 9-3(d)所示。也可以不灌浆，形成无黏结的预应力混凝土构件。

在后张法预应力混凝土结构中，预应力是靠构件两端的锚具来传递的。

后张法不需要专门的台座，可以在现场制作，因此多用于大型构件。后张法的预应力钢筋可以根据构件受力情况布置成曲线形。在后张法施工中，增加了留孔、灌浆等工序，施工比较复杂。所用的锚具要附在构件内，耗钢量较大。

张拉钢筋一般采用卷扬机、千斤顶等机械张拉。也有采用电热法的，即将钢筋两端接上电源，使其受热而伸长，达到预定长度后将钢筋锚固在构件或台座上。然后切断电源，利用钢筋冷却回缩,对混凝土施加预压应力。电热法所需设备简单,操作也方便,但张拉的准确性不易控制,耗电量大,特别是形成的预压应力较低,故没有像机械张拉那样广泛应用。此外,也有采用自张法来施加预应力的,称为自应力混凝土。这种混凝土采用膨胀水泥浇捣,在硬化过程中,混凝土自身膨胀伸长,与其黏结在一起的钢筋阻止膨胀,就使混凝土受到预压应力。自应力混凝土多用来制造压力管道。

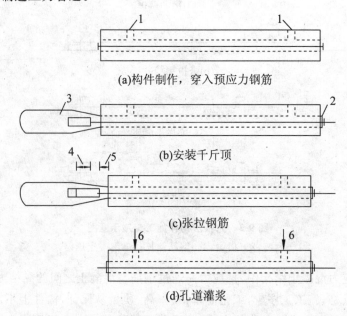

(a)构件制作,穿入预应力钢筋

(b)安装千斤顶

(c)张拉钢筋

(d)孔道灌浆

图 9-3　后张法构件施工工序示意图
1—灌浆孔;2—固定端锚固;3—千斤顶;4—钢筋伸长;5—混凝土压缩;6—灌浆

随着科学技术的发展,无黏结预应力混凝土逐渐应用于生产实际中;无黏结预应力混凝土是在预应力钢筋表面上涂防腐和润滑的材料,通过塑料套管与混凝土隔离,预应力钢筋沿全长与周围混凝土不相黏结,但能发生相对滑动,所以在制作构件时不需预留孔道和灌浆,只要将它同普通钢筋一样放入模板即可浇筑混凝土,而且张拉工序简单,施工方便。试验表明,无黏结预应力混凝土适合于混合配筋(同时配有非预应力钢筋和预应力钢筋)的部分预应力混凝土构件。

任务 2　预应力混凝土的材料和施加工具的选择

知识目标

理解预应力混凝土所需材料应具备的性质;理解制作预应力混凝土工具的特点。

能力目标

能根据构件所处的环境条件选择合适的材料和工具。

模块 1　预应力混凝土结构材料的选择

1. 混凝土

预应力混凝土结构对混凝土的基本要求如下。

1)高强度

采用高强度的混凝土以适应高强钢筋的需要,保证钢筋充分发挥作用,有效减小构件的截面尺寸和自重。在预应力混凝土构件中,混凝土的强度等级不宜低于 C30;采用钢丝、钢绞线时,则不宜低于 C40。

2)收缩、徐变小

采用收缩、徐变小的混凝土,以减小预应力损失。

3)快硬、早强

为了尽早施加预应力,加快施工进度,提高设备利用率,宜采用早期强度较高的混凝土。

2. 预应力钢筋

1)预应力钢筋应满足的要求

预应力钢筋需满足的要求如下。

(1)高强度。

预应力钢筋在施工阶段张拉时就产生了很大的拉应力,这样才能使混凝土获得必要的预压应力。在使用荷载作用下,预应力钢筋的拉应力还会继续增大,这就要求钢筋具有较高的强度。

(2)具有一定的塑性。

钢材的强度越高,其塑性就越低。钢筋塑性太低时,特别当处于低温和冲击荷载条件下,构件有可能发生脆性断裂。预应力钢筋对拉断时的延伸率要求一般应不小于 4%。

(3)良好的加工性能。

预应力钢筋要求有良好的焊接性能。如果采用镦头锚具时,要求钢筋头部镦粗后不影响原有的物理力学性能。

(4)良好的黏结性能。

先张法构件的预应力是通过钢筋和混凝土之间的黏结力来传递的,钢筋与混凝土之间必须要有较高的黏结强度。当采用光面高强钢丝时,表面应经刻痕、压波或扭结等方法处理,以增加黏结强度。

2)预应力钢筋的种类

我国常用的预应力钢筋种类有以下几种。

(1)螺纹钢筋。

用热轧方法在整根钢筋表面轧出不带纵肋的螺纹而成,直径为 18～50mm,用螺丝套筒(连接器)把钢筋接长,可以避免焊接。其屈服强度可达 1230N/mm²。

(2)钢棒。

钢棒直径为 6～14mm,其屈服强度为 1080～1570N/mm²,表面形状分为光圆钢棒、螺旋槽钢棒、螺旋肋钢棒、带肋钢棒四种,由于光圆钢棒和带肋钢棒的黏结锚固性能较差,故预应力混凝土构件中一般只采用螺旋槽钢棒和螺旋肋钢棒。预应力混凝土用钢棒在我国现阶段仅用于预应力管桩的生产,已积累了一定的工程实践经验。

在中小型预应力混凝土构件中,也有采用冷拉钢筋、冷轧带肋钢筋的。

(3)钢丝。

我国预应力混凝土结构一般采用消除应力钢丝,按表面形状分为光圆钢丝、螺旋肋钢丝、刻痕钢丝等;按应力松弛性能又分为低松弛钢丝和普通松弛钢丝两种。屈服强度可达 1860N/mm²,

其延伸率为 2%～6%。

在中小型预应力混凝土构件中,也可以采用冷拔钢丝(冷拔低碳钢丝和冷拔低合金丝)。

当所需钢丝的根数很多时,常将钢丝成束布置。将多根钢丝按一定规律平行排列,用铁丝捆扎在一起,称为一束。钢丝束可以按图 9-4 所示的方式排列。

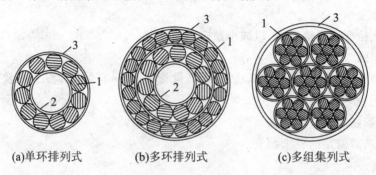

(a)单环排列式　　　　(b)多环排列式　　　　(c)多组集列式

图 9-4　钢丝束排列方式

1—钢丝;2—芯子;3—绑扎铁丝

(4)钢绞线。

把多股(有 2 股、3 股、7 股)相互平行的碳素钢丝按一个方向绞织在一起形成钢绞线。其公称直径(外接圆直径)为 5～18mm,屈服强度可达 $1960N/mm^2$。钢绞线与混凝土黏结性好,应力松弛小,而且比钢丝或钢丝束柔软,便于运输和施工。

3. 灌浆材料

后张法预应力混凝土构件一般用纯水泥浆灌孔,水泥浆强度等级不低于 M20,水灰比宜为 0.40～0.45,为减小收缩,可掺入适量的膨胀剂。

模块 2　预应力施加工具的选择

1. 锚具和夹具的区分

锚具和夹具是在制作预应力混凝土构件时锚固预应力钢筋的工具。这类工具主要依靠摩阻、握裹和承压来固定预应力钢筋。一般把构件制成后能够取下来重复使用的称为夹具;留在构件上不再取下的称为锚具。有时为简便起见,也将锚具和夹具统称为锚具。

锚具和夹具首先应具有足够的强度和刚度,以保证构件的安全可靠;其次应使预应力钢筋尽可能不产生滑移,以减少预应力损失;此外还应构造简单、使用方便、节省钢材。

2. 先张法和后张法施加工具的选择

1)先张法的夹具

如果是张拉单根预应力钢筋,则可利用偏心夹具夹住钢筋,用卷扬机张拉,如图 9-5 所示,再用锥形锚固夹具或楔形夹具(见图 9-6)将钢筋临时锚固在台座的传力架上,锥销(或楔块)可人工锤入套筒(或锚板)内。这种夹具只能锚固单根钢筋。

如果在钢模上张拉多根预应力钢丝,可用梳子板夹具(见图 9-7)。钢丝两端用镦头(冷镦)锚定,利用安装在普通千斤顶内活塞上的爪子钩住梳子板上两个孔洞,施力于梳子板,张拉完毕后立即拧紧螺母,钢丝就临时锚固在钢横梁上。

如果采用粗钢筋作为预应力钢筋,对于单根钢筋最常用的方法是在钢筋端头连接一个工

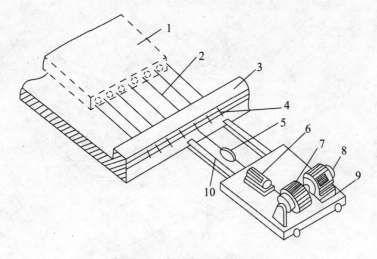

图 9-5　先张法单根钢筋的张拉

1—预制构件(空心板)；2—预应力钢筋；3—台座传力架；

4—锥形夹具；5—偏心夹具；6—弹簧秤(控制张拉力)；

7—卷扬机；8—电动机；9—张拉车；10—撑杆

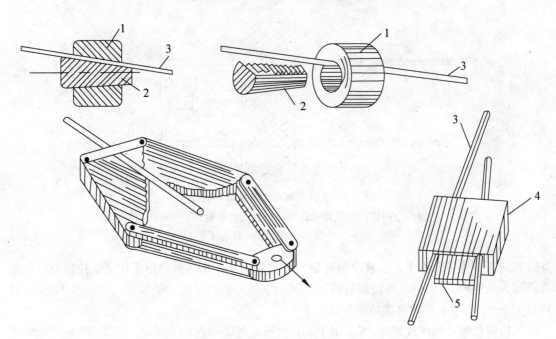

图 9-6　锥形夹具、偏心夹具和楔形夹具

1—套筒；2—推销；3—预应力钢筋；4—锚板；5—楔块

具式螺杆。螺杆穿过台座的活动横梁后用螺母固定，利用普通千斤顶推动活动钢横梁就可张拉钢筋，如图 9-8 所示。

对于多根钢筋，可采用螺杆镦粗夹具，如图 9-9 所示，或锥形锚块夹具，如图 9-10 所示。

2)后张法的锚具

钢丝束常采用锥形锚具配用外夹式双用千斤顶进行张拉(见图 9-11)。锥形锚具由锚圈

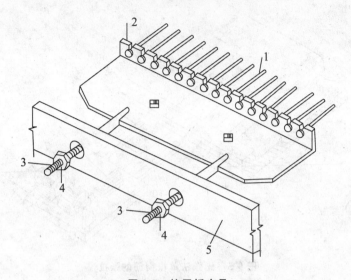

图 9-7 梳子板夹具

1—钢丝;2—梳子板;3—螺杆;4—螺帽;5—钢模横梁

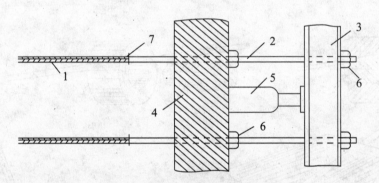

图 9-8 先张法利用工具式螺杆张拉

1—预应力钢筋;2—工具式螺杆;3—活动钢横梁;4—台座传力架;

5—千斤顶;6—螺母;7—焊接接头

及带齿的圆锥体锚塞组成。锚塞中间有锚固后灌浆用的小孔。由双用千斤顶张拉钢筋后将锚塞顶压入锚圈内,利用钢丝在锚塞与锚圈之间的摩擦力锚固钢丝。锥形锚具可张拉 12~24 根直径为 5mm 的碳素钢丝组成的钢丝束。

张拉钢丝束和钢绞线束时,可采用 JM12 型锚具配以穿心式千斤顶。JM12 型锚具由锚环和夹片(呈楔形)组成(见图 9-12),夹片可为 3、4、5、6 片,用以锚固 3~6 根直径为 12~14mm 的钢筋或 5~6 根 7 股 4mm 的钢绞线。

锚固钢绞线还可采用我国近年来生产的 XM、QM 型锚具,如图 9-13 所示。此类锚具由锚环和夹片组成。每根钢绞线由 3 片夹片夹紧,每片夹片由空心锥台按三等分切割而成。XM 型和 QM 型锚具夹片切开的方向不同,前者与锥体母线倾斜,而后者则是与锥体母线平行。一个锚具可夹 3~10 根钢绞线(或钢丝束)。因其对下料长度无严格要求,故施工方便,现已大量应用于铁路、公路及城市交通的预应力桥梁等大型结构构件。

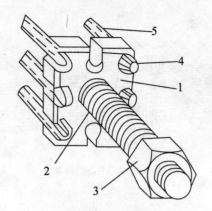

图 9-9　螺杆镦粗夹具

1—预应力钢筋；2—工具式螺杆；3—活动钢横梁；4—台座传力架；5—千斤顶

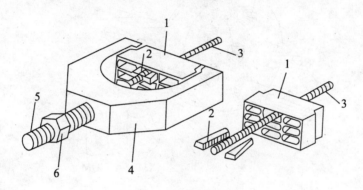

图 9-10　锥形锚块夹具

1—预应力钢筋；2—工具式螺杆；3—活动钢横梁；

4—台座传力架；5—千斤顶；6—螺母

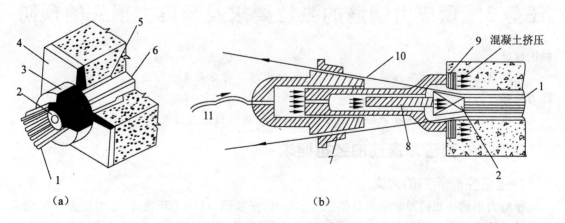

（a）　　　　　　　　　　　　　　　（b）

图 9-11　锥形锚具及外夹式双用千斤顶

1—钢丝束；2—锚塞；3—钢锚圈；4—垫板；5—孔道；6—套管；

7—钢丝夹具；8—内活塞；9—锚板；10—张拉钢丝；11—油管

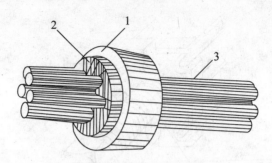

图 9-12　JM12 型锚具
1—锚环；2—夹片；3—钢丝束

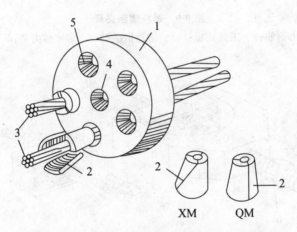

XM　　QM

图 9-13　XM、QM 型锚具
1—锚板；2—夹片；3—钢绞线；4—灌浆孔；5—锥形孔

任务 3　预应力钢筋的张拉要求及预应力损失的预防

知识目标

理解预应力钢筋的张拉要求；掌握引起预应力损失的原因及预防措施。

能力目标

能根据构件所处的环境条件和受力特点选择相应的预应力损失值的组合。

模块 1　预应力钢筋的张拉要求

1. 张拉控制应力的含义

预应力钢筋的张拉控制应力是指张拉钢筋时，张拉设备（如千斤顶等）上的测力计所指示的张拉力除以预应力钢筋的截面积得出的应力值，通常用 σ_{con} 表示。它也是预应力钢筋允许达到的最大应力值。

2. 张拉控制应力取值的参考因素

1）张拉控制应力应定得高一些

σ_{con} 越高，混凝土建立的预压应力就越大，从而提高构件的抗裂性能。σ_{con} 值取得过低，会因各种预应力损失使钢筋的回弹力减小,不能充分利用钢筋的强度。因此,《水工混凝土结构设计规范》(DL/T 5057—2009)中规定 σ_{con} 不应小于 $0.4f_{ptk}$ 或 $0.5f_{ptk}$ 。

2)张拉控制应力不能过高

在张拉时(特别是为减小预应力损失而采用超张拉时),有可能使个别钢筋的应力超过其实际屈服强度而产生塑性变形甚至断裂;或使构件的开裂荷载接近破坏荷载,构件破坏前没有明显预兆。故《水工混凝土结构设计规范》(DL/T 5057—2009)中规定,张拉控制应力不宜超过表 9-1 中规定的数值。

表 9-1　张拉控制应力限值[σ_{con}]

预应力钢筋种类	张 拉 方 法	
	先 张 法	后 张 法
消除预应力钢丝、钢绞线	$0.75f_{ptk}$	$0.75f_{ptk}$
螺纹钢筋	$0.75f_{ptk}$	$0.70f_{ptk}$
钢棒	$0.70f_{ptk}$	$0.65f_{ptk}$

预应力钢筋张拉时仅涉及材料本身,而与构件设计无关,故[σ_{con}]可以不受钢筋强度设计值的限制,而只与强度标准值有关。

从表 9-1 中可以看出,螺纹钢筋和钢棒的张拉控制应力限值[σ_{con}],先张法较后张法高。这是因为在先张法中,张拉钢筋达到控制应力时,构件混凝土尚未浇筑,当从台座上放松钢筋使混凝土受到预压时,钢筋会随着混凝土的压缩而回缩,这时钢筋的预拉应力已经小于 σ_{con} 。而对于后张法来说,在张拉钢筋的同时,混凝土即受到挤压,当钢筋应力达到控制应力 σ_{con} 时,混凝土的压缩已经完成,没有混凝土的弹性回缩而引起的钢筋应力的降低。所以,当 σ_{con} 相等时,后张法建立的预应力值比先张法的大。这就是在后张法中控制应力值定得比先张法小的原因。消除应力钢丝、钢绞线的张拉控制应力限值[σ_{con}],先张法和后张法取值相同,这是因为钢丝材质稳定,且张拉时高应力经锚固后,应力降低很快,一般不会产生拉断事故。

在下列情况下,表 9-1 中[σ_{con}]值可提高 $0.05f_{ptk}$,①要求提高构件在施工阶段的抗裂性能而在使用阶段受压区设置的预应力钢筋;②要求部分抵消由于应力松弛、摩擦、钢筋分批张拉以及预应力钢筋与台座之间的温差等因素产生的预应力损失。

模块 2　预应力损失的相关概念

1.预应力损失的含义

预应力钢筋在张拉时所建立的预应力,在构件的施工及使用过程中会不断降低,这种现象称为预应力损失。引起预应力损失的因素很多,主要有张拉端锚具变形和钢筋内缩、预应力钢筋与孔道壁之间的摩擦、混凝土加热养护时被张拉的钢筋与承受拉力的设备之间的温差、钢筋应力松弛、混凝土收缩与徐变、混凝土的局部挤压等。而许多因素又相互影响,相互依存,因此,精确计算和确定预应力损失是一项非常复杂的工作。实际工程设计中为简便起见,将各个主要因素单独产生的预应力损失进行叠加(组合)来作为总预应力损失。

2.引起预应力损失的原因及预防措施

1)张拉端锚具变形和钢筋内缩引起的预应力损失 σ_{l1}

无论是先张法还是后张法施工,当钢筋张拉到 σ_{con},锚固在台座或构件上时,由于卸去张拉设备后钢筋的弹性回缩会使锚具、垫板与构件之间的缝隙被挤紧,或由于钢筋和楔块在锚具内产生滑移,原来被拉紧的预应力钢筋会松动回缩,应力也会有所降低。由此造成的预应力损失称为 σ_{l1}。

为减小锚具变形引起预应力损失,除认真按照施工程序操作外,还可以采用如下减小损失的方法:

(1)选择变形小或预应力钢筋滑移小的锚具,减少垫板的块数;

(2)对于先张法选择长的台座。

2)预应力钢筋与孔道壁之间的摩擦引起的损失 σ_{l2}

后张法构件在张拉预应力钢筋时,由于钢筋与孔道壁的摩擦作用,使从张拉端到锚固端钢筋的实际拉应力值逐渐减小,即产生预应力损失 σ_{l2}。直线配筋时,σ_{l2} 是由于孔道不直、孔道尺寸偏差、孔壁粗糙、钢筋不直(如对焊接头偏心、弯折等)、预应力钢筋表面粗糙等原因,钢筋在张拉时与孔壁接触而产生的摩擦阻力;曲线配筋时除上述原因引起的摩擦阻力外,还包括由预应力钢筋对孔道壁的径向压力引起的摩擦阻力。

减小摩擦损失的方法如下。

(1)采用两端张拉。两端张拉比一端张拉可减少 1/2 的摩擦损失值。

(2)采用"超张拉"工艺。超张拉是指第一次张拉至 $1.1\sigma_{con}$,持续 2min,再卸荷至 $0.85\sigma_{con}$,持续 2min,最后张拉至 σ_{con}。这样可使摩擦损失减小,比一次张拉得到的预应力分布更均匀。

3)混凝土加热养护时,被张拉的钢筋与承受拉力的设备之间温差引起的预应力损失 σ_{l3}

对先张法构件,为缩短生产周期,浇注混凝土后常采用蒸汽养护以加速混凝土的硬结。升温时,新浇注的混凝土尚未硬结,钢筋受热伸长,而台座长度不变,使原来张紧的钢筋松弛了,由此产生了预应力损失 σ_{l3}。降温时,混凝土已硬结并和钢筋黏结成整体,能够一起回缩,由于两者有相近的温度膨胀系数,相应的应力不再变化,故升温时钢筋的预应力损失 σ_{l3} 不能再恢复。

σ_{l3} 仅在先张法构件中存在。如果采用钢模制作构件,并将钢模与构件一起放入蒸汽室养护,则不会产生该项预应力损失。

减少 σ_{l3} 的措施有以下几项。

(1)在构件进行蒸汽养护时采用"二次升温制度",即第一次一般升温 20℃,然后恒温。当混凝土强度达到 $7\sim10\text{N/mm}^2$ 时,预应力钢筋与混凝土黏结在一起。第二次再升温至规定养护温度。这时,预应力钢筋与混凝土同时伸长,故不会再产生预应力损失。因此,采用"二次升温制度",养护后应力损失降低值为 $\sigma_{l3}=2\Delta t=2\times20\text{ N/mm}^2=40\text{ N/mm}^2$。

(2)采用钢模制作构件,并将钢模与构件一起整体放入蒸汽室养护,则不存在温差引起的预应力损失。

4)预应力钢筋应力松弛引起的预应力损失 σ_{l4}

钢筋应力松弛是指钢筋在高应力作用下,在钢筋长度不变的条件下,钢筋应力随时间增长而降低的现象。钢筋应力松弛使预应力值降低,造成的预应力损失称为 σ_{l4}。试验表明,松弛损失与下列因素有关。

(1)初始应力。张拉控制应力高,松弛损失就大,损失的速度也快。

(2)钢筋种类。松弛损失按下列钢筋种类依次减小:钢丝、钢绞线、螺纹钢筋。

（3）时间。1h 及 24h 的松弛损失分别约占总松弛损失（以 1000h 计）的 50% 和 80%。

（4）温度。温度越高，松弛损失越大。

（5）张拉方式。采用超张拉可比一次张拉的松弛损失减小（2%～10%）σ_{con}。

减少松弛损失的方法有以下几种。

（1）超张拉。对螺纹钢筋、钢棒及普通松弛预应力钢丝、钢绞线，在较高应力下持荷 2min 所产生的松弛损失与在较低应力下经过较长时间才能完成的松弛损失大体相同。经过超张拉后再重新张拉至 σ_{con} 时，一部分松弛损失也已完成。

（2）采用低松弛钢材。低松弛钢材是指 20℃ 条件下，拉应力为 70% 抗拉极限强度，经 1000h 后测得的松弛损失不超过 2.5% σ_{con} 的钢材。

5）混凝土收缩和徐变引起的损失 σ_{l5}

混凝土在空气中结硬时发生体积收缩，而在预应力作用下，混凝土将沿压力作用方向产生徐变。收缩和徐变都使构件缩短，预应力钢筋随之回缩，造成预应力损失。虽然混凝土的收缩和徐变是两个性质完全不同的现象，但两者的影响因素、变化规律较为相似。为简化计算，将两项预应力损失合并考虑，即为 σ_{l5}。

减小混凝土收缩和徐变损失值的措施有以下几种。

（1）采用高标号水泥，减少水泥用量，降低水灰比，采用干硬性混凝土。

（2）采用级配较好的骨料，加强振捣，提高混凝土密实性。

（3）加强养护，减少混凝土的收缩。

6）螺旋式预应力钢筋（或钢丝）挤压混凝土引起的损失 σ_{l6}

环形结构构件（见图 9-14）的混凝土被螺旋式预应力钢筋箍紧，混凝土受预应力钢筋的挤压会发生局部压陷，构件直径减小 2δ，使得预应力钢筋回缩引起预应力损失 σ_{l6}。σ_{l6} 的大小与构件的直径有关，构件直径越小，压陷变形的影响越大，预应力损失就越大。当构件直径大于 3m 时，损失值可忽略不计；当构件直径小于或等于 3m 时，取 $\sigma_{l6} = 30\text{N/mm}^2$。

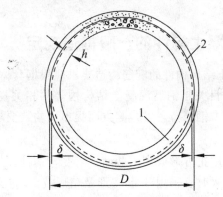

图 9-14 环形配筋的预应力构件
1—环形截面构件；2—预应力钢筋；D、h、δ—直径、壁厚、压陷变形

对于大体积水工混凝土构件，各项预应力损失值应由专门研究或试验确定。

3. 预应力损失的组合

上述各项预应力损失并非同时发生，而是按不同张拉方式分阶段发生。通常把在混凝土预压前产生的损失称为第一批应力损失 σ_{l1}（对于先张法，指放张前的损失；对于后张法，指卸去千斤顶前的损失），而在混凝生预压后产生的损失称为第二批应力损失 σ_{lII}。总损失值为 σ_l $= \sigma_{lI} + \sigma_{lII}$。

各批预应力损失的组合如表 9-2 所示。

表 9-2　各阶段预应力损失值的组合

项次	预应力损失值的组合	先张法构件	后张法构件
1	混凝土预压前（第一批）的损失 σ_{lI}	$\sigma_{l1} + \sigma_{l2} + \sigma_{l3} + \sigma_{l4}$	$\sigma_{l1} + \sigma_{l2}$
2	混凝土预压后（第二批）的损失 σ_{lII}	σ_{l5}	$\sigma_{l4} + \sigma_{l5} + \sigma_{l6}$

注：先张法构件第一批损失值计入 σ_{l2} 是指有折线式配筋的情况。

对预应力混凝土构件，除应根据使用条件进行承载力计算及抗裂、裂缝宽度和变形验算外，还需对构件制作、运输、吊装等施工阶段进行验算。不同的受力阶段应考虑相应的预应力损失值的组合。

一般而言，预应力损失值与实际值之间可能有误差，为了确保构件安全，当按上述各项损失计算得出的总损失值 σ_l（$\sigma_l = \sigma_{lI} + \sigma_{lII}$）小于下列数值时，按下列数值取用：对于先张法构件，100N/mm²；对于后张法构件，80N/mm²。

预应力混凝土构件在承载能力状态和正常使用极限状态下的相关计算参考《水工混凝土结构设计规范》（SL 191—2008）。

任务 4　预应力混凝土构件的构造要求

知识目标

理解预应力混凝土构件的一般构造规定；熟悉先张法和后张法的构造要求。

能力目标

能根据构造要求正确施工。

模块 1　预应力混凝土构件的一般构造规定

水工建筑物预应力混凝土结构构件的配筋构造要求应根据具体情况确定，对于一般梁、板类构件，除必须满足前述各项目关于钢筋混凝土结构构件的相关规定外，还应满足由张拉工艺、锚固方式、钢筋类别、预应力钢筋布置方式等方面提出的构造要求。

1. 截面的形式和尺寸

对轴心受拉构件，一般采用正方形或矩形截面。对受弯构件，当跨度和荷载较小时可以采用矩形截面；当跨度及荷载较大时宜采用 T 形、I 形及箱形截面。在支座处为了能承受较大的剪力和便于布置锚具，往往加厚腹板而做成矩形截面。预应力混凝土板可采用实心矩形截面或空气（圆孔或矩形孔）截面。

为便于布置预应力钢筋和满足施工阶段预压区的抗压强度要求，在 T 形截面下方，往往做成较窄较厚的翼缘，从而形成上、下不对称的 I 形截面。

预应力混凝土梁高度 h 一般为 $l_0/20 \sim l_0/14$，最小可以取其 $l_0/35$；矩形截面的宽度 $b = h/3.5 \sim h/2.5$，I 形截面的腹板厚度 $b = h/15 \sim h/8$；翼缘宽度一般可以取 $b_f(b'_f) = h/3 \sim h/2$；翼缘厚度 $h_f(h'_f) = h/10 \sim h/6$。

I形截面受拉翼缘宽度 b_f 一般小于受压翼缘宽度 b'_f，而其高度 h_f 则较大，具体尺寸应根据预应力钢筋的数量、钢筋的布置、预留孔道的净距、混凝土保护层厚度、锚具及加载设备的尺寸等确定。

为方便施工，通常将I形截面上翼缘的下表面和下翼缘的上表面做成倾斜状，上翼缘下表面的倾斜坡度可以为 $1/15 \sim 1/10$，下翼缘上表面的倾斜坡度则可取得稍大一些。

2. 预应力纵向钢筋的布置要求

轴心受拉构件和跨度及荷载都不大的受弯构件，预应力纵向钢筋一般采用直线布置，如图 9-15(a)所示，施工时用先张法或后张法均可。对受弯构件，当跨度和荷载较大时，预应力纵向钢筋宜采用曲线布置或折线布置，如图 9-15(b)、(c)所示，以利于提高构件斜截面承载力和抗裂性能，避免梁端锚具过于集中。折线型布置可以采用先张法施工，曲线型布置一般采用后张法施工。

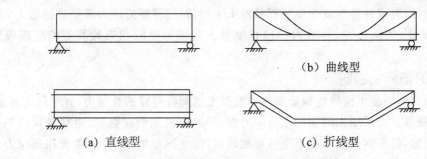

（b）曲线型

（a）直线型　　　　　　　　　　　　（c）折线型

图 9-15　预应力纵向钢筋的布置

在预应力混凝土屋面梁、吊车梁等构件中，为防止由于施加预应力而产生预拉区的裂缝和减小支座附近的主拉应力，在靠近支座部分，宜将一部分预应力钢筋弯起。

3. 非预应力纵向钢筋的布置要求

为防止施工阶段因混凝土收缩和温度变化产生预拉区裂缝，并承担施加预应力过程中产生的拉应力，防止构件在制作、堆放、运输、吊装过程中出现裂缝或减小裂缝宽度，可以在构件预拉区设置一定数量的非预应力纵向钢筋。

当受拉区部分钢筋施加预应力已能满足构件抗裂和裂缝宽度要求时，承载力计算所需的其余受拉钢筋允许采用非预应力钢筋。由于预应力钢筋已先行张拉，故在使用阶段非预应力钢筋的实际应力始终低于预应力钢筋的。为充分发挥非预应力钢筋的作用，非预应力钢筋的强度等级宜低于预应力钢筋的。

4. 预拉区纵向钢筋的配筋率

1）施工阶段预拉区不允许出现裂缝的构件

预拉区纵向钢筋的配筋率 $\dfrac{(A_s + A'_s)}{A}$ 不应小于 0.2%，对后张法构件不应计入 A'_P，其中，A 为构件的截面积。

2）施工阶段预拉区允许出现裂缝

在预拉区未配置预应力钢筋的构件，当 $\alpha_{ct} = 2f'_{tk}$ 时，预拉区纵向钢筋的配筋率 $\dfrac{A'_s}{A}$ 不应小于 0.4%；当 $f'_{tk} < \alpha_{ct} < 2f'_{tk}$ 时，则在 0.2% 和 0.4% 之间按线性内插法确定。

3）预拉区的纵向非预应力钢筋的要求

其直径不宜大于 14mm，并应沿构件预拉区的外边缘均匀配置。

4）施工阶段预拉区不允许出现裂缝的板类构件

预拉区纵向钢筋配筋率可以根据构件的具体情况按实践经验确定。

模块 2　先张法构件的构造要求

1. 预应力钢筋的净距

预应力钢筋、钢丝的净距应根据浇灌混凝土、施加预应力及钢筋锚固等要求确定。预应力钢筋之间的净间距不应小于其公称直径或等效直径的 1.5 倍，且应符合下列规定：对于钢棒及钢丝不应小于 15mm；对于三股钢绞线不应小于 20mm；对于七股钢绞线不应小于 25mm。

当先张法预应力钢丝按单根方式配筋困难时，可以采用相同直径钢丝并筋的配筋方式。并筋的等效直径，对双并筋应取为单筋直径的 1.4 倍，对三并筋应取为单筋直径的 1.7 倍。并筋的保护层厚度、锚固长度、预应力传递长度及正常使用极限状态验算等均应按等效直径考虑。

2. 钢筋的黏结与锚固

先张法预应力混凝土构件应保证钢筋与混凝土之间有可靠的黏结力，宜采用变形钢筋、刻痕钢丝、钢绞线等。当采用光面钢丝作预应力配筋时，应根据钢丝强度、直径及构件的受力特点采取适当措施，保证钢丝在混凝土中可靠地锚固，防止钢丝滑动，并应考虑在预应力传递长度范围内抗裂性能较低的不利影响。

3. 端部加强措施

为避免放松预应力钢筋时在构件端部产生劈裂裂缝等破坏现象，对预应力钢筋端部的混凝土应采取下列加强措施。

（1）对单根预应力钢筋（如板肋的配筋），其端部宜设置长度不小于 150mm 的螺旋筋，如图 9-16（a）所示。当有可靠经验时，也可以利用支座垫板上的插筋代替螺旋，但插筋数量不应小于 4 根，其长度不宜小于 120mm，如图 9-16（b）所示。

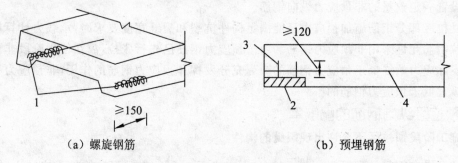

（a）螺旋钢筋　　　　　　　　　　　（b）预埋钢筋

图 9-16　先张法构件端部加强措施

1—螺旋筋；2—支座垫板；3—插筋；4—预应力钢筋（$d \leqslant 16mm$）

（2）对分散布置的多根预应力钢筋，在构件端部 $10d$（d 为预应力钢筋的公称直径）范围内，应设置 3～5 片钢筋网。

（3）对采用预应力钢丝配筋的薄板，在板端 100mm 范围内应适当加密横向钢筋。

(4)对槽形板类构件,为防止板面端部产生纵向裂缝,宜在构件端部 100mm 范围内,沿构件板面设置数量不少于 2 根的附加横向钢筋。

模块 3　后张法构件的构造要求

1. 预留孔道的构造及灌浆技术

(1)对预制构件,孔道之间的水平净距不应小于 50mm;孔道至构件边缘的净距不应小于 30 mm,且不宜小于孔道直径的一半。

(2)预留孔道的内径应比预应力钢筋(丝)束外径、钢筋对焊接头处外径、连接器外径或需穿过孔道的锚具外径大 10～15mm。

(3)在构件两端及跨中,应设置灌浆孔或排气孔,其孔距不宜大于 12m。

(4)凡制作时需要预先起拱的构件,预留孔道宜随构件同时起拱。

(5)孔道灌浆要求密实,水泥浆强度等级不应低于 M20,其水灰比宜为 0.4～0.45,为减小收缩,宜掺入适量膨胀剂。

2. 曲线预应力钢筋的曲率半径

为便于施工,减少摩擦损失及端部锚具损失,后张法预应力混凝土构件的曲线预应力钢筋的倾角不宜大于 30°,且其曲率半径宜按下列规定取用:

(1)钢丝束、钢绞线束以及钢筋直径 $d \leqslant 12\text{mm}$ 的钢筋束,不宜小于 4m;

(2)$12\text{mm} < d \leqslant 25\text{mm}$ 的钢筋,不宜小于 12m;

(3)$d > 25\text{mm}$ 的钢筋,不宜小于 15m。

对折线配筋的构件,在折线预应力钢筋的弯折处的曲率半径可以适当减小。

3. 构件端部的构造要求

(1)构件端部尺寸,应考虑锚具的布置、张拉设备的尺寸和局部受压的要求,必要时应适当加大。

(2)在预应力钢筋锚具下及张拉设备的支承处,应采用预埋钢垫板,配置间接钢筋,并进行锚具下混凝土的局部受压承载力计算。间接钢筋体积配筋率 ρ_v 不应小于 0.5%。

(3)为防止沿孔道产生劈裂,在局部受压间接钢筋配置区以外,在构件端部 $3e$(e 为截面重心线上部或下部预应力钢筋的合力点至邻近边缘的距离)但不大于 $1.2h$(h 为构件端部高度)的长度范围内,在高度 $2e$ 范围内均匀布置附加箍筋或网片,其体积配筋率不应小于 0.5%。

(4)若预应力钢筋在构件端部不能均匀布置而需集中布置在端部截面的下部或集中布置在上部和下部时,应在构件端部 $0.2h$ 范围设置竖向附加的焊接钢筋网、封闭式箍筋或其他形式的构造钢筋。其中,竖向附加钢筋宜采用带肋钢筋,其截面积应符合下列规定:

当 $e \leqslant 0.1h$ 时,　　　　　　　　$A_{sv} \geqslant 0.3 \dfrac{N_p}{f_{yv}}$

当 $0.1h < e \leqslant 0.2h$ 时,　　　　　$A_{sv} \geqslant 0.15 \dfrac{N_p}{f_{yv}}$

当 $e > 0.2h$ 时,可以根据实际情况配置构造钢筋。

式中:N_p——作用在构件端部截面重心线上部或下部预应力钢筋的合力,此时,仅考虑混凝土
　　　　　　预压前的预应力损失值,且应乘以预应力分项系数 1.2;

　　　f_{yv}——竖向附加钢筋的抗拉强度设计值,当 $f_{yv} > 210\text{N/mm}^2$ 时,取 $f_{yv} = 210\text{N/mm}^2$。

当端部截面上部和下部均有预应力钢筋时,竖向附加钢筋的总截面积按上部和下部的 N_p 分别计算的数值叠加采用。

(5)当构件在端部有局部凹进时,为防止在施工预应力过程中,端部转折处产生裂缝,应增设折线构造钢筋,如图 9-17 所示。当有足够依据时,亦可以采用其他形式的端部附加钢筋。

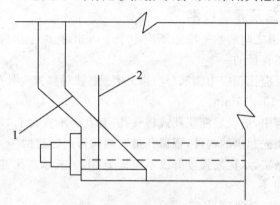

图 9-17 端部转折处构造配筋图
1—折线构造钢筋;2—竖向构造钢筋

任务 5　其他预应力混凝土的概念

知识目标

熟悉部分预应力混凝土结构、无黏结预应力混凝土结构的施工工艺。

能力目标

能根据环境条件选择合适的预应力混凝土。

模块 1　部分预应力混凝土结构的相关概念

1. 全预应力混凝土结构和部分预应力混凝土结构的区别

预应力混凝土结构构件可以根据截面裂缝控制等级的不同,设计成全预应力或部分预应力。所谓全预应力是指在使用荷载作用下,截面的受拉区不出现拉应力的情况;而部分预应力则是指在使用荷载作用下,允许截面或截面的某一部分处于受拉状态,甚至出现裂缝的情况。

虽然全预应力混凝土结构具有抗裂性好、刚度大等优点,但也存在结构延性较差(开裂荷载和破坏荷载比较接近)、对抗震不利的缺点。特别是对于梁类构件,在恒荷载小而活荷载大,且活荷载的最大值很少出现的情况下,预压区混凝土由于长期处于高压应力状态下会引起徐变和反拱不断增大,影响正常使用。而采用部分预应力混凝土结构,只要适当降低预应力就可以克服上述缺点。

2. 施加部分预应力的方法

(1)按承载力要求,所需钢筋均施加较低的预应力值,即采用较小的 σ_{con}。

(2)按承载力要求,配置同一种预应力钢筋,但按使用要求仅张拉其中一部分,且张拉至 $[\sigma_{con}]$,另一部分不张拉,这样可以减少一部分张拉工作量和节省锚具。

（3）按使用要求,确定预应力钢筋数量并进行足额张拉(张拉至[σ_{con}]),另外配置部分强度较低的非预应力钢筋以补足承载力要求。同时,也可以用非预应力钢筋来加强构件的其他部位。

以上三种方法中以最后一种最好。因为设计者可以根据不同的使用要求,选择适量的预应力钢筋和非预应力钢筋,以达到不同极限状态下安全度相均衡的目的,也使构件具有较强的变形性能和较高的延性。

模块 2　无黏结预应力混凝土结构的相关概念

前面介绍的先张法构件和经孔道灌浆、使用时预应力钢筋与混凝土已黏结成整体的后张法构件称为有黏结预应力混凝土,而张拉后在使用时允许预应力钢筋对周围混凝土发生纵向相对滑动的构件则称为无黏结预应力混凝土。

无黏结预应力混凝土是通过专门的无黏结预应力钢筋来实现的。所谓无黏结预应力钢筋是将钢丝束或钢绞线的表面涂刷油脂,并用塑料套管或塑料布带作为包裹层加以保护,形成可以相互滑动的无黏结状态,如图 9-18 所示。施工时,无黏结预应力钢筋像普通非预应力钢筋一样,按设计要求布放在模板内,然后浇灌混凝土,待混凝土达到设计规定强度要求后,再张拉、锚固钢筋。钢筋与混凝土之间没有黏结,张拉力依靠锚具传递给构件混凝土。

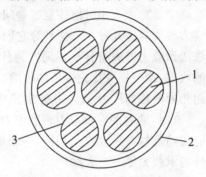

图 9-18　无黏结预应力钢筋断面图
1—钢丝束或钢绞线;2—塑料套管;3—油脂

无黏结预应力混凝土省去了预留孔道、穿预应力钢筋及灌浆等工序,简化了操作,还可以避免因灌浆操作不慎造成预应力钢筋锈蚀的隐患。无黏结预应力钢筋摩擦损失小,且易弯成多跨曲线形状,特别适用于建造需用复杂的连续曲线配筋的大跨度结构构件。

对受弯构件,有黏结构件中的预应力钢筋应变增量沿梁长是变化的。任何截面处钢筋应变的增量与周围混凝土的应变增量相同,钢筋最大应力发生在最大弯矩截面处。而无黏结构件中预应力钢筋的应变(应力)增量沿梁长不变,如拉杆拱中的拉杆,当最大弯矩截面达到破坏时,预应力钢筋的应变增量等于沿梁长混凝土应变增量的平均值,低于最大弯矩截面的应变增量,所以无黏结预应力钢筋的拉应力比有黏结预应力钢筋在最大弯矩截面处的拉应力低 10%～30%。故对于全部钢筋均采用预应力钢筋的纯无黏结预应力混凝土梁,其正截面受弯承载力比相同配筋的有黏结预应力混凝土梁的正截面受弯承载力低 10%～30%。有黏结预应力构件由于黏结力存在,其挠度较小,开裂荷载较大,裂缝细而密;而无黏结构件的挠度较大,开裂荷载较低,裂缝宽而稀,且卸载后裂缝往往不能闭合。因此在无黏结预应力构件中,常设置一定数量的非预应力钢筋(如国外有些规范中就规定非预应力钢筋面积不小于截面重心轴以下受拉区面积的 0.4%),形成无黏结部分预应力混凝土,以改善构件的裂缝、破坏特征和抗震性能。

目前,《水工混凝土结构设计规范》(DL/T 5057—2009)中尚未列入此类构件的设计计算方法,读者可以自行参考相关专著或结构设计手册。

习　　题

1. 思考题

1.1　为什么在普通钢筋混凝土构件中一般不采用高强度钢筋?

1.2　简述预应力混凝土的工作原理。

1.3　为什么预应力混凝土能有效地提高构件的抗裂度和刚度?采用预应力混凝土有什么技术经济价值?

1.4　什么是先张法?什么是后张法?它们各有哪些优缺点?

1.5　试简述预应力损失的种类。混凝土的收缩与徐变为什么会引起预应力的损失?影响收缩与徐变的因素是什么?

1.6　什么是张拉控制应力?在确定其数值大小时应注意哪些问题?

1.7　什么是预应力损失?预应力损失有哪几种?怎样划分它们的损失阶段?

1.8　先张法预应力损失和后张法预应力损失有什么不同?为什么要分第一批与第二批预应力损失?为什么后张法的收缩、徐变损失比先张法的收缩、徐变损失要小?

1.9　如果先张法与后张法采用相同的控制应力 σ_{con},并假定预应力损失 σ_l 也相同,试问当加荷到混凝土预压应力 $\sigma_{pcII} = 0$ 时,两者的非预应力钢筋应力 σ_s 是否相同?哪一个大?

1.10　两个轴心受拉构件,截面配筋及材料强度完全相同,一个施加了预应力,一个没有施加预应力,试问这两个构件的承载力哪一个大些?

1.11　采用先张法和后张法,在计算时有哪些不同?现有两根轴心受拉构件,各种条件都相同,一根采用先张法,另一根用后张法,试问这两根构件的抗裂度是否相等?为什么?

1.12　全部预应力损失出现后,加荷于预应力轴心拉杆,并同时量测混凝土的拉伸应变,试问该应变为多少时将出现裂缝?

1.13　预应力受弯构件设计时,如果计算结果中承载力或抗裂不能满足设计要求,则应分别采取哪些比较有效的措施?

1.14　为什么要进行施工阶段的验算?施工阶段的承载力和抗裂验算的原则是什么?为什么要对预拉区非预应力钢筋的配筋作出限制?

2. 选择题

2.1　普通钢筋混凝土结构不能充分发挥高强钢筋的作用,主要原因是(　　)。

　　A. 受压混凝土先破坏　　　　　　　　B. 未配高强混凝土

　　C. 不易满足正常使用极限状态　　　　D. 受拉混凝土先破坏

2.2　对构件施加预应力的主要目的是(　　)。

　　A. 提高构件的承载力　　　　　　　　B. 提高构件的承载力和刚度

　　C. 提高构件抗裂度及刚度　　　　　　D. 对构件强度进行检验

2.3　先张法和后张法预应力混凝土构件两者相比,下述论点不正确的是(　　)。

　　A. 先张法工艺简单,只需临时性锚具

　　B. 先张法适用于工厂预制中、小型构件,后张法适用于施工现场制作的大、中型构件

　　C. 后张法需有台座或钢模张拉钢筋

　　D. 先张法一般常采用直线钢筋作为预应力钢筋

2.4　预应力钢筋的张拉控制应力,先张法比后张法取值略高的原因是(　　)。

　　A. 后张法在张拉钢筋的同时,混凝土同时产生弹性压缩,张拉设备上所显示的经换算得出的张拉控制应力为已扣除混凝土弹性压缩后的钢筋应力

　　B. 先张法临时锚具的变形损失大

　　C. 先张法的混凝土收缩、徐变较后张法的大

　　D. 先张法有温差损失,后张法无此项损失

2.5　条件相同的先张法和后张法轴心受拉构件,当 σ_{con} 及 σ_1 相同时,预应力钢筋中应力 σ_{peII} (　　)。

　　A. 两者相等　　　　　　　　　　　B. 后张法的大于先张法的

　　C. 后张法的小于先张法的　　　　　　D. 无法判断

中篇（下）
基本构件在正常使用极限状态下的相关验算

项目 10 钢筋混凝土结构正常使用极限状态的验算

项目重点

水工混凝土结构耐久性的意义,构件变形验算、抗裂验算、裂缝宽度验算的计算方法。

教学目标

掌握钢筋混凝土构件在第Ⅱ工作阶段中的基本性能,包括截面上与截面间的应力分布、裂缝开展的原理与过程、截面曲率的变化以及影响这些性能的主要因素;掌握裂缝宽度、截面受弯刚度的定义与计算原理以及裂缝宽度与构件挠度的验算方法;熟悉混凝土结构耐久性的意义、主要影响因素、混凝土的碳化、钢筋的锈蚀以及耐久性设计的一般概念。

任务 1 水工混凝土结构耐久性的设计规定

知识目标

了解水工混凝土耐久性的概念;掌握水工混凝土结构耐久性的要求、混凝土结构所处环境的类别、保证耐久性的技术措施及构造要求。

能力目标

能够根据水工混凝土耐久性的要求进行结构的设计,掌握水工混凝土结构耐久性的要求、设计保证耐久性的技术措施及构造要求。

模块 1 混凝土结构耐久性的概念

混凝土结构的耐久性是指结构在指定的工作环境中,正常使用和维护条件下,随时间变化而仍能满足预定功能要求的能力。正常维护是指结构在使用过程中仅需一般维护(包括构件表面涂刷等)而不进行花费过高的大修;指定的工作环境是指建筑物所在地区的自然环境及工业生产形成的环境。

耐久性作为混凝土结构可靠性的三大功能指标(即安全性、适用性和耐久性)之一,越来越受工程设计的重视,结构的耐久性设计也成为结构设计的重要内容之一。目前大多数国家和地区的混凝土结构设计规范中已列入耐久性设计的有关规定和要求,如美国和欧洲等国家的混凝土设计规范将耐久性设计单独列为一章,我国水工、港工、交通、建筑等行业的混凝土设计规范也将耐久性要求列为基本规定中的重要内容。

导致水工混凝土结构耐久性失效的原因主要有:①混凝土的低强度风化;②碱-骨料反应;③渗漏溶蚀;④冻融破坏;⑤水质侵蚀;⑥冲刷磨损和空蚀;⑦混凝土的碳化与筋锈蚀;⑧由荷载、温度、收缩等原因产生的裂缝以及止水失效等引起渗漏病害的加剧等。因而,除了根据结构所处的环境条件,控制结构的裂缝宽度外,还需通过混凝土保护层最小厚度、混凝土最低抗渗等级、混凝土最低抗冻等级、混凝土最低强度等级、最小水泥用量、最大水灰比、最大碱含量以及结构型式和专门的防护措施等具体规定来保证混凝土结构的耐久性。

模块 2　混凝土结构的耐久性要求

混凝土结构的耐久性与结构所处的环境类别、结构使用条件、结构形式和细部构造、结构表面保护措施以及施工质量等均有关系。耐久性设计的基本原则是根据结构或构件所处的环境及腐蚀程度,选择相应技术措施和构造要求,保证结构或构件达到预期的使用寿命。

1.混凝土结构所处的环境类别

《水工混凝土结构设计规范》(SL 191—2008)首先具体划分了建筑物所处的环境类别,要求处于不同环境类别的结构满足不同的耐久性控制要求。规范根据室内室外、水下地下、淡水海水等将环境条件划分为五个环境类别,具体参见附录 D-1。

永久性水工混凝土结构在设计时,一般是根据结构所处的环境类别提出相应的耐久性要求,也可根据结构表层保护措施(涂层或专设面层等)的实际情况及预期的施工质量控制水平,将环境类别适当提高或降低。

对临时性建筑物及大体积结构的内部混凝土可不提出耐久性要求。

2.保证耐久性的技术措施及构造要求

1)混凝土原材料的选择和施工质量控制

为保证结构具有良好耐久性,首先应正确选用混凝土原材料。例如,环境水对混凝土有硫酸盐侵蚀性时,应优先选用抗硫酸盐水泥;有抗冻要求时,应优先选用大坝水泥及硅酸盐水泥并掺用引气剂;位于水位变化区的混凝土宜避免采用火山灰质硅酸盐水泥等。对于骨料应控制杂质的含量;对于水工混凝土而言,特别应避免含有活性氧化硅以致会引起碱-集料反应的骨料。

影响耐久性的一个重要因素是混凝土本身的质量,因此混凝土的配合比设计、拌和、运输、浇筑、振捣和养护等均应严格遵照施工规范的规定,尽量提高混凝土的密实性和抗渗性,从根本上提高混凝土的耐久性。

2)混凝土耐久性的基本要求

碳化与钢筋生锈是影响钢筋混凝土结构耐久性的主要因素。混凝土中的水泥在水化过程中生成氢氧化钙,使得混凝土的孔隙水呈碱性,一般 pH 值可达到 13 左右,在如此高 pH 值情况下,钢筋表面就生成一层极薄的氧化膜,称为钝化膜,它能起到保护钢筋防止锈蚀的作用。但大气中的二氧化碳或其他酸性气体,通过混凝土中的毛细孔隙,渗入混凝土内,在有水分存在的条件下,与混凝土中的碱性物质发生中性化的反应,就会使混凝土的碱度(即 pH 值)降低,这一过程称为混凝土的碳化。

当碳化深度超过混凝土保护层厚度而达到钢筋表层时,钢筋表面的钝化膜就遭到破坏,在同时存在氧气和水分的条件下,钢筋发生电化学反应,钢筋就开始生锈。

钢筋的锈蚀会引起锈胀,导致混凝土沿钢筋出现顺筋裂缝,严重时会发展到混凝土保护层剥落。最终使结构承载力降低,严重影响结构的耐久性。

同时,碳化还会引起混凝土收缩,使混凝土表面产生微细裂缝,混凝土表层强度降低。

在混凝土浇筑过程中会有气体侵入而形成气泡和孔穴。在水泥水化期间,水泥浆体中随多余的水分蒸发会形成毛细孔和水隙,同时由于水泥浆体和骨料的线膨胀系数及弹模的不同,其界面会产生许多微裂缝。混凝土强度等级越高、水泥用量越多,微裂缝就越不容易出现,混凝土密实性就越好。同时,混凝土强度等级越高,抗风化能力越强;水泥用量越多,混凝土碱性越高,抗碳化能力就越强。

水灰比越大,水分蒸发形成的毛细孔和水隙就越多,混凝土密实性越差,混凝土内部越容易受外界环境的影响。试验证明,当水灰比小于 0.3 时,钢筋不会锈蚀。国外海工混凝土建筑的水灰比一般控制在 0.45 以下。

氯离子含量是海洋环境或使用除冰盐环境钢筋锈蚀的主要因素,氯离子含量越高,混凝土越容易碳化,钢筋越易锈蚀。

碱-骨料反应生成的碱活性物质在吸水后体积膨胀,会引起混凝土胀裂、强度降低,甚至导致结构破坏。

因此,对混凝土最低强度等级、最小水泥用量、最大水灰比、最大氯离子含量、最大碱含量等应给予规定。《水工混凝土结构设计规范》(SL 191—2008)的规定如下。

(1)对于设计使用年限为 50 年的水工结构,配筋混凝土的最低强度等级、最小水泥用量、最大水灰比、最大氯离子含量、最大碱含量等宜符合表 10-1 所示的耐久性基本要求。素混凝土结构的耐久性基本要求可按表 10-1 适当降低。

(2)设计使用年限为 100 年的水工结构,混凝土耐久性基本要求除满足表 10-1 的规定外,尚应满足:①混凝土强度等级宜按表 10-1 的规定提高一级;②混凝土中的氯离子含量不应大于 0.06%;③未经论证,混凝土不应采用碱活性骨料。

表 10-1　配筋混凝土耐久性基本要求

环境类别	混凝土最低强度等级	最小水泥用量 $/(kg/m^3)$	最大水灰比	最大氯离子含量/(%)	最大碱含量 $/(kg/m^3)$
一	C20	220	0.60	1.0	不限制
二	C25	260	0.55	0.3	3.0
三	C25	300	0.50	0.2	3.0
四	C30	340	0.45	0.1	2.5
五	C35	360	0.40	0.06	2.5

注:(1)配置钢丝、钢绞线的预应力混凝土构件的混凝土最低强度等级不宜小于 C40,最小水泥用量不宜少于 $300kg/m^3$;

(2)当混凝土中加入优质活性掺和料或能提高耐久性的外加剂时,可适当降低最小水泥用量;

(3)桥梁上部结构及处于露天环境的梁、柱结构,混凝土强度等级不宜低于 C25;

(4)氯离子含量系指其占水泥用量的百分率;预应力混凝土构件中的氯离子含量不宜大于 0.06%;

(5)水工混凝土结构的水下部分,不宜采用碱活性骨料;

(6)处于三、四类环境条件且受冻严重的结构构件,混凝土的最大水灰比应按《水工建筑物抗冰冻设计规范》(SL 211—2006)的规定执行;

(7)炎热地区的海水水位变化区和浪溅区,混凝土的各项耐久性基本要求宜按表中的规定适当加严。

3)钢筋的混凝土保护层厚度

对钢筋混凝土结构来说,耐久性强弱主要取决于钢筋是否锈蚀。而钢筋锈蚀的条件首先取决于混凝土碳化达到钢筋表面的时间 t,t 正比于混凝土保护层厚度 c 的平方。所以,混凝土保护层的厚度 c 及密实性是决定结构耐久性的关键。混凝土保护层不仅要有一定的厚度,更重要的是必须浇筑、振捣密实。

按环境类别的不同,《水工混凝土结构设计规范》(SL 191—2008)规定:

纵向受力钢筋的混凝土保护层厚度(从钢筋外边缘算起)不应小于附录表 C-1 所列的数值,同时也不应小于钢筋直径及粗骨料最大粒径的 1.25 倍;

板、墙、壳中分布钢筋的混凝土保护层厚度不应小于附录表 C-1 中相应数值减 10mm,且不应小于 10mm;梁、柱中箍筋和构造钢筋的保护层厚度不应小于 15mm;钢筋端头保护层厚度不应小于 15mm;

对设计使用年限为 100 年的水工结构,混凝土保护层厚度应按附录表 C-1 的规定适当增加,并切实保证混凝土保护层的密实性。

4)混凝土的抗渗等级

混凝土越密实,水灰比越小,其抗渗性能越好。混凝土的抗渗性能用抗渗等级表示,水工混凝土抗渗等级分为 W2、W4、W6、W8、W10、W12 六级,一般按 28d 龄期的标准试件测定,也可根据建筑物开始承受水压力的时间,利用 60d 或 90d 龄期的试件测定抗渗等级。掺用加气剂、减水剂可显著提高混凝土的抗渗性能。

《水工混凝土结构设计规范》(SL 191—2008)规定,结构所需的混凝土抗渗等级应根据所承受的水头、水力梯度,以及下游排水条件、水质条件和渗透水的危害程度等因素确定,并不应低于表 10-2 所示的规定值。

表 10-2　混凝土抗渗等级的最小允许值

项 次	结构类型及运用条件		抗 渗 等 级
1	大体积混凝土结构的下游面及建筑物内部		W2
2	大体积混凝土结构的挡水面	$H < 30$	W4
		$30 \leqslant H < 70$	W6
		$70 \leqslant H < 150$	W8
		$H \geqslant 150$	W10
3	素混凝土及钢筋混凝土结构构件的背水面可自由渗水者	$i < 10$	W4
		$10 \leqslant i < 30$	W6
		$30 \leqslant i < 50$	W8
		$i \geqslant 50$	W10

注:(1)表中 H 为水头,m;i 为水力梯度;

(2)当结构表层设有专门可靠的防渗层时,表中规定的混凝土抗渗等级可适当降低;

(3)承受侵蚀性水作用的结构,混凝土抗渗等级应进行专门的试验研究,但不应低于 W4;

(4)位置在地基中的结构构件(如基础防渗墙等),可按照表中项次 3 的规定选择混凝土抗渗等级;

(5)对背水面可自由渗水的素混凝土及钢筋混凝土结构构件,当水头 H 小于 10m 时,其混凝土抗渗等级可根据表中项次 3 降低一级;

(6)对严寒、寒冷地区且水力梯度较大的结构,其抗渗等级应按表中的规定提高一级。

5)混凝土的抗冻等级

混凝土处于冻融交替环境中时,渗入混凝土内部空隙中的水分在低温下结冰后体积膨胀,使混凝土产生胀裂,经多次冻融循环后将导致混凝土疏松剥落,引起混凝土结构的破坏。调查结果表明,在严寒或寒冷地区,水工混凝土的冻融破坏有时是极为严重的,特别是在长期潮湿的建筑物阴面或水位变化部位。例如,我国东北地区的丰满水电站,由于在 1943—1947 年浇筑混凝土时,质量不好并对抗冻性能注意不够,十几年后,混凝土就发生了大面积的冻融破坏,剥蚀深度一般在 200～300mm,最严重处达到了 600～1000mm 厚。此外,实践还表明,即使在气候温和的地区,如抗冻性不足,混凝土也会发生冻融破坏以致剥蚀露筋。

混凝土的抗冻性用抗冻等级来表示,可按 28d 龄期的试件用快冻试验方法测定,分为 F400、F300、F250、F200、F150、F100、F50 等七级。经论证,也可用 60d 或 90d 龄期的试件测定。

对于有抗冻要求的结构,应按表 10-3 根据气候分区、冻融循环次数、表面局部小气候条件、水分饱和程度、结构构件重要性和检修条件等选定抗冻等级。在不利因素较多时,可选用高一级的抗冻等级。

表 10-3　抗冻等级

项次	气候分区	严寒		寒冷		温和
	年冻融循环次数/次	≥100	<100	≥100	<100	—
1	受冻严重且难以检修的部位: (1)水电站尾水部位、蓄能电站进出口冬季水位变化区的构件、闸门槽二期混凝土、轨道基础; (2)冬季通航或受电站尾水位影响的不通航船闸的水位变化区的构件、二期混凝土; (3)流速大于 25m/s、过冰、多沙或多推移质的溢洪道,深孔或其他输水部位的过水面及二期混凝土; (4)冬季有水的露天钢筋混凝土压力水管、渡槽、薄壁充水闸门井	F400	F300	F300	F200	F100
2	受冻严重但有检修条件的部位: (1)大体积混凝土结构上游面冬季水位变化区; (2)水电站或船闸的尾水渠,引航道的挡墙、护坡; (3)流速小于 25m/s 的溢洪道、输水洞(孔)、引水系统的过水面; (4)易积雪、结霜或饱和的路面、平台栏杆、挑檐、墙、板、梁、柱、墩、廊道或竖井的单薄墙壁	F300	F250	F200	F150	F50
3	受冻较重部位: (1)大体积混凝土结构外露的阴面部位; (2)冬季有水或易长期积雪结冰的渠系建筑物	F250	F200	F150	F100	F50

项次	气候分区		严寒		寒冷		温和
	年冻融循环次数/次		≥100	<100	≥100	<100	—
4	受冻较轻部位: (1)大体积混凝土结构外露的阳面部位; (2)冬季无水干燥的渠系建筑物; (3)水下薄壁构件; (4)流速大于 25m/s 的水下过水面		F200	F150	F100	F100	F50
5	水下、土中及大体积内部的混凝土		F50	F50	—	—	—

注:(1)年冻融循环次数分别按一年内气温从+3℃以上降至-3℃以下,然后回升到+3℃以上的交替次数和一年中日平均气温低于 3℃期间设计预定水位的涨落次数统计,并取其中的大值。

(2)气候分区划分标准为:

严寒地区:累年最冷月平均气温低于或等于-10℃的地区;

寒冷地区:累年最冷月平均气温高于-10℃、低于或等于-3℃的地区;

温和地区:累年最冷月平均气温高于-3℃的地区。

(3)冬季水位变化区指运行期内可能遇到的冬季最低水位以下 0.5～1m 至冬季最高水位以上 1m(阳面)、2m(阴面)、4m(水电站尾水区)的区域。

(4)阳面指冬季大多为晴天,平均每天有 4h 阳光照射,不受山体或建筑物遮挡的表面,否则均按阴面考虑。

(5)累年最冷月平均气温低于-25℃地区的混凝土抗冻等级应根据具体情况研究确定。

抗冻混凝土必须掺加引气剂。其水泥、掺和料、外加剂的品种和数量、水灰比、配合比及含气量等指标应通过试验确定或按照《水工建筑物抗冰冻设计规范》(SL 211—2006)选用。海洋环境中的混凝土即使没有抗冻要求也宜适当掺加引气剂。

6)混凝土的抗化学侵蚀要求

侵蚀性介质的渗入,造成混凝土中的一些成分被溶解、流失,引起混凝土发生孔隙和裂缝,甚至松散破碎;有些侵蚀性介质与混凝土中的一些成分反应后的生成物体积膨胀,引起混凝土结构胀裂破坏。常见的一些主要侵蚀性介质和引起腐蚀的原因有硫酸盐腐蚀、酸腐蚀、海水腐蚀、盐酸类结晶型腐蚀等。海水除对混凝土造成腐蚀外,还会造成钢筋锈蚀或加快钢筋的锈蚀速度。

对处于化学侵蚀性环境中的混凝土,应采用抗侵蚀性水泥,掺用优质活性掺和料,必要时可同时采用特殊的表面涂层等防护措施。

化学侵蚀环境中宜测定水中或土中 SO_4^{2-}、水中 Mg^{2+} 和水中 CO_2 的含量及水的 pH 值,根据其含量和水的酸性按表 10-4 所列数值范围确定化学侵蚀的程度。

表 10-4　化学侵蚀性分类

化学侵蚀程度	水中 SO_4^{2-} 含量 /(mg/L)	土中 SO_4^{2-} 含量 /(mg/kg)	水中 Mg^{2+} 含量 /(mg/L)	水的 pH 值	水中 CO_2 含量 /(mg/L)
轻度	200～1000	300～1500	300～1000	5.5～6.5	15～30
中度	1000～4000	1500～6000	1000～3000	4.5～5.5	30～60
严重	4000～10000	6000～15000	≥3000	4.0～4.5	60～100

对于可能遭受高浓度除冰盐和氯盐严重侵蚀的配筋混凝土表面和部位,宜浸涂或覆盖防腐材料,在混凝土中加入阻锈剂,受力钢筋宜采用环氧树脂涂层带肋钢筋,对于预应力筋、锚具及连接器应采取专门的防护措施,对于重要的结构还可考虑采用阴极保护措施。

7)结构型式与配筋

当技术条件不能保证结构所有构(部)件均能达到与结构设计使用年限相同的耐久性时,在设计中应规定这些构(部)件在设计使用年限内需要进行大修或更换的次数。凡列为需要大修或更换的构件,在设计时应考虑其能具有修补或更换的施工操作条件。不具备单独修补或更换条件的结构构件,其设计使用年限应与结构的整体设计使用年限相同。

结构的型式应有利于排除积水,避免水气凝聚和有害物质积聚于区间。当环境类型为三、四、五类时,结构的外形应力求规整,应尽量避免采用薄壁、薄腹及多棱角的结构型式。这些形式暴露面大,比平整表面更易使混凝土碳化从而导致钢筋更易锈蚀。

一般情况下尽可能采用细直径、密间距的配筋方式,以使横向的受力裂缝能分散和变细。但在某些结构部位,如闸门门槽,构造钢筋及预埋件特别多,若又加上过密的配筋,反而会造成混凝土浇筑不易密实的缺陷,不密实的混凝土保护层将严重降低结构的耐久性。因此,配筋方式应全面考虑而不片面强调细而密的方式。

当构件处于严重锈蚀环境时,普通受力钢筋直径不宜小于 16mm。处于三、四、五类环境类别中的预应力混凝土构件,宜采用密封和防腐性能良好的孔道管,不宜采用抽孔法形成的孔道。如不采用密封护套或孔道管,则不应采用细钢丝作预应力筋。

处于严重锈蚀环境的构件,暴露在混凝土外的吊环、紧固件、连接件等铁件应与混凝土中的钢筋隔离。预应力锚具与孔道管或护套之间需有防腐连接套管。预应力的锚头应采用无收缩高性能的细石混凝土或水泥基聚合物混凝土封端。

对于遭受高速水流空蚀的部位,应采用合理的结构型式、改善通气条件、提高混凝土密实度、严格控制结构表面的平整度或设置专门可靠防护面层等措施。在有泥沙磨蚀的部位,应采用质地坚硬的骨料、降低水灰比、提高混凝土强度等级、改进施工方法,必要时还应采用耐磨护面材料或纤维混凝土。

同时,结构构件在正常使用阶段的受力裂缝也应控制在允许的范围内,特别是对于配置高强钢丝的预应力混凝土构件则必须严格抗裂。因为,高强钢丝如稍有锈蚀就易引发应力腐蚀而脆断。

任务 2　变形验算

知识目标

掌握对其挠度进行控制、钢筋混凝土受弯构件截面刚度计算公式及适用情况、钢筋混凝土受弯构件挠度计算公式及适用情况。

能力目标

能进行简单的钢筋混凝土受弯构件截面刚度计算和钢筋混凝土受弯构件挠度计算。

模块 1　变形验算一般要求

对建筑结构中的屋盖、楼盖及楼梯等受弯构件,由于使用上的要求并保证人们的感觉在可接受程度之内,需要对其挠度进行控制。对于吊车梁或门机轨道梁等构件,变形过大时会妨碍吊车或门机的正常行驶,也需要进行变形控制验算。钢筋混凝土受弯构件的变形计算是指对其挠度进行验算,按荷载标准组合并考虑长期作用影响计算的挠度最大值 $a_{f,max}$ 应满足

$$a_{f,max} \leqslant a_{f,lim} \tag{10-1}$$

式中: $a_{f,lim}$ ——受弯构件的挠度限值,可由附录表 D-3 查得。

模块 2　钢筋混凝土受弯构件截面刚度的求解

由式(10-1)可见,钢筋混凝土受弯构件的挠度验算主要是计算 $a_{f,max}$ 。由于钢筋混凝土受弯构件在荷载作用下其截面应变符合平截面假定,因此其挠度计算可直接应用材料力学公式。

在材料力学中,受弯构件的挠度一般可用虚功原理等方法求得。对于常见的匀质弹性受弯构件,材料力学直接给出了如下挠度计算公式:

$$a_f = s \frac{M}{EI} l^2 = s\phi l^2 \tag{10-2}$$

式中: ϕ ——截面曲率, $\phi = M/EI$;

　　s ——与荷载形式、支承条件有关的挠度系数,如对于均布荷载作用下的简支梁,$s = 5/48$ 。

在材料力学中,由于截面抗弯刚度 EI 是常数,因此由式(10-2)可知,其弯矩 M 与挠度 a_f 以及弯矩 M 与截面曲率 ϕ 均呈线性关系,如图 10-1 中的虚线所示。

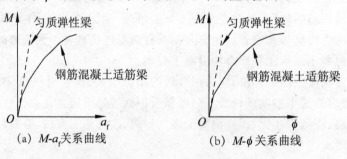

(a) M-a_f 关系曲线　　　　　(b) M-ϕ 关系曲线

图 10-1　M-a_f 与 M-ϕ 关系曲线

由前面内容可知,对于钢筋混凝土适筋梁,其弯矩 M 与挠度 a_f 以及弯矩 M 截面曲率 ϕ 间的关系如图 10-1 的实线所示。可见其截面刚度不是常数,而是随着弯矩的变化而变化。因此求钢筋混凝土受弯构件的挠度,关键是求其截面的抗弯刚度。

在荷载标准组合作用下,钢筋混凝土受弯构件的截面抗弯刚度,简称短期刚度,用 B_s 表示;在荷载标准组合并考虑长期作用影响的截面抗弯刚度,简称长期刚度,用 B 表示。

1)短期刚度 B_s 的计算

对于要求不出现裂缝的构件,可将混凝土开裂前的 M-ϕ 曲线(见图 10-1)视为直线,其斜率就是截面的抗弯刚度,即

$$B_s = 0.85 E_c I_0 \tag{10-3}$$

式中: I_0 ——换算截面惯性矩。

对于允许出现裂缝的构件,研究其带裂缝工作阶段的刚度,取构件的纯弯段进行分析,如图 10-2 所示。裂缝出现后,受压混凝土和受拉钢筋的应变沿构件长度方向的分布是不均匀

的,中和轴沿构件长度方向的分布呈波浪状,曲率分布也是不均匀的;裂缝截面曲率最大;裂缝中间截面曲率最小。为简化计算,截面上的应变、中和轴位置、曲率均采用平均值。根据平均应变的平截面假定,由图 10-2 所示的几何关系可得平均曲率

$$\phi = \frac{1}{r} = \frac{\varepsilon_{sm} + \varepsilon_{cm}}{h_0} \tag{10-4}$$

式中:r ——与平均中和轴相应的平均曲率半径;

ε_{sm} ——裂缝截面之间钢筋的平均拉应变;

ε_{cm} ——裂缝截面之间受压区边缘混凝土的平均压应变;

h_0 ——截面的有效高度。

由式(10-4)及曲率、弯矩和刚度间的关系 $\phi = M/B_s$ 可得

$$B_s = \frac{M_k h_0}{\varepsilon_{sm} + \varepsilon_{cm}} \tag{10-5}$$

ε_{sm} 可按下式计算:

$$\varepsilon_{sm} = \psi \varepsilon_s = \psi \frac{M_k}{\eta h_0 A_s E_s} \tag{10-6}$$

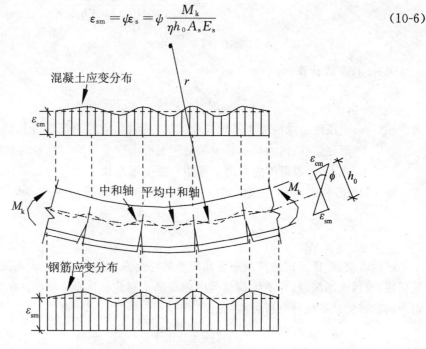

图 10-2 梁纯弯段内混凝土和钢筋应变

对于图 10-3 所示的 I 形截面,其受压区面积为

$$A_c = (b'_f - b) h'_f + bx = (\gamma'_f + \xi) b h_0 \tag{10-7}$$

由于受压区混凝土的应力图形为曲线分布,在计算受压边缘混凝土应力 σ_c 时,应引入应力图形丰满系数 ω ,于是受压混凝土压应力合力可表示为

$$C = \omega \sigma_c (\gamma'_f + \xi) b h_0 \tag{10-8}$$

由对受拉钢筋应力合力作用点取矩的平衡条件可得

$$\sigma_c = \frac{M_k}{\omega (\gamma'_f + \xi) b h_0 \eta h_0} \tag{10-9}$$

考虑混凝土的弹塑性变形性能,取变形模量为 $v_c E_c$ (v_c 为混凝土弹性特征系数),同时引

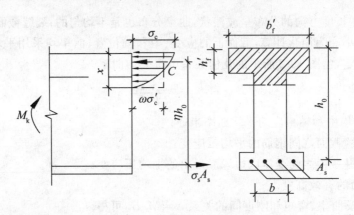

图 10-3　I 形截面应力分布图

入受压区混凝土应变不均匀系数 ψ_c，则

$$\varepsilon_{cm} = \psi_c \varepsilon_c = \psi_c \frac{M_k}{\omega(\gamma'_f + \xi) bh_0 \eta h_0 \nu_c E_c} \qquad (10\text{-}10)$$

令

$$\zeta = \frac{\omega(\gamma'_f + \xi) \eta \nu_c}{\psi_c} \qquad (10\text{-}11)$$

则 ε_{cm} 按下式计算：

$$\varepsilon_{cm} = \psi_c \varepsilon_c = \frac{M_k}{\zeta bh_0^2 E_c} \qquad (10\text{-}12)$$

式中：ζ——受压区边缘混凝土平均应变的综合系数，它综合反映受压区混凝土塑性、应力图形完整性、内力臂系数及裂缝间混凝土应变不均匀性等因素的影响。从材料力学观点，ζ 也可称为截面的弹塑性抵抗矩系数。

将式（10-6）和式（10-12）代入式（10-5），并取 $\alpha_E = E_s/E_c$，$\rho = A_s/bh_0$，$\eta = 0.87$，得

$$B_s = \frac{E_s A_s h_0^2}{1.15\psi + \dfrac{\alpha_E \rho}{\zeta}} \qquad (10\text{-}13)$$

试验表明，受压区边缘混凝土平均应变的综合系数 ζ 随荷载增大而减小，在裂缝出现后降低很快，而后逐渐缓慢，在使用荷载范围内则基本稳定。因此，对 ζ 的取值可不考虑荷载的影响。通过试验结果统计分析可得（见图 10-4）：

$$\frac{\alpha_E \rho}{\zeta} = 0.2 + \frac{6\alpha_E \rho}{1 + 3.5\gamma'_f} \qquad (10\text{-}14)$$

将式（10-14）代入式（10-13），可得钢筋混凝土受弯构件短期刚度 B_s 的计算公式为

$$B_s = \frac{E_s A_s h_0^2}{1.15\psi + 0.2 + \dfrac{6\alpha_E \rho}{1 + 3.5\gamma'_f}} \qquad (10\text{-}15)$$

式中：ψ 按 $\psi = 1.0 - \dfrac{\alpha f_t}{\sigma_s \rho_{te}}$ 计算；γ'_f 按 $\gamma'_f = \dfrac{(b'_f - b)h'_f}{bh_0}$ 计算。

2. 长期刚度 B 的计算

钢筋混凝土受弯构件在荷载持续作用下，由于受压区混凝土的徐变、受拉混凝土的应力松弛以及受拉钢筋和混凝土之间的滑移徐变，导致挠度将随时间而不断缓慢增长，也就是构件的抗弯刚度将随时间而不断缓慢降低，这一过程往往持续数年之久。

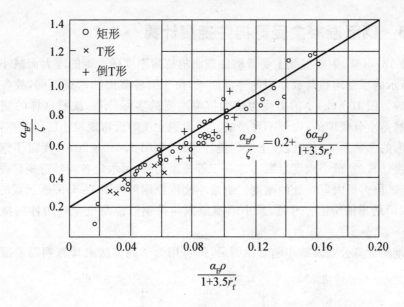

图 10-4 ζ 的取值统计分析

荷载长期作用下的挠度增大系数用 θ 表示，根据试验结果，θ 可按下式计算：

$$\theta = 2.0 - 0.4\rho'/\rho \tag{10-16}$$

式中：ρ、ρ'——分别为纵向受拉和受压钢筋的配筋率。当 $\rho'/\rho > 1$ 时，取 $\rho'/\rho = 1$。对于翼缘
在受拉区的 T 形截面 θ 值应比式(10-16)的计算值增大 20%。

为分析方便，将 M_k 分成 M_q 和 $M_k - M_q$ 两部分。在 M_q 和 $M_k - M_q$ 先后作用于构件时的
弯矩-曲率关系可用图 10-5 表示。图中，M_k 按荷载标准组合算得，M_q 按荷载准永久组合
算得。

由图 10-5 及弯矩、曲率和刚度关系可得

$$\frac{1}{r_1} = \frac{M_q}{B_s}, \quad \frac{1}{r_2} = \frac{M_k - M_q}{B_s}, \quad \frac{1}{r} = \frac{M_k}{B} \tag{10-17}$$

则

$$\frac{1}{r} = \frac{\theta}{r_1} + \frac{1}{r_2} = \frac{\theta M_q}{B_s} + \frac{M_k - M_q}{B_s} = \frac{M_q(\theta - 1) + M_k}{B_s}$$

从而

$$B = \frac{M_k}{M_q(\theta - 1) + M_k} B_s \tag{10-18}$$

从式(10-15)及式(10-18)的刚度计算公式分析可
知，提高截面刚度最有效的措施是增加截面高度；增加
受拉或受压翼缘可使刚度有所增加；当设计上构件截
面尺寸不能加大时，可考虑增加纵向受拉钢筋截面积
或提高混凝土强度等级来提高截面刚度，但其作用不
明显；对某些构件还可以充分利用纵向受压钢筋对长
期刚度的有利影响，在构件受压区配置一定数量的受
压钢筋来提高截面刚度。

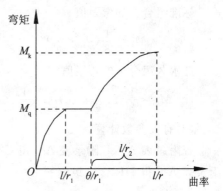

图 10-5 弯矩-曲率关系

模块3　钢筋混凝土受弯构件挠度计算

由式(10-18)可知,钢筋混凝土受弯构件截面的抗弯刚度随弯矩的增大而减小。即使对于图 10-6(a)所示的承受均布荷载作用的等截面梁,由于梁各截面的弯矩不同,故各截面的抗弯刚度都不相等。图 10-6(b)中的实线为该梁抗弯刚度的实际分布,按照这样的变刚度来计算梁的挠度显然是十分烦琐的,也是不可能的。考虑到支座附近弯矩较小区段虽然刚度较大,但它对全梁变形的影响不大,故《混凝土结构设计规范》(GB 50010—2010)规定了钢筋混凝土受弯构件的挠度计算的"最小刚度原则",即对于等截面构件,可假定各同号弯矩区段内的刚度相等,并取用该区段内最大弯矩处的刚度。由最小刚度原则可得图 10-6(a)所示梁的抗弯刚度分布如图 10-6(b)的虚线所示。可见,最小刚度原则使得钢筋混凝土受弯构件的挠度计算变得简便可行。

有了刚度的计算公式及最小刚度原则后,即可用力学的方法来计算钢筋混凝土受弯构件的最大挠度 $a_{f,max}$。

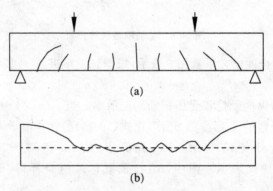

(a)

(b)

图 10-6　沿梁长的刚度分布

【例 10-1】　某钢筋混凝土矩形截面梁,$bh = 200\text{mm} \times 400\text{mm}$,计算跨度 $l_0 = 5.4\text{m}$,采用 C20 混凝土,配有 $3\phi18(A_s = 763\text{mm}^2)$ HRB335 级纵向受力钢筋。承受均布永久荷载标准值为 $g_k = 5.0\text{kN/m}$,均布活荷载标准值 $q_k = 10\text{kN/m}$,活荷载准永久系数 $\psi_q = 0.5$。如果该构件的挠度限值为 $l_0/250$,试验算该梁的跨中最大变形是否满足要求。

解　(1)求弯矩标准值。

标准组合下的弯矩值

$$M_k = \frac{1}{8}(g_k + q_k)l_0^2 = \frac{1}{8} \times (5 + 10) \times 5.4^2 \text{kN} \cdot \text{m} = 54.68\text{kN} \cdot \text{m}$$

准永久组合下的弯矩值

$$M_q = \frac{1}{8}(g_k + q_k\psi_q)l_0^2 = \frac{1}{8} \times (5 + 10 \times 0.5) \times 5.4^2 \text{kN} \cdot \text{m} = 36.45\text{kN} \cdot \text{m}$$

(2)有关参数计算。

查附录表 A-1 和附录表 A-3 得 C20 混凝土 $f_{tk} = 1.54\text{N/mm}^2$, $E_c = 2.55 \times 10^5 \text{N/mm}^2$; 查附录表 A-8 得 HRB335 级钢筋 $E_s = 2.0 \times 10^5 \text{N/mm}^2$。

$$\rho_{te} = \frac{A_s}{0.5bh} = \frac{763}{0.5 \times 200 \times 400} = 0.0191 > 0.010$$

$$\sigma_{sk} = \frac{M_k}{0.87 h_0 A_s} = \frac{54.68 \times 10^6}{0.87 \times 365 \times 763} \text{N/mm}^2 = 225.68 \text{ N/mm}^2$$

$$\psi = 1.1 - 0.65 \frac{f_{tk}}{\rho_{te} \sigma_{sk}} = 1.1 - 0.65 \times \frac{1.54}{0.0191 \times 225.68} = 0.868 > 0.2 \text{ 且 } \psi < 1.0$$

$$\alpha_E = \frac{E_s}{E_c} = \frac{2.0 \times 10^5}{2.55 \times 10^4} = 7.84$$

$$\rho = \frac{A_s}{b h_0} = \frac{763}{200 \times 365} = 0.0105$$

(3)计算短期刚度 B_s。

$$B_s = \frac{E_s A_s h_0^2}{1.15\psi + 0.2 + 6\alpha_E \rho} = \frac{2.0 \times 10^5 \times 763 \times 365^2}{1.15 \times 0.868 + 0.2 + 6 \times 7.84 \times 0.0105} \text{N·mm}^2$$

$$= 1.20 \times 10^{13} \text{N·mm}^2$$

(4)计算长期刚度 B。

$\rho' = 0, \theta = 2.0$,则

$$B = \frac{M_k}{M_k + (\theta - 1)M_q} B_s = \frac{54.68}{54.68 + (2.0 - 1) \times 36.45} \times 1.20 \times 10^{13} \text{N·mm}^2$$

$$= 7.2 \times 10^{12} \text{N·mm}^2$$

(5)挠度计算。

$$a_{f,max} = \frac{5}{48} \cdot \frac{M_k l_0^2}{B} = \frac{5}{48} \times \frac{54.68 \times 10^6 \times 5.4^2 \times 10^6}{7.20 \times 10^{12}} \text{mm} = 23.07 \text{mm} > \frac{l_0}{250} = 21.6 \text{mm}$$

显然该梁跨中挠度不满足要求。

【例 10-2】　例 10-1 中的矩形梁采用 C25 混凝土,其他条件不变,试验算该梁的跨中最大变形是否满足要求。

解　由例 10-1 可得

$$M_k = 54.68 \text{kN·m}, \ M_q = 36.45 \text{kN·m}, \ \rho_{te} = 0.0191,$$

$$\sigma_{sk} = 225.68 \text{ N/mm}^2, \ \rho = 0.0105$$

查附录表 A-1 和表 A-3 得 C25 混凝土 $f_{tk} = 1.78 \text{N/mm}^2$, $E_c = 2.80 \times 10^5 \text{N/mm}^2$,则

$$\psi = 1.1 - 0.65 \frac{f_{tk}}{\rho_{te} \sigma_{sk}} = 1.1 - 0.65 \times \frac{1.78}{0.0191 \times 225.68} = 0.832 > 0.2 \text{ 且 } \psi < 1.0$$

$$\alpha_E = \frac{E_s}{E_c} = \frac{2.0 \times 10^5}{2.80 \times 10^4} = 7.14$$

短期刚度 B_s 为

$$B_s = \frac{E_s A_s h_0^2}{1.15\psi + 0.2 + 6\alpha_E \rho} = \frac{2.0 \times 10^5 \times 763 \times 365^2}{1.15 \times 0.832 + 0.2 + 6 \times 7.14 \times 0.0105} \text{N·mm}^2$$

$$= 1.26 \times 10^{13} \text{N·mm}^2$$

长期刚度 B 为

$$B = \frac{M_k}{M_E + (\theta - 1)M_q} B_s = \frac{54.68}{54.68 + (2.0 - 1) \times 36.45} \times 1.26 \times 10^{13} \text{N·mm}^2$$

$$= 7.56 \times 10^{12} \text{N·mm}^2$$

挠度计算和变形验算

$$a_{f,max} = \frac{5}{48} \cdot \frac{M_k l_0^2}{B} = \frac{5}{48} \times \frac{54.68 \times 10^6 \times 5.4^2 \times 10^6}{7.56 \times 10^{12}} = 21.97 \text{mm} > \frac{l_0}{250} = 21.6 \text{mm}$$

该梁跨中挠度不满足要求。

如果混凝土选用 C30,可以计算出相应的变形为 21mm,基本满足要求。由此可见,提高混凝土的强度对减小挠度不很明显,换句话说,对构件刚度的提高不很明显。

【例 10-3】 例 10-1 中的矩形梁,截面高度变为 450mm,其他条件不变,试验算该梁的跨中最大变形是否满足要求。

解 由例 10-1 可得

$$M_k=54.68kN \cdot m, M_q=36.45kN \cdot m, \rho_{te}=0.0191, \sigma_{sk}=225.68 N/mm^2, \rho=0.0105,$$
$$E_c=2.55\times10^5 N/mm^2, \quad \alpha_E=7.84$$

$$\rho_{te}=\frac{A_s}{0.5bh}=\frac{763}{0.5\times200\times450}=0.0170>0.010$$

$$\rho=\frac{A_s}{bh_0}=\frac{763}{200\times415}=0.0092$$

$$\sigma_{sk}=\frac{M_k}{0.87h_0A_s}=\frac{54.68\times10^6}{0.87\times415\times763}N/mm^2=198.49 N/mm^2$$

则 $\psi=1.1-0.65\frac{f_{tk}}{\rho_{te}\sigma_{sk}}=1.1-0.65\times\frac{1.54}{0.0170\times198.49}=0.803>0.2$ 且 $\psi<1.0$。

计算短期刚度 B_s:

$$B_s=\frac{E_sA_sh_0^2}{1.15\psi+0.2+6\alpha_E\rho}=\frac{2.0\times10^5\times763\times415^2}{1.15\times0.803+0.2+6\times7.84\times0.0092}N \cdot mm^2$$
$$=1.69\times10^{13}N \cdot mm^2$$

计算长期刚度 B:

$$B=\frac{M_k}{M_k+(\theta-1)M_q}B_s=\frac{54.68}{54.68+(2.0-1)\times36.45}\times1.69\times10^{13}N \cdot mm^2$$
$$=1.01\times10^{12}N \cdot mm^2$$

挠度计算和变形验算:

$$a_{f,max}=\frac{5}{48}\cdot\frac{M_kl_0^2}{B}=\frac{5}{48}\times\frac{54.68\times10^6\times5.4^2\times10^6}{1.01\times10^{13}}mm=16.44mm<\frac{l_0}{250}=21.6mm$$

该梁跨中挠度满足要求。

任务 3　抗 裂 验 算

知识目标

掌握裂缝的分类与成因、裂缝的危害、对裂缝的控制措施、抗裂计算。

能力目标

能进行简单的抗裂计算。

模块 1　裂缝的分类、成因、危害与控制

1. 裂缝的分类

按裂缝的产生时间可分为施工期间产生的裂缝和使用期间产生的裂缝;按裂缝的产生原因可分为非荷载因素产生的裂缝和荷载因素产生的裂缝;按裂缝的形态可分为龟裂、横向裂缝

（与构件轴线垂直）、纵向裂缝、斜裂缝、八字裂缝、X 形交叉裂缝等。

2.裂缝的成因

引起裂缝的原因很多,主要如下。非荷载因素包括混凝土收缩或温度变形受到约束,施工措施不当,基础不均匀沉降,钢筋锈蚀。荷载因素包括荷载作用。

3.裂缝的危害

裂缝的危害主要有:引起钢筋锈蚀,导致构件强度降低;外观给人以不安全感;冰冻、风化影响耐久性;影响使用功能(如水池)。

4.裂缝的控制方法

1)非荷载引起的裂缝

(1)为防止温度应力过大引起的开裂,规定了最大伸缩缝之间的间距。

(2)为防止由于钢筋周围混凝土过快碳化失去对钢筋的保护作用出现锈胀引起的沿钢筋纵向的裂缝,规定了钢筋的混凝土保护层的最小厚度。

(3)为防止混凝土干缩龟裂,加强施工阶段养护。

(4)避免不均匀沉降。

2)荷载引起的横向裂缝

裂缝的控制等级有一级、二级和三级,具体说明如下。

(1)一级:严格要求不出现裂缝的构件。按荷载效应标准组合进行验算时,构件受拉边缘混凝土不应产生拉应力。

(2)二级:一般要求不出现裂缝的构件。按荷载效应标准组合验算时,构件受拉边缘混凝土拉应力不应大于轴心抗拉强度标准值 f_{tk};而按荷载效应准永久值组合验算时,构件受拉边缘混凝土不宜产生拉应力。

(3)三级:允许出现裂缝的构件。按荷载效应标准组合并考虑荷载长期作用影响验算时,构件的最大裂缝宽度 W_{max} 不应超过最大裂缝宽度限值 W_{lim},即 $W_{max} \leqslant W_{lim}$。

模块 2　构件的变形控制

对构件进行变形控制的目的如下。

(1)保证结构的使用功能要求。结构构件产生过大的变形将影响甚至丧失其使用功能,如支承精密仪器设备的楼盖产生过大的挠度或震动将降低仪器的精度;屋面结构挠度过大会造成积水,产生渗漏;吊车梁和桥梁的过大变形会妨碍吊车和车辆的正常运行。

(2)防止对结构构件产生不良影响,如支承在砖墙上的梁端产生过大转角将使支承面积减小、反力偏心,引起墙体开裂。

(3)防止对非结构构件产生不良影响。结构变形过大会使门窗等不能正常开关,甚至导致隔墙、天花板和饰面的开裂或损坏。

(4)满足观瞻和使用者的心理要求。构件变形过大,有碍观瞻,还会引起使用者明显的不安感。

模块 3　裂缝和挠度计算中材料强度及荷载取值

裂缝和变形验算属正常使用极限状态(即第二极限状态),通常在承载力计算后进行。其可靠度也相对较低一些,应采用荷载及强度的标准值进行验算。

荷载取值:用标准值作为代表值。

荷载组合:

(1)标准组合

$$S_k = S_{Gk} + S_{Q1k} + \sum_{i=2}^{n} \psi_{ci} S_{Qik}$$

(2)准永久组合

$$S = S_{Gk} + \sum_{i=1}^{n} \psi_{qi} S_{Qik}$$

模块 4　耐久性的控制

耐久性设计的目的是指在规定的设计使用年限内,在正常维护下,必须保持适合于使用、满足既定功能的要求。

耐久性设计主要是根据结构的环境类别、设计使用年限提出了为了满足耐久性要求的相应规定。

任务 4　裂缝宽度验算

知识目标

掌握裂缝特性、裂缝的出现、分布与发展、裂缝宽度的实用计算方法。

能力目标

能进行简单的裂缝宽度的实用计算。

模块 1　裂缝成因

混凝土产生裂缝的原因十分复杂,归纳起来有外力荷载引起的裂缝和非荷载因素引起的裂缝两大类,现分述于下。

1. 外力荷载引起的裂缝

钢筋混凝土结构在使用荷载作用下,截面上的混凝土拉应变一般都是大于混凝土极限拉应变的,因而构件在使用时总是带裂缝工作。作用于截面上的弯矩、剪力、轴向拉力以及扭矩等内力都可能引起钢筋混凝土构件开裂,但不同性质的内力所引起的裂缝,其形态不同。

裂缝一般与主拉应力方向大致垂直,且最先在内力最大处产生。如果内力相同,则裂缝首先在混凝土抗拉能力最薄弱处产生。

外力荷载引起的裂缝主要有正截面裂缝和斜裂缝。由弯矩、轴心拉力、偏心拉(压)力等引起的裂缝,称为正截面裂缝或垂直裂缝;由剪力或扭矩引起的与构件轴线斜交的裂缝称为斜裂缝。

由荷载引起的裂缝主要通过合理的配筋,例如选用与混凝土黏结较好的带肋钢筋、控制使用期钢筋应力不过高、钢筋的直径不过粗、钢筋的间距不过大等措施,来控制正常使用条件下的裂缝不致过宽。

2.非荷载因素引起的裂缝

钢筋混凝土结构构件除了由外力荷载引起的裂缝外,很多非荷载因素,如温度变化、混凝土收缩、基础不均匀沉降、塑性坍落、冰冻、钢筋锈蚀以及碱骨料化学反应等都有可能引起裂缝。

1)温度变化引起的裂缝

结构构件会随着温度的变化而产生变形,即热胀冷缩。当冷缩变形受到约束时,就会产生温度应力(拉应力),当温度应力大于混凝土抗拉强度就会产生裂缝。减小温度应力的实用方法是尽可能地撤去约束,允许其自由变形。在建筑物中设置伸缩缝就是这种方法的典型例子。

大体积混凝土开裂的主要原因之一是温度应力。混凝土在浇筑凝结硬化过程中会产生大量的水化热,导致混凝土温度上升。如果热量不能很快散失,混凝土块体内外温差过大,就会产生温度应力,使结构内部受压外部受拉,如图10-7所示。混凝土在硬化初期抗拉强度很低,如果内外温度差较大,就容易出现裂缝。防止这类裂缝的措施是,采用低热水泥和在块体内部埋置块石以减少水化热,掺用优质掺合料以降水泥用量,预冷骨料及拌和用水以降低混凝土入仓温度,预埋冷却水管通水冷却,合理分层分块浇筑混凝土,加强隔热保温养护等。构件在使用过程中若内外温差大,也可能引起构件开裂。例如,钢筋混凝土倒虹吸管,内表面水温很低,外表面经太阳曝晒温度会相对较高,管壁的内表面就可能产生裂缝。为防止此类裂缝的发生或减小裂缝宽度,应采用隔热或保温措施尽量减少构件内的温度梯度,例如在裸露的压力管道上铺设填土或塑料隔热层。在配筋时也应考虑温度应力的影响。

2)混凝土收缩引起的裂缝

混凝土在结硬时会体积缩小产生收缩变形。如果构件能自由伸缩,则混凝土的收缩只是引起构件的缩短而不会导致收缩裂缝。但实际上结构构件都不同程度地受到边界约束作用,例如板受到四边梁的约束,梁受到支座的约束。对于这些受到约束而不能自由伸缩的构件,混凝土的收缩也就可能导致裂缝的产生。

在配筋率很高的构件中,即使边界没有约束,混凝土的收缩也会受到钢筋的制约而产生拉应力,也有可能引起构件产生局部裂缝。此外,新老混凝土的界面上很容易产生收缩裂缝。

混凝土的收缩变形随着时间而增长,初期收缩变形发展较快,两周可完成全部收缩量的25%,一个月约可完成50%,三个月后增长缓慢,一般两年后趋于稳定。

防止和减少收缩裂缝的措施是,合理地设置伸缩缝,改善水泥性能,降低水灰比,水泥用量不宜过多,配筋率不宜过高,在梁的支座下设置四氟乙烯垫层以减小摩擦约束,合理设置构造钢筋使收缩裂缝分布均匀,尤其要注意加强混凝土的潮湿养护。

3)基础不均匀沉降引起的裂缝

基础不均匀沉降会使超静定结构受迫变形而引起裂缝。防止的措施是,根据地基条件及上部结构形式采用合理的构造措施及设置沉降缝等。

4)混凝土塑性坍落引起的裂缝

混凝土塑性坍落发生在混凝土浇注后的头几小时内,这时混凝土还处于塑性状态,如果混凝土出现泌水现象,在重力作用下混合料中的固体颗粒有向下沉移而水向上浮动的倾向。当这种移动受到顶层钢筋骨架或者模板约束时,在表层就容易形成沿钢筋长度方向的顺筋裂缝,如图10-8所示。防止这类裂缝的措施是,仔细选择集料的级配,做好混凝土的配合比设计,特别是要控制水灰比,采用适量的减水剂施工时混凝土既不能漏振也不能过振。如一旦发生这

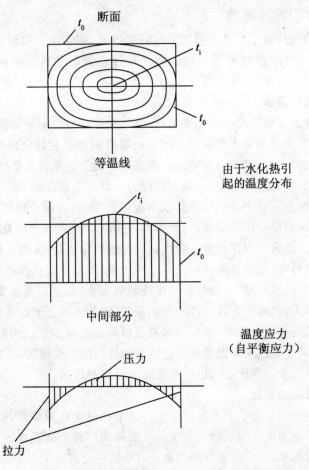

图 10-7　分化热引起的温度分布及温度应力

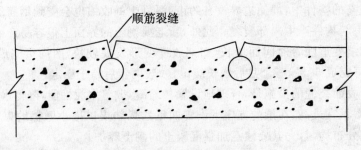

图 10-8　顺筋裂缝

类裂缝,可在混凝土终凝以前重新抹面压光,使裂缝闭合。

　　5)冰冻引起的裂缝

　　水在结冰过程中体积会增加。因此,通水孔道中结冰就可能产生沿着孔道方向的纵向裂缝。

　　在建筑物基础梁下,充填一定厚度的松散材料(炉渣)可防止土体冰胀后,作用力直接作用在基础梁上而引起基础梁开裂或者破坏。

6)钢筋锈蚀引起的裂缝

钢筋的生锈过程是电化学反应过程,其生成物铁锈的体积大于原钢筋的体积。这种效应可在钢筋周围的混凝土中产生胀拉应力,如果混凝土保护层比较薄,不足以抵抗这种拉应力时就会沿着钢筋形成一条顺筋裂缝。顺筋裂缝的发生又进一步促进钢筋锈蚀程度的增加,形成恶性循环,最后导致混凝土保护层剥落,甚至钢筋锈断,如图 10-9 所示。这种顺筋裂缝对结构的耐久性影响极大。防止的措施是提高混凝土的密实度和抗渗性,适当地加大混凝土保护层厚度。

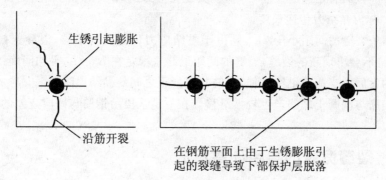

图 10-9 钢筋锈蚀的影响

7)碱-骨料化学反应引起的裂缝

碱-骨料反应是指混凝土孔隙中水泥的碱性溶液与活性骨料(含活性 SiO_2)化学反应生成碱-硅酸凝胶,碱硅胶遇水后可产生膨胀,使混凝土胀裂。开始时在混凝土表面形成不规则的鸡爪形细小裂缝,然后由表向里发展,裂缝中充满白色沉淀。

碱-骨料化学反应对结构构件的耐久性影响很大。为了控制碱骨料的化学反应,应选择低含碱量的水泥,混凝土结构的水下部分不宜(或不应)采用活性骨料,提高混凝土的密实度和采用较低的水灰比。

模块 2 裂缝产生过程分析

1. 裂缝特性

由于混凝土的不均匀性、荷载的可变性以及截面尺寸偏差等因素的影响,裂缝的出现、分布和开展宽度具有很大的随机性。但它们又具有一定的规律,从平均意义上讲,裂缝间距和宽度具有以下特性。

(1)裂缝宽度与裂缝间距密切相关。裂缝间距大裂缝宽度也大。裂缝间距小,裂缝宽度也小。而裂缝间距与钢筋表面特征有关,变形钢筋裂缝密而窄,光圆钢筋裂缝疏而宽。在钢筋面积相同的情况下,钢筋直径细根数多,则裂缝密而窄,反之,裂缝疏而宽。

(2)裂缝间距和宽度随受拉区混凝土有效面积的增大而增大,随混凝土保护层厚度的增大而增大。

(3)裂缝宽度随受拉钢筋用量的增大而减小。

(4)裂缝宽度与荷载作用时间长短有关。

2. 裂缝的出现、分布与发展过程

(1)在裂缝出现前,混凝土和钢筋的应变沿构件的长度基本上是均匀分布的。

（2）当混凝土的拉应变达到极限拉应变时，首先会在构件最薄弱截面位置出现第一条（批）裂缝。

（3）裂缝出现瞬间，裂缝截面位置的混凝土退出受拉工作，应力为零，而钢筋拉应力产生突增 $\Delta\sigma_s = f_t/\rho$，配筋率越小，$\Delta\sigma_s$ 就越大。

（4）由于钢筋与混凝土之间存在黏结，随着距裂缝截面距离的增加，混凝土中又重新建立起拉应力 σ_c，而钢筋的拉应力则随距裂缝截面距离的增加而减小。

（5）当距裂缝截面有足够的长度 L 时，混凝土拉应力 σ_c 增大到 f_t，在新的薄弱位置，将出现新的裂缝。L 称为黏结力传递长度。

（6）如果两条裂缝的间距小于 $2L$，则由于黏结应力传递长度不够，混凝土拉应力不可能达到 f_t，因此将不会出现新的裂缝，裂缝的间距最终将稳定在 $L \sim 2L$，平均间距可取 $1.5L$。

（7）裂缝的发展。当荷载继续增加，钢筋与混凝土之间的黏结力降低，σ_{ss} 与 σ_{sm} 相差越小，混凝土回缩，钢筋与混凝土之间产生较大滑移。在一定区段由钢筋与砼应变差的累积量，即形成了裂缝宽度。

模块 3　裂缝宽度的实用计算方法

已废止的《水工混凝土结构设计规范》（SL/T191—1996）指出最大裂缝宽度 W_{max} 计算公式为

$$W_{max} = \alpha_1 \alpha_2 \alpha_3 \frac{\sigma_{sk}}{E_s}\left(3c + 0.10\frac{d}{\rho_{te}}\right) \tag{10-19}$$

与《水工钢筋混凝土结构设计规范》（SDJ 20—1978）相比，增加了混凝土保护层厚度 c 这一因素。工程设计表明，当混凝土保护层厚度较大时，《水工混凝土结构设计规范》（SL/T 191—1996）的裂缝宽度计算值比《水工钢筋混凝土结构设计规范》（SDJ 20—1978）偏大较多，会出现钢筋用量由裂缝宽度限制条件控制，比承载力所需钢筋用量增加很多的情况。

关于裂缝计算公式，《水工混凝土结构设计规范》（SL 191—2008）结合试验研究和工程实际，进行了以下几方面的修正。

（1）将原规范中的构件受力特征系数 α_1、钢筋表面形状系数 α_2 和荷载长期作用影响系数 α_3 简化整合成综合影响系数 α。

对于受弯和偏心受压构件，$\alpha = 2.1$；对于偏心受拉构件，$\alpha = 2.4$；对于轴心受拉构件，$\alpha = 2.7$。

（2）配置带肋钢筋的矩形、T 形及 I 形截面受拉、受弯和偏心受压钢筋混凝土构件，在荷载效应标准组合下的最大裂缝宽度 W_{max}（mm）可按下式计算：

$$W_{max} = \alpha\frac{\sigma_{sk}}{E_s}\left(30 + c + 0.07\frac{d}{\rho_{te}}\right) \tag{10-20}$$

《水工混凝土结构设计规范》（SL/T 191—1996）和《水工钢筋混凝土结构设计规范》（SDJ 20—1978）均没有非杆件体系结构的裂缝宽度验算方法，《水工混凝土结构设计规范》（SL 191—2008）适应工程需要，在参考国外规范的基础上，提出了非杆件体系结构通过控制钢筋应力 σ_s 间接控制裂缝宽度的验算方法。

控制受拉钢筋的应力。一般情况下，按荷载标准值计算的受拉钢筋应力 σ_{sk} 宜符合下式规定：

$$\sigma_{sk} \leqslant \alpha_s f_{yk} \tag{10-21}$$

式中：σ_{sk}——按荷载标准值计算得出的受拉钢筋应力，N/mm^2；

　　　α_s——考虑环境影响和荷载长期作用的综合影响系数，$\alpha_s = 0.5 \sim 0.7$，对一类环境取大值，对四类环境取小值；

　　　f_{yk}——钢筋的抗拉强度标准值，N/mm^2。

模块 4　关于裂缝计算的讨论

　　最新的研究表明，现有的裂缝理论还很不完善，裂缝本身又有较大的离散性，计算结果误差较大；目前只验算横向裂缝，但从长期来看，横向裂缝对结构耐久性的影响并不大，而纵向裂缝对结构耐久性的影响最大，然而又难以计算；目前只验算混凝土表面的裂缝宽度，而直接影响耐久性的是钢筋表面处的裂缝宽度，但还难以计算；研究裂缝的主要目的是提高结构的耐久性，在裂缝计算理论尚不完善的情况下，提高结构的耐久性的有效措施是提高混凝土的密实性，适当加大混凝土保护层，以及合理的构造措施。《水工混凝土结构设计规范》（SL 191—2008）只反映现阶段人们的认识水平，有待逐年修改、更新，在裂缝计算方面还有很多工作要做。

习　　题

1. 思考题

1.1　正常使用极限状态验算时荷载组合和材料强度如何选择？

1.2　试比较钢筋混凝土受弯构件抗裂验算公式和材料力学中梁的应力计算公式的异同。在抗裂验算公式中，塑性影响系数的含义是什么？它的取值和哪些因素有关？

1.3　提高构件的抗裂能力有哪些措施？

1.4　减小裂缝宽度的措施有哪些？

1.5　影响钢筋混凝土梁刚度的因素有哪些？提高构件刚度的有效措施是什么？

2. 计算题

2.1　某水工建筑物，处于二类环境，底板厚 $h = 1600mm$，跨中截面荷载标准组合弯矩值 $M_k = 580kN \cdot m$。采用 C25 级混凝土、HRB335 级钢筋。根据承载力计算，已配置纵向受拉钢筋 $\phi 18@110$（$A_s = 2313mm^2$）。试验算底板是否抗裂。

2.2　某矩形截面简支梁，处于一类环境，$bh = 200mm \times 500mm$，计算跨度 $l_0 = 4.5m$。使用期承受均布恒载标准值 $g_k = 17.5kN/m$（含自重），均布可变荷载标准值 $q_k = 11.5kN/m$。可变荷载的准永久系数 $\rho = 0.5$。采用 C25 级混凝土、HRB335 级钢筋。已配纵向受拉钢筋 $2\phi 14 + 2\phi 16$。试验算裂缝宽度是否满足要求。

下篇　　结构的相关计算

项目 11　钢筋混凝土梁板结构

项目重点

钢筋混凝土梁板结构的承载力计算及配筋设计。

教学目标

理解钢筋混凝土梁板结构的构成;掌握单向板与双向板的区别;掌握钢筋混凝土梁板结构内力计算原理与方法;掌握单向板梁板结构的配筋设计。

钢筋混凝土梁板结构是水工结构应用较广泛的一种结构形式,如水电站厂房中的屋面和楼面、隧洞进口的工作平台、闸坝上的工作桥、港口码头的上部结构、扶壁式挡土墙等均可以设计成梁板结构。梁板结构整体性好、刚度大、抗震性能强且灵活性较大,能适应各类荷载和平面布置以及有较复杂的空洞等情况。

钢筋混凝土梁板结构是由梁、板、柱(或无梁)组成的结构形式,这种梁板结构也称为肋形结构或肋梁结构,如图 11-1 所示。板的四周为梁或墙,作用在楼面上的竖向荷载,首先通过板传递给次梁,再由次梁传递给主梁,主梁又传递给柱或墙,最后传递给基础(下部结构)。平面柱网轴线的选定,就决定了主梁的跨度。次梁的跨度则取决于主梁的间距,而次梁间距又决定了板的跨度。因此如何根据建筑平面和板受力条件以及经济因素来正确决定梁格的布置,这是一个非常重要的问题。

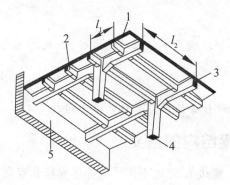

图 11-1　肋形结构

1—板;2—次梁;3—主梁;4—柱;5—墙

肋形结构按其施工方法的不同可分为现浇整体式、预制装配式和装配整体式三种。

现浇整体式楼盖的混凝土为现场浇筑,楼盖的整体性好,抗震性能强,防水性能好,且具有很强的适应性。但需较多模板。随着施工技术的不断革新和抗震对楼盖整体性要求的提高,现浇整体式楼盖的应用正在日益增多。现浇整体式楼盖按其受力和支撑情况的不同可分为单向板肋梁楼盖、双向板肋梁楼盖、井式楼盖和无梁楼盖,如图 11-2 所示。

预制装配式楼盖采用混凝土预制构件,施工速度快,便于工业化生产。但楼盖的整体性、抗震性、防水性较差,不便于开设孔洞。高层建筑及抗震设防要求高的建筑均不宜采用。

装配整体式楼盖是在各预制构件吊装就位后,再在板面做配筋现浇层而形成的叠合式楼

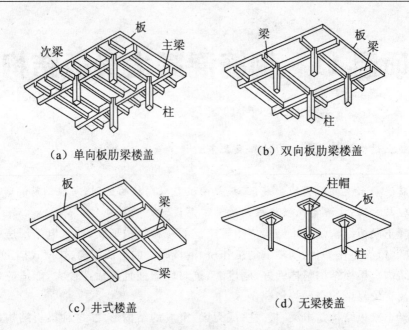

（a）单向板肋梁楼盖　　　　　　　　（b）双向板肋梁楼盖

（c）井式楼盖　　　　　　　　　　　（d）无梁楼盖

图 11-2　现浇楼盖的结构形式

盖。这样做可节省模板，楼盖的整体性也较好，但费工、费料，采用较少。

任务 1　单向板肋梁楼盖的设计计算及构造要求

知识目标

　　掌握单向板与双向板的划分方法及单向板的受力特点；熟悉单向板肋梁楼盖的一般构造要求。

能力目标

　　能进行单向板肋梁楼盖的设计并运用计算机软件出图。

模块 1　单向板肋梁结构的含义

　　四边支承板按其长边 l_2 与短边 l_1 之比不同可分为单向板和双向板。当板的长边 l_2 与短边 l_1 之比较大时，板上荷载主要沿短边方向传递，可忽略荷载沿长边方向的传递，称为单向板。单向板短向为板的主要弯曲方向，受力钢筋沿短边布置，长向仅布置分布钢筋，即单向板是仅仅或主要在一个方向受弯的板。

　　《水工混凝土结构设计规范》（SL191—2008）规定：当 $l_2/l_1 \leqslant 2$ 时，应按双向板计算；当 $2 < l_2/l_1 < 3$ 时，宜按双向板计算；当 $l_2/l_1 \geqslant 3$ 时，可按短边方向受力的单向板计算。

　　由单向板及其支承梁组成的楼盖，称为单向板肋梁楼盖。

　　单向板肋梁楼盖施工的基本步骤为：首先根据适用、经济、整齐的原则进行结构平面布置，然后分别进行单向板、次梁及主梁的设计。在板、次梁和主梁设计中均包括荷载计算、计算简图、内力计算、配筋计算和绘制施工图等内容。绘制施工图时除了考虑计算结果外，还应考虑构造要求。

模块 2　单向板肋梁楼盖结构平面布置

1.结构平面布置原则

结构平面布置的原则是:满足使用要求,技术经济合理,方便施工。

在板、次梁、主梁、柱的梁格布置中,次梁的间距即为板的跨度,主梁的间距即为次梁的跨度,柱或墙在主梁方向的间距即为主梁的跨度,而板跨直接影响板厚,板厚的增加对材料用量影响较大。如图 11-3 所示,结构平面布置时应综合考虑以下几点。

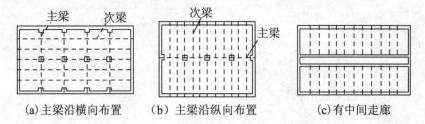

（a）主梁沿横向布置　　（b）主梁沿纵向布置　　（c）有中间走廊

图 11-3　单向板肋梁楼盖的组成

（1）柱网和梁格布置要综合考虑使用要求并注意经济合理。构件的跨度太大或太小均不经济,因此,在结构布置时,应综合考虑房屋的使用要求和各构件的合理跨度。单向板肋梁楼盖各种构件的经济跨度为:板,1.7~2.7m;次梁,4~6m;主梁,5~8m。当荷载较小时,宜取较大值;荷载较大时,宜取较小值。

（2）除确定梁的跨度以外,还应考虑主、次梁的方向。工程中常将主梁沿房屋横向布置;这样,房屋的横向刚度容易得到保证。有时为满足某些特殊需要(如楼盖下吊有纵向设备管道),也可将主梁沿房屋纵向布置以减小层高。

一般情况下,主梁的跨中宜布置两根次梁,这样可使主梁的弯距图较为平缓,有利于节约钢筋。

（3）结构布置应尽量简单、规整和统一,以减少构件类型,并且便于设计计算及施工,易于实现适用、经济及美观的要求。为此,梁板尽量布置成等跨;板厚及梁截面尺寸在各跨内宜尽量统一。

2.计算简图的确定

钢筋混凝土楼盖中连续板、梁的内力计算的方法有两种,即弹性理论计算法和塑性理论计算法。在内力计算之前,应先确定结构构件的计算简图,其内容包括支承条件、计算跨度和跨数、荷载分布及大小等。

1）支承条件

当梁、板为砖墙(或砖柱)承重时,由于其嵌固作用很小,可按铰支座考虑。板与次梁或次梁与主梁虽然整浇在一起,但支座对构件的约束并不太强,为简化计算起见,通常也假定为铰支座。主梁与柱整浇在一起时,支座的确定与梁和柱的线刚度比有关,当梁与柱的线刚度之比大于 5 时,柱可视为主梁的铰支座,否则应按框架结构计算。

2）计算跨度和跨数

梁、板的计算跨度是指计算弯距时所取用的跨间长度。设计中一般按下列规定取用。

当按弹性理论计算时,计算跨度一般可取支座中心线的距离。按塑性理论计算时,一般可

取为净跨。但当边支座为砌体时,按弹性理论计算的边跨计算跨度如下(塑性理论计算时则不计入$\frac{b}{2}$):

$$\text{板}\begin{cases}\text{边跨:} & l_0 = l_n + \frac{b}{2} + \left(\frac{a}{2} \text{ 和} \frac{h}{2} \text{ 较小者}\right) & (11\text{-}1) \\ \text{中间跨:} & l_0 = l_n + b & (11\text{-}2)\end{cases}$$

$$\text{梁}\begin{cases}\text{边跨:} & l_0 = l_n + \frac{b}{2} + \left(\frac{a}{2} \text{ 和} 0.025 l_n \text{ 较小者}\right) & (11\text{-}3) \\ \text{中间跨:} & l_0 = l_n + b & (11\text{-}4)\end{cases}$$

式中:l_0——计算跨度;

l_n——净跨度;

b——板或梁的中间支座的宽度;

a——板或梁在边支座的搁置长度;

h——板的厚度。

对于 5 跨和 5 跨以内的连续梁、板,按实际跨数考虑;超过 5 跨时,当各跨荷载及刚度相同、跨度相差不超过 10% 时,可近似地按 5 跨连续梁、板计算,如图 11-4 所示。配筋计算时,中间各跨的内力均认为与 5 跨连续梁(板)计算简图中的第 3 跨相同。

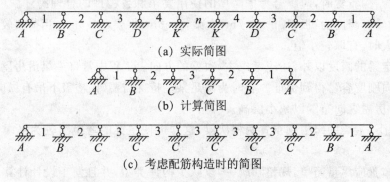

(a) 实际简图

(b) 计算简图

(c) 考虑配筋构造时的简图

图 11-4　连续梁、板的计算简图

3)荷载分布及大小

(1)荷载类型。

作用于楼盖上的荷载有恒荷载和活荷载两种。恒荷载包括结构自重、构造层重和永久性设备重等。楼盖恒荷载标准值按实际构造情况计算确定。活荷载包括使用时的人群和临时性设备等重量。计算屋盖时活荷载还需考虑雪荷载。活荷载标准值可查阅《建筑结构荷载规范》(GB 50009—2012)取用。

(2)各构件上的荷载取值。

计算连续单向板时,通常取 1m 宽的板带为计算单元,因此其均布荷载的数值大小就等于其均布面荷载的数值。

次梁除自重(包括粉刷)外,还承受板传来的恒荷载和活荷载,次梁负荷范围宽度为次梁的间距。

主梁除自重(包括粉刷)外,还承受次梁传来的集中力。为简化计算,主梁的自重也可折算为集中荷载并入次梁传来的集中力中。

单向板肋梁楼盖梁、板的荷载情况如图 11-5 所示。

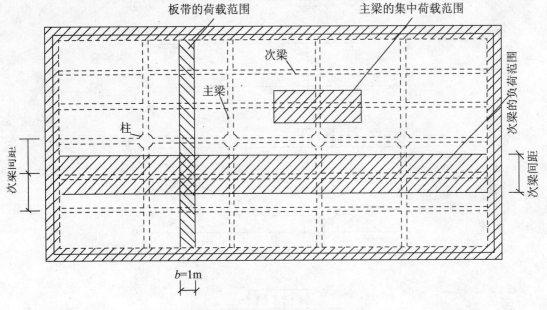

图 11-5　单向板肋梁楼盖的荷载情况

模块 3　单向板肋梁楼盖结构内力计算

1. 按弹性理论计算内力

弹性计算法就是采用结构力学方法进行内力计算,计算时假定梁板为理想弹性体系。

1)内力系数表

为简化计算,对等跨度连续梁、板在不同布置的荷载作用下的内力系数,可直接查用"内力系数表",然后按照下式计算各截面的弯矩和剪力值。

(1)在均布荷载及三角形荷载作用下:

$$M = 1.05\alpha_1 g_k l_0^2 + 1.2\alpha_2 q_k l_0^2 \tag{11-5}$$

$$V = 1.05\beta_1 g_k l_n + 1.2\beta_2 q_k l_n \tag{11-6}$$

(2)在集中荷载作用下:

$$M = 1.05\alpha_1 G_k l_0 + 1.2\alpha_2 Q_k l_0 \tag{11-7}$$

$$V = 1.05\beta_1 G_k + 1.2\beta_2 Q_k \tag{11-8}$$

跨度相差在 10% 以内的不等跨连续梁板也可近似地查用该表,此时,求跨内弯矩和支座剪力可以采用该垮的计算跨度,在计算支座弯矩时取支座左右跨度的平均值作为计算跨度(获取其中较大值)。

2)荷载的最不利组合

连续梁板上的恒荷载按实际情况布置,但活荷载在各跨的分布是随机的,因此必须研究活荷载如何布置使各截面上的内力最不利的问题,即活荷载的最不利布置。图 11-6 所示为当活荷载布置在不同跨时梁的弯矩图和剪力图。

活荷载最不利布置的方法如下。

(1)求某跨跨中最大正弯矩时,应在该跨布置,然后再隔跨布置。

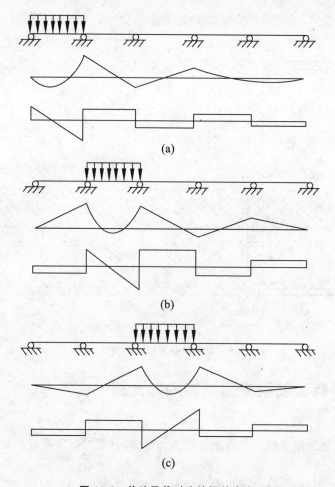

(a)

(b)

(c)

图 11-6 单跨承载时连续梁的内力

(2)求某跨跨中最小弯矩(即最大负弯矩)时,该跨不布置,应在该跨的临跨布置,然后再隔跨布置。

(3)求某支座最大负弯矩和支座边最大剪力时,应在该支座左右两跨布置,然后再隔跨布置。

3)内力包络图

以恒荷载作用下的内力图为基础,分别将恒荷载作用下的内力与各种活荷载不利布置情况图下的内力进行组合,求得各组合的内力,并将各组合的内力图叠画在同一条基线上,其外包线所形成的图形便称为内力包络图。它表示连续梁在各种荷载最不利布置下各截面可能产生的最大内力值。图 11-7 所示为五跨连续梁的弯矩包络图和剪力包络图,根据弯矩包络图配置纵筋,根据剪力包络图配置箍筋,可达到既安全又经济的目的。但为了简便起见,对于配筋量不大的梁(如次梁),也可不作内力包络图,而按最大内力配筋,并按经验方法确定纵筋的弯起和截断位置。

4)荷载调整

计算简图中,将板和梁整体连接的支承简化为铰支座,实际上,当连接梁板与其支座整浇时,它在支座处的转动受到一定的约束,并不像铰支座那样自由转动,由此引起的误差,设计时

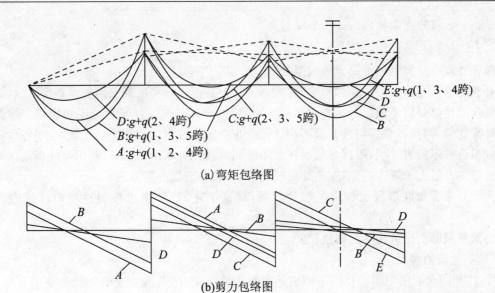

D:g+q(2、4跨)　　C:g+q(2、3、5跨)

B:g+q(1、3、5跨)

A:g+q(1、2、4跨)

E:g+q(1、3、4跨)
D
C
B

(a)弯矩包络图

(b)剪力包络图

图 11-7　内力包络图

可以用折算荷载的方法来进行调整。所谓折算荷载,是将活荷载减小,而将恒荷载加大。连续板和连续次梁的折算荷载可按下式计算:

对于连续板,
$$g'_k = g_k + \frac{1}{2}q_k \tag{11-9}$$

$$q'_k = \frac{1}{2}q_k \tag{11-10}$$

对于连续次梁,
$$g'_k = g_k + \frac{1}{4}q_k \tag{11-11}$$

$$q'_k = \frac{3}{4}q_k \tag{11-12}$$

式中:g_k、q_k——实际均布恒荷载和活荷载;

g'_k、q'_k——折算均布恒荷载和活荷载。

当现浇板或次梁的支座为砖砌体、钢梁或预制混凝土梁时,支座对现浇梁板并无转动约束,这时不可采用折算荷载。另外,因主梁较重要,且支座对主梁的约束一般较小,故主梁不考虑折算荷载问题。

5)支座截面内力的计算

按弹性理论计算时,无论梁或者是板,求得的支座截面内力为支座中心线处的最大内力,由于在支座范围内构件的截面有效高度较大,故破坏不会发生在支座范围内,而是在支座边缘截面处。因此,应取支座边缘截面为控制截面,其弯矩和剪力可近似地按以下公式计算:

$$M_边 = M - V_0\frac{b}{2} \tag{11-13}$$

$$V_边 = V - (g+q)\frac{b}{2} \tag{11-14}$$

式中:M、V——支座中心处的弯矩、剪力;

b——支座宽度;

V_0——按简支梁考虑的支座边缘剪力。

2. 按塑性理论计算内力

按弹性理论计算钢筋混凝土连续梁板时,存在以下问题。

弹性理论研究的是匀质弹性材料,而钢筋混凝土是由钢筋和混凝土两种弹塑性组成,这样用弹性理论计算必然不能反映结构的实际工作情况,而且与截面计算理论不相协调。按弹性理论计算连续梁时,各截面均按其最不利活荷载布置来进行内力计算并且配筋,由于各种最不利荷载组合并不同时发生,所以各截面钢筋不能同时被充分利用。另外,利用弹性理论计算出的支座弯矩一般大于跨中弯矩,支座处配筋拥挤,给施工造成一定的困难。

为充分考虑钢筋混凝土构件的塑性性能,解决上述问题,提出按塑性理论计算内力的方法。

1)钢筋混凝土受弯构件的塑性铰

(1)塑性铰的含义。

图 11-8 所示为集中荷载作用下的钢筋混凝土简支梁,当荷载加至跨中受拉钢筋屈服后,混凝土垂直裂缝迅速发展,受拉钢筋明显被拉长,受压混凝土被压缩,在塑性变形集中产生的区域,犹如形成了一个能够转动的"铰",直到受压区混凝土压碎,构件才告破坏。上述梁中,塑性变形集中产生的区域称为塑性铰。

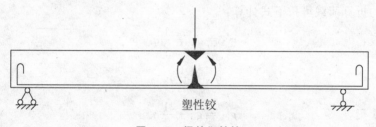

塑性铰

图 11-8　梁的塑性铰

(2)塑性铰的特点。

与理想铰相比,塑性铰具有以下特点:理想铰不能传递弯矩;塑性铰是单向铰,仅能沿弯矩作用方向发生有限的转动。

对于静定结构,任一截面出现塑性铰后,即可使其变成几何可变体系而丧失承载力。但对于超静定结构,由于存在多余联系,构件某一截面出现塑性铰,并不能使其立即变成几何可变体系,仍能继续承受增加的荷载,直到其他截面也出现塑性铰,使其成为几何可变体系,才丧失承载力。

钢筋混凝土超静定结构中,由于构件开裂后引起的刚度变化以及塑性铰的出现,在构件各截面间将产生塑性内力重分布,使各截面内力与弹性分析结果不一致。

2)按塑性内力重分布设计的基本原则

按塑性内力重分布方法设计多跨连续梁、板时,可考虑连续梁、板具有的塑性内力重分布特性,采用弯矩调幅法将某些截面的弯矩(一般将支座截面弯矩)予以调整降低后配筋。这样既可以节约钢材,又可以保证结构安全、可靠,还可以避免支座钢筋过于拥挤而造成施工困难。设计时应遵守以下基本原则。

(1)满足刚度和裂缝宽度的要求。为使结构满足正常使用条件,不致出现过宽的裂缝,弯矩调低的幅度不能太大,对 HPB235、HRP400 钢筋宜不大于 20%,且应不大于 25%,对冷拉、冷拔和冷轧钢筋应不大于 15%。

（2）确保结构安全可靠。调幅后的弯矩应满足静力平衡条件，每跨两端支座负弯矩绝对值的平均值与跨中弯矩之和应不小于简支梁的跨中弯矩，即 $\frac{M_A + M_B}{2} + M_{中} \geqslant M_0$。

（3）塑性铰应有足够的转动能力。这是为了保证塑性内力重分布的实现，避免受压区混凝土过早被压坏，要求混凝土受压区高度 $x < 0.35h_0$，并宜采用 HPB235、HPB335 或 HRB400 钢筋。

3）等跨连续梁、板按塑性理论计算内力的方法

为方便计算，对工程中常用的承受均布荷载的等跨连续梁、板，采用内力计算公式系数，设计时直接按照下列公式计算内力。

弯矩 $$M = a_m (g + q) l_0^2 \qquad\qquad (11\text{-}15)$$

剪力 $$V = a_v (g + q) l_n \qquad\qquad (11\text{-}16)$$

式中：a_m —— 弯矩系数，按图 11-9 采用（当边支座为砖墙时）；

　　　a_v —— 剪力系数，按图 11-9 采用；

　　　g,q —— 均布恒、活荷载设计值；

　　　l_0 —— 计算跨度；

　　　l_n —— 梁的净跨度。

对于跨度相差不超过 10% 的不等跨连续梁板，也可近似按上式计算，在计算支座弯矩时可取支座左右跨度的最大值作为计算跨度。

图 11-9 所示的弯矩系数是根据弯矩调幅将支座弯矩调低约 25% 的结果，适用于 $g/q > 0.3$ 的结构。当 $g/q \leqslant 0.3$ 时，调幅应不大于 15%，支座弯矩系数需适当增大。

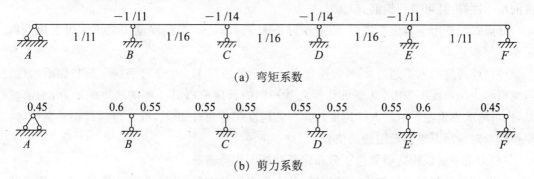

（a）弯矩系数

（b）剪力系数

图 11-9　板和次梁按塑性理论计算的内力系数

4）塑性理论计算法的适用范围

塑性理论计算法较弹性法能改善配筋、节约材料。但它不可避免地导致构件在使用阶段的裂缝过宽及变形较大，因此在下列情况下不能采取塑性理论计算法进行设计：

（1）直接承受动力荷载的结构；

（2）裂缝控制等级为一级或二级的结构构件；

（3）处于重要部位的构件，如主梁。

模块 4　单向板肋梁楼盖结构的构造要求

1. 板的计算和构造要求

1) 板的计算

(1) 板通常取 1m 宽板带作为计算单元计算荷载及配筋。

(2) 板内剪力较小,一般可以满足抗剪要求,设计时不必进行斜截面受剪承载力计算。

(3) 对四周与梁整体连接的单向板,因受支座的反推力作用,该推力可减少板中各计算截面的弯矩,设计时其中间跨的跨中截面及中间支座截面的计算弯矩可减少 20%,但边跨跨中及第一内支座的弯矩不予降低。

2) 板的构造要求

(1) 板厚。因板是楼盖中的大面积构件,从经济角度考虑应尽可能将板设计得薄一些,但其厚度必须满足规范对于最小板厚的规定。

(2) 板的支承长度。板在砖墙上的支承长度一般不小于板厚及 120mm,且应该满足受力钢筋在支座内的锚固长度。

(3) 受力钢筋。一般采用 HPB235、HRP335 级钢筋,直径常用 8mm、10mm、12mm、14mm、16mm。支座负弯矩钢筋直径不宜过小。

受力钢筋间距,一般不小于 70mm;当板厚不大于 150mm 时,其间距不宜大于 200mm;当板厚大于 150mm 时,其间距不宜大于 1.5 倍板厚且不宜大于 250mm。伸入支座的正弯矩钢筋,其间距不应大于 400mm,截面积不小于跨中受力钢筋截面积的 1/3。

连续板受力钢筋的配筋方式有分离式和弯起式两种(见图 11-10)。采用弯起式配筋时,板的整体性好,且可节约钢筋,但施工复杂。

分离式配筋由于其施工简单,一般板厚不大于 120mm,且所受动荷载不大时采用分离式配筋。

等跨或跨度相差不超过 20% 的连续板可直接采用图 11-10 确定钢筋弯起和切断的位置。当支座两边的跨度不等时,支座负筋伸入某一侧的长度应以另一侧的跨度来计算;为简便起见,也可均取支座左右跨较大的跨度计算。若跨度相差超过 20%,或各跨荷载相差悬殊,则必须根据弯矩包络图来确定钢筋的位置。

(4) 构造钢筋。构造钢筋包括分布钢筋和板面构造钢筋。

分布钢筋是与受力钢筋垂直的钢筋,放在受力钢筋内侧;其截面积不宜小于受力钢筋截面积的 15%,且不宜小于该方向板截面积的 0.15%;间距不宜大于 250mm,直径不宜小于 6mm。在受力钢筋的弯折处也应布置分布钢筋;当板上集中荷载较大或为露天构件时,其分布钢筋宜适当加密,取间距为 150~200mm。

板面构造钢筋有嵌入墙内的板面构造钢筋、垂直于主梁的板面构造钢筋等。嵌固在墙内的板,在内力计算时通常按简支计算。但实际上由于墙的约束存在着负弯矩,需在此设置板面构造负筋。在主梁两侧一定范围的板内也将产生一定的负弯矩,需设置板面构造负筋。

《混凝土结构设计规范》(GB 50010—2010)规定,对于嵌入承重砌体墙内的现浇板,需配置间距不宜大于 200mm、直径不应小于 8mm(包括弯起钢筋在内)的构造钢筋,其伸出墙边长度不应小 $l_1/7$。对两边嵌入墙内的板角部分,应双向配置上述构造钢筋,伸出墙面的长度应不

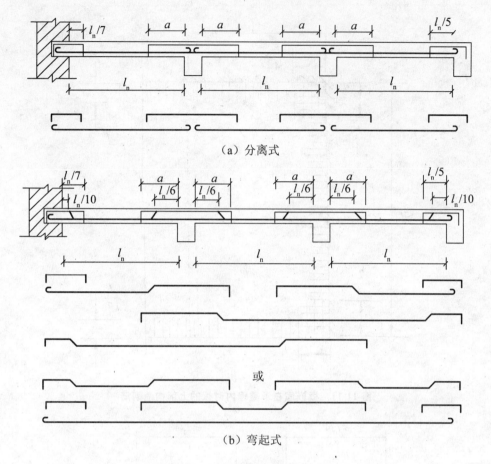

（a）分离式

（b）弯起式

图 11-10　连续板受力筋的配筋方式

注：当 $q/g \leqslant 3$ 时，$a = L_n/4$；当 $q/g > 3$ 时，$a = L_n/3$，其中 q 为均布活荷载，g 为均布恒荷载。

小于 $l_1/4$（见图 11-11），l_1 为板的短边长度。沿板的受力方向配置的上部构造钢筋，其截面积不宜小于该方向跨中受力钢筋截面积的 $1/3$；沿非受力方向配置的上部构造钢筋，可根据经验适当减少。

应在板面沿主梁方向配置间距不大于 200mm、直径不小于 8mm 的构造钢筋，单位长度内的总截面积应不小于板跨中单位长度内受力钢筋截面积的 $1/3$，伸出主梁两边的长度不小于板的计算跨度 l_0 的 $1/4$（见图 11-12）。

2. 次梁的计算和构造要求

1）次梁的计算

（1）正截面承载力计算时，跨中可按 T 形截面计算，支座只能按矩形截面计算。

（2）一般可仅设置箍筋抗剪，而不设弯筋。

（3）界面尺寸满足高跨比（$1/18 \sim 1/12$）和宽高比（$1/3 \sim 1/2$）的要求时，一般不必作挠度和裂缝宽度验算。

2）构造要求

（1）次梁伸入墙内的长度一般应不小于 240mm，次梁的钢筋及其布置可参考图 11-13。

（2）当连续次梁相邻跨度差不超过 20%，承受均布荷载，且活荷载与恒荷载之比不大于 3

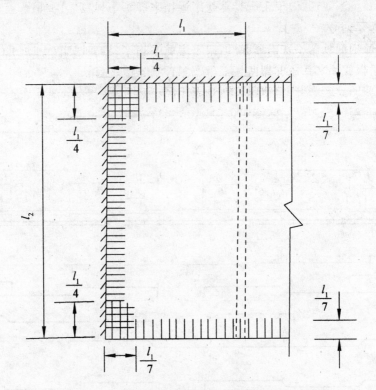

图 11-11　板嵌固在承重墙内时板的上部构造钢筋

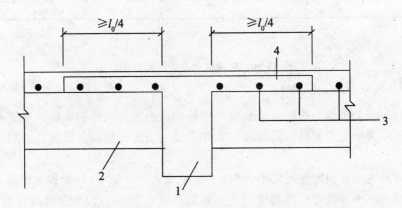

图 11-12　板中与梁肋垂直的构造钢筋

1—主梁；2—次梁；3—板的受力钢筋；

4—间距不大于 200mm、直径不小于 8mm 板上部构造钢筋

时,其纵向受力钢筋的弯起和切断可按图 11-14 进行,当不符合上述条件时,原则上应按弯矩包络图确定纵筋的弯起和截断位置。

3. 主梁的计算和构造要求

1)主梁的计算

(1)通常跨中可按 T 形截面计算正截面承载力,支座按矩形截面计算。

(2)由于支座处板、次梁的钢筋重叠交错,且主梁负筋位于次梁负筋之下,因此主梁支座处的截面有效高度有所减小,当钢筋单排布置时,$h_0 = h - (50 \sim 60)$mm,当钢筋双排布置时,h_0

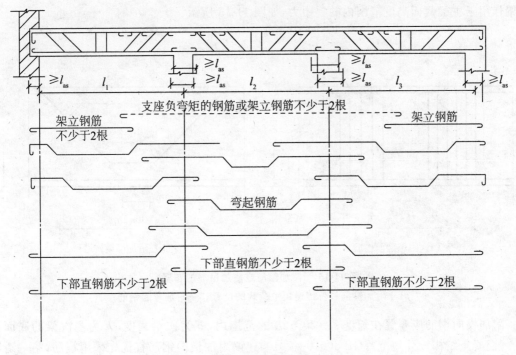

图 11-13   次梁的钢筋组成及布置

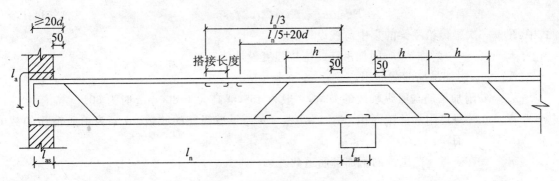

图 11-14   次梁的配筋构造要求

$=h-(70\sim80)$ mm。

(3)主梁截面尺寸满足高跨比(1/14~1/8)和宽高比(1/3~1/2)的要求时,一般不必做挠度和裂缝宽度验算。

2)构造要求

(1)主梁伸入墙内的长度一般应不小于 370mm。

(2)主梁纵筋的弯起和截断,原则上应在弯矩包络图上进行,并应满足有关构造要求,主梁下部的纵向受力钢筋伸入支座的锚固长度也应满足有关构造要求。

(3)梁的受剪钢筋宜优先采用箍筋,但当主梁剪力很大、箍筋间距过小时也可在近支座处设置部分弯起钢筋抗剪。

(4)在次梁与主梁交接处,由于主梁承受次梁传来的集中荷载,可能使主梁中下部产生约为 45°的斜裂缝而发生局部破坏,因此应在主梁上的次梁截面两侧设置附加横向钢筋,以承受次梁作用于主梁截面高度范围内的集中力,如图 11-15 所示。

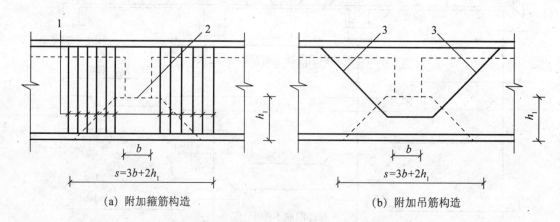

(a) 附加箍筋构造   (b) 附加吊筋构造

图 11-15 附加箍筋或附加吊筋的布置
1—附加箍筋;2—传递集中荷载的位置;3—附加弯起钢筋

　　附加横向钢筋应布置在长度 $s=3b+2h$ 的范围内,b 为次梁宽度,h 为主次梁的底面高差。《混凝土结构设计规范》(GB 50010—2010)建议附加横向钢筋宜优先采用箍筋,第一道附加箍筋距次梁侧 50mm 处布置。附加横向钢筋的用量按下式计算:

$$F \leqslant mA_{sv}f_{yv} + 2A_{sb}f_{y}\sin\alpha_{s} \tag{11-17}$$

式中:F ——次梁传给主梁的集中荷载设计值;

　　　f_{yv}、f_y ——附加箍筋、附加吊筋的抗拉强度设计值;

　　　A_{sb} ——附加吊筋的截面积;

　　　α_s ——附加吊筋与梁纵轴线的夹角,一般为 45°,梁高大于 800mm 时为 60°;

　　　A_{sv} —— 每道附加的截面积,$A_{sv}=nA_{sv1}$,n 为每道箍筋的肢数,A_{sv1} 为单肢箍筋的截面积;

　　　m ——在宽度 s 范围内的附加箍筋道数。

任务 2 　双向板肋梁楼盖的设计计算

知识目标

　　掌握双向板的受力特点;熟悉双向板肋梁楼盖的一般构造要求。

能力目标

　　能进行双向板肋梁楼盖的设计并利用计算机软件出图。

模块 1 　双向板肋梁结构的含义及受力特点

　　双向板的受力特征不同于单向板,它在两个方向都存在弯矩作用,而单向板只认为在一个方向上作用有弯矩。因此,双向板的受力钢筋应该沿两个方向配置。

　　双向板的受力情况较为复杂,在承受均布荷载的四边简支的正方形板中,当荷载逐渐增加时,首先在板底中央出现裂缝,然后沿着对角线向四周扩展,接近破坏时,板的顶面四角附近出现圆弧形裂缝,然后裂缝进一步扩展,最终由于跨中钢筋屈服导致板的破坏。

在承受均布荷载的四边简支的矩形板中,第一批裂缝出现在板底中央且平行于长边方向,荷载继续增加时,裂缝逐渐延伸,并沿 45°方向向四周扩散,然后板顶四角出现圆弧形裂缝,导致板的破坏,如图 11-16 所示。

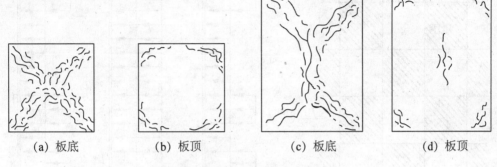

(a) 板底　　　　　(b) 板顶　　　　　(c) 板底　　　　　(d) 板顶

图 11-16　简支双向板破坏时的裂缝分布

模块 2　双向板的内力计算

双向板内力计算方法有两种:弹性计算方法和塑性计算方法。由于塑性理论计算方法存在一定的局限性,因而在工程中较少采用,本书介绍弹性理论计算方法。

1. 单跨双向板的计算

为了简化计算,单跨双向板的内力计算一般可直接查用双向板的计算系数表。附表 6 给出了常用的集中支承情况下的计算系数,通过表查出计算系数后,每米宽度内的弯矩可套用附表 6 中提供的公式进行计算。

必须指出,附表 6 是根据材料泊松比 $\mu=0$ 编制的。跨中的弯矩,尚需考虑横向变形的影响,并按下式计算:

$$m_x^\mu = m_x + \mu m_y \tag{11-18}$$

$$m_y^\mu = m_y + \mu m_x \tag{11-19}$$

式中: m_x^μ 、 m_y^μ ——考虑横向变形,跨中沿 l_x 、 l_y 方向单位板宽的弯矩,对于混凝土,相关规范规定 $\mu=0.2$ 。

2. 多区格双向板的实用计算方法

多区格双向板内力的精确计算是很复杂的,因此工程中一般采用实用计算方法。实用计算法采用如下基本假定:支承梁的抗弯刚度很大,其垂直梁可忽略不计;支承梁的抗扭刚度很小,板在支座处可自由转动。实用计算法的基本方法是:考虑多区格双向板活荷载的不利位置布置,然后利用单跨板的计算系数表进行计算。

1)跨中最大的正弯矩

活荷载最不利位置为棋盘式布置,如图 11-17 所示。为便于利用单跨板计算表格,将活荷载分解成正对称活荷载和反对称活荷载(见图 11-17(b)、(c))两部分,则板的跨中弯矩的计算方法如下:

对于边区格,跨中弯矩等于四边固定板在 $g+q/2$ 荷载作用下的弯矩与四边简支板在 $q/2$ 荷载作用下的弯矩之和。

对于边区格和角区格,其外边界条件应按实际情况考虑:一般可视为简支,有较大梁时可视为固定端。

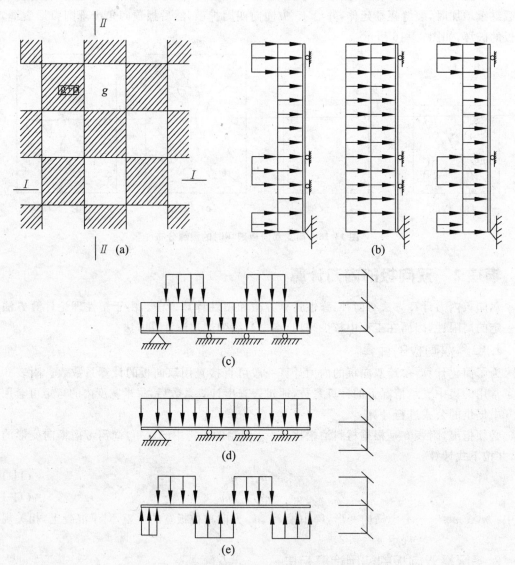

图 11-17　最不利荷载布置及分解图

2)支座最大负弯矩

求支座最大负弯矩时,取活荷载满布的情况考虑。内区格的四边均可看做固定端、边、角区格的外边界条件则按实际情况考虑。当相邻区格的情况不同时,其共用制作的最大负弯矩近似取为两区格计算值的平均值。

模块 3　双向板的配筋计算及构造

1.截面配筋计算特点

双向板在两个方向均布置受力筋,且长筋在短筋的内层,故在计算长筋时,截面的有效高度 h_0 小于短筋。

对于四周与梁整体连结的双向板,除角区格外,考虑周边支承梁对板推力的有利影响,可将计算所得的弯距按以下规定予以折减:

(1)中间跨跨中截面及中间支座折减系数为 0.8;

(2)边跨跨中截面及楼板边缘算起的第二支座截面:

当 $L_c/L < 1.5$ 时,折减系数为 0.8;

当 $1.5 \leqslant L_c/L_2$ 时,折减系数为 0.9。

式中:L_c——沿楼板边缘方向的计算跨度;L——垂直于楼边缘方向的计算跨度。

角区格的各截面弯距不应折减。

2.双向板的构造要求

(1)板的厚度。双向板的厚度一般不宜小于 80mm,且不大于 160mm。同时,为满足刚度要求,简支板还应不小于 $L/45$,连续板不小于 $L/50$,L 为双向板的较小计算跨度。

(2)受力钢筋。受力钢筋常用分离式。短筋承受的弯距较大,应放在外层,使其有较大的截面有效高度。支座负筋一般伸出支座边 $L_x/4$,L_x 为短向净跨。

当配筋面积较大时,在靠近支座边 $L_x/4$ 的边缘板带内的跨中正弯距钢筋减少 50%。

(3)构造钢筋。底筋双向均匀受力钢筋,但支座负筋还需设分布筋。当边支座视为简支计算,但实际上受到边梁或墙约束时,应配置支座构造负筋,其数量应不少于 1/3 受力钢筋且 $\phi 8$ @200 伸出支座边 $L_x/4$,L_x 为双向板的短向净跨度。

3.双向板的支撑梁的计算

双向板的荷载就近传递给支承梁。支承梁承受的荷载可从板角作 45°角平分线来分块。因此,长边支承梁承受的三角形荷载、支承梁的自重为均布荷载,如图 11-18 所示。

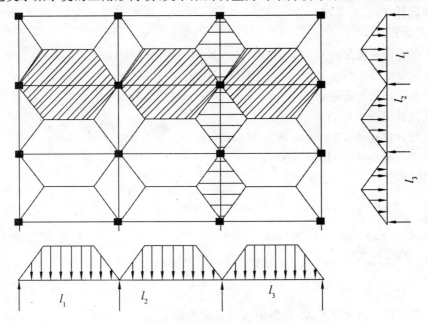

图 11-18　双向板肋梁楼盖中梁所承受的荷载

梁的荷载确定后,其内力可按照结构力学的方法计算,当梁为单跨时,可按实际荷载直接计算内力。当梁为多跨且跨度差不多超过 10% 时,可将梁上的三角形或梯形荷载按照《建筑结构静力计算手册》折算成等效均布荷载,从而计算出支座弯矩,最后,按照取隔离体的办法,根据实际分布情况计算跨中弯矩。

任务3　钢筋混凝土梁板结构设计实例

知识目标

掌握钢筋混凝土梁板结构的设计步骤。

能力目标

能运用计算机软件出图。

【例 11-1】 某多层工业产房现浇钢筋混凝土肋梁楼盖,如图 11-19 所示。楼面做法:20mm 厚水泥砂浆面层;钢筋混凝土现浇楼板;12mm 厚纸筋石灰板底粉刷;墙厚为 370mm。楼板活荷载标准值为 8.0kN/m²,采用混凝土强度等级为 C30,板中钢筋为 HPB235,梁中受力钢筋为 HRB335,其他钢筋为 HPB235。

解　1.各构件截面尺寸

板厚:$\dfrac{l_0}{40} = \dfrac{2500}{40}\text{mm} = 62.5\text{mm}$,取 $h = 80\text{mm}$

次梁:$h = \left(\dfrac{1}{18} \sim \dfrac{1}{12}\right)l_0 = \left(\dfrac{1}{18} \sim \dfrac{1}{12}\right) \times 6600\text{mm} = 367 \sim 550\text{mm}$ 取 $h = 450\text{mm}, b = 200\text{mm}$

主梁:$h = \left(\dfrac{1}{14} \sim \dfrac{1}{8}\right)l_0 = \left(\dfrac{1}{14} \sim \dfrac{1}{8}\right) \times 7500\text{mm} = 536 \sim 937\text{mm}$ 取 $h = 700\text{mm}, b = 300\text{mm}$

2.单向设计(塑性计算法)

(1)荷载计算。

20mm 水泥砂浆面层重:$1.2 \times 20 \times 0.02\text{kN/m}^2 = 0.48\text{kN/m}^2$

80mm 钢筋混凝土板重:$1.2 \times 25 \times 0.08\text{kN/m}^2 = 2.4\text{kN/m}^2$

12mm 纸筋石灰粉底重:$1.2 \times 16 \times 0.012\text{kN/m}^2 = 0.23\text{kN/m}^2$

恒荷载设计值:$g = 3.11\text{kN/m}^2$

活荷载设计值:$q = 1.3 \times 8\text{kN/m}^2 = 10.4\text{kN/m}^2$

总荷载设计值:$g + q = 13.51\text{kN/m}^2$

(2)计算简图。

边跨:$L_0 = L_n + \dfrac{h}{2} = (2160 + \dfrac{80}{2})\text{mm} = 2200\text{mm}$

中间跨:$L_0 = L_n = (2500 - 200)\text{mm} = 2300\text{mm}$

跨度差:$\dfrac{2300 - 2200}{2200} = 4.5\% < 10\%$

可按等跨计算。

取 1m 宽板带作为计算单元,则板中弯矩设计值为

边跨跨中:$M_1 = -M_B = \dfrac{1}{11}(q+g)L_0^2 = \dfrac{1}{11} \times 13.15 \times 2.2^2\text{kN} \cdot \text{m} = 5.94\text{kN} \cdot \text{m}$

第一内支座:$M_c = -\dfrac{1}{14}(q+g)L_0^2 = -\dfrac{1}{14} \times 13.51 \times 2.3^2\text{kN} \cdot \text{m} = -5.11\text{kN} \cdot \text{m}$

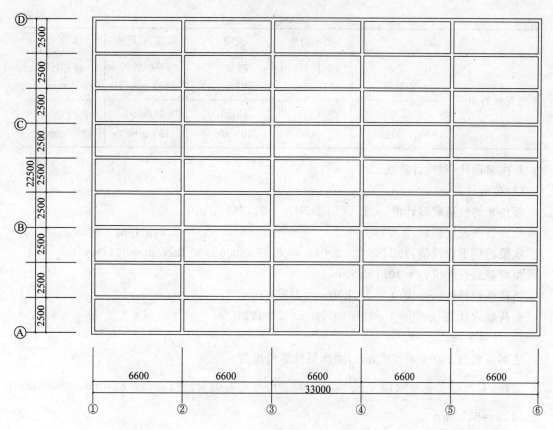

图 11-19 楼盖结构平面布置图

中间跨中及中间支座：

$$M_2 = M_3 = \frac{1}{16}(q+g)L_0^2 = \frac{1}{16} \times 13.51 \times 2.3^2 \text{kN} \cdot \text{m} = 4.47 \text{kN} \cdot \text{m}$$

（3）配筋计算。

$b = 1000 \text{mm}, h = 80 \text{mm}, h_0 = 80 - 20 \text{mm} = 60 \text{mm}, f_c = 14.3 \text{N/mm}^2, f_y = 210 \text{N/mm}^2$。

计算过程可参见表 11-1。因板的内区格四周与梁整体连接，故其弯矩值可降低 20%。

表 11-1 板的配筋计算

截　　面	第一跨中	支座 B	第二、三跨中	支座 C
弯矩设计值/N · mm	5940000	-5940000	4470000 (3580000)	-5110000 (-4088000)
$a_s = \dfrac{M}{a_1 f_c b h_0^2}$	0.115	0.115	0.087 (0.070)	0.099 (0.079)
$\varepsilon = 1 - \sqrt{1 - 2a_s}$	0.123	0.123	0.091 (0.073)	0.104 (0.082)
$A_s = \dfrac{a_1 f_c b h_0 \varepsilon}{f_y} \text{ mm}^2$	503	503	372 (298)	425 (335)

截　　面		第一跨中	支座 B	第二、三跨中	支座 C
选配钢筋	①～②、 ⑤～⑥轴线	$\phi 8/10$ @100 (644 mm²)	$\phi 8$ @100 (503 mm²)	$\phi 6/8$ @100 (393 mm²)	$\phi 8$ @100 (503 mm²)
	②～③、③～④、 ④～⑤、轴线	$\phi 8/10$ @100 (644 mm²)	$\phi 8$ @100 (503 mm²)	$\phi 6$ @100 (283 mm²)	$\phi 6/8$ @100 (393 mm²)

3. 次梁设计(塑性计算法)

(1)荷载计算。

板传来的恒荷载设计值:$3.11 \times 2.5 \text{kN/m} = 7.775 \text{kN/m}$

次梁自重设计值:$1.2 \times 25 \times 0.2 \times (0.45 - 0.08) \text{kN/m} = 2.22 \text{kN/m}$

次梁粉刷重设计值:$1.2 \times 16 \times 0.012 \times (0.45 - 0.08) \times 2 \text{kN/m} = 0.17 \text{kN/m}$

恒荷载总设计值:$g = 10.17 \text{kN/m}$

活荷载设计值:$q = 10.4 \times 2.5 \text{kN/m} = 26 \text{kN/m}$

总荷载设计值:$g + q = 10.17 + 26 \text{kN/m} = 36.17 \text{kN/m}$

(2)计算简图。

主梁截面为 $300 \text{mm} \times 700 \text{mm}$,则次梁计算跨度为

边跨:$l_0 = l_n + \dfrac{a}{2} = 6210 + \dfrac{240}{2} \text{mm} = 6330 \text{mm} < 1.025 l_n = 1.025 \times 6210 \text{mm} = 6365 \text{mm}$。

取 $l_0 = 6330 \text{mm}$。

中间跨:$l_0 = l_n = 6600 - 300 \text{mm} = 6300 \text{mm}$

跨度差:$\dfrac{6330 - 6300}{6300} \times 100\% < 10\%$

可按等跨计算。

次梁计算简图如图 11-20 所示。

(3)内力计算。

①弯矩设计值。

边跨跨中及第一内力支座:

$$M_1 = -M_B = \frac{1}{11}(q + g)l_0^2 = \frac{1}{11} \times 36.17 \times 6.33^2 \text{kN·m} = 131.75 \text{kN·m}$$

中间跨中及中间支座:

$$M_2 = M_3 = \frac{1}{16}(q + g)l_0^2 = \frac{1}{16} \times 36.17 \times 6.3^2 \text{kN·m} = 89.724 \text{kN·m}$$

$$M_c = -\frac{1}{14}(q + g)l_0^2 = -\frac{1}{14} \times 36.17 \times 6.3^2 \text{kN·m} = 102.54 \text{kN·m}$$

②剪力设计值。

$$V_A = 0.45(q + g)l_n = 0.45 \times 36.17 \times 6.21 \text{kN} = 101.08 \text{kN}$$

$$V_{Bl} = 0.6(q + g)l_n = 0.6 \times 36.17 \times 6.21 \text{kN} = 134.77 \text{kN}$$

$$V_{Br} = -V_{Cl} = 0.55(q + g)l_n = 0.55 \times 36.17 \times 6.3 \text{kN} = 125.33 \text{kN}$$

(4)正截面受弯承载力计算。

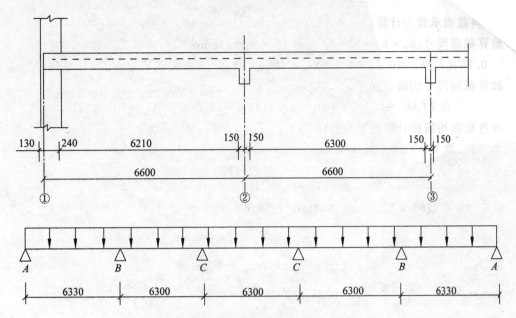

图 11-20　次梁设计计算简图(单位:mm)

支座截面按矩形截面 $bh = 200\text{mm} \times 450\text{mm}$ 计算,跨中截面按 T 形截面计算,其受压翼缘计算宽度取值如下:

边跨:$b'_\text{f} = \dfrac{l_0}{3} = \dfrac{6330}{3}\text{mm} = 2110\text{mm} < (b + s_0) = 200 + 2300\text{mm} = 2500\text{mm}$

中间跨:$\qquad\qquad b'_\text{f} = \dfrac{l_0}{3} = \dfrac{6300}{3}\text{mm} = 2100\text{mm}$

故取 $b'_\text{f} = 2100\text{mm}$

梁高 $h = 450\text{mm}$,取 $h_0 = 450 - 35\text{mm} = 415\text{mm}$,跨中 $h'_\text{f} = 80\text{mm}$。

判别 T 形截面类型:

$a_1 f_\text{c} b'_\text{f} h'_\text{f}(h_0 - \dfrac{h'_\text{f}}{2}) = 1.0 \times 14.3 \times 2100 \times 80 \times (415 - \dfrac{80}{2})\text{kN} \cdot \text{m} = 900.9\text{kN} \cdot \text{m}$

因为此值大于各跨中弯矩设计值,所以各跨中截面均属于第一类 T 形截面,次梁正截面承载力计算及配筋参见表 11-2。

表 11-2　次梁正截面承载力计算

截　面	第一跨中	支座 B	第二跨中	支座 C
弯矩设计值/N·mm	131750000	−131750000	89724000	−102540000
$a_\text{s} = \dfrac{M}{a_1 f_\text{c} b'_\text{f} h_0^2}$ /mm	0.025 ($b'_\text{f} = 2100$)	0.267 ($b'_\text{f} = b = 200$)	0.017 ($b'_\text{f} = 2100$)	0.208 ($b'_\text{f} = b = 200$)
ξ	0.025	0.316	0.017	0.236
$A_\text{s} = \dfrac{a_1 f_\text{c} b'_\text{f} h_0 \xi}{f_\text{y}}$ /mm²	1038	1249	706	933.7
选配钢筋	3 ϕ 22 (1140mm²)	4 ϕ 20 (1256mm²)	2 ϕ 22 (760mm²)	3 ϕ 20 (942mm²)

$-80=(415-80)\text{mm}=335\text{mm}$

$25\times1.0\times14.3\times200\times415\text{kN}=296.73\text{kN}>V_{Bl}=134.77\text{kN}$

要求。

$=0.7\times1.43\times200\times415\text{kN}=83.08\text{kN}<V_A=101.08\text{kN}$

算配置箍筋。

第一跨：$V_{Bl}=134.77\text{kN}$

$$\frac{nA_{sv1}}{s}=\frac{V_{Bl}-0.7f_tbh_0}{1.25f_{yv}h_0}=\frac{134770-83080}{1.25\times210\times415}=0.474$$

选中 $\phi6$ 双肢箍，$nA_{sv1}=2\times28.3\text{mm}^2=56.6\text{mm}^2$

$$s=\frac{56.6}{0.474}\text{mm}=119.4\text{ mm}$$

取

$$s=110\text{mm}<s_{max}=200\text{mm}$$

$$\rho_{sv}=\frac{nA_{sv}}{bs}=\frac{56.6}{200\times110}=0.257\%>\rho_{sv,min}=0.24\frac{f_t}{f_{yv}}=0.24\times\frac{1.43}{210}=0.163\%$$

其余跨：取 $V=V_{Br}=125.33\text{kN}$

$$\frac{nA_{sv1}}{S}=\frac{V_{Br}-0.7f_tbh_0}{1.25f_{yv}h_0}=\frac{125300-83080}{1.25\times210\times415}=0.388$$

选中 $\phi6$ 双肢箍，$nA_{sv1}=2\times28.3\text{mm}^2=56.6\text{mm}^2$

$$s=\frac{56.6}{0.388}\text{mm}=146\text{mm}$$

取

$$s=110\text{mm},\qquad \rho_{sv}>\rho_{sv,min}$$

4. 主梁设计（弹性计算法）

(1)荷载计算。

次梁传来的集中荷载：$10.17\times6.6\text{kN}=67.12\text{kN}$

主梁自重：$1.2\times25\times0.3\times(0.7-0.08)\times2.5\text{kN}=13.95\text{kN}$

主梁粉刷重：$1.2\times16\times0.012\times(0.7-0.08)\times2.5\times2\text{kN}=0.714\text{kN}$

恒荷载设计值：$g=81.784\text{kN}$

活荷载设计值：$q=26\times6.6\text{kN}=171.60\text{kN}$

总荷载设计值：$g+q=253.40\text{kN}$

(2)计算简图。柱截面为 $400\text{mm}\times400\text{mm}$，则主梁计算跨度为

边跨：$l_0=l_n+\dfrac{a}{2}+\dfrac{b}{2}=(7060+\dfrac{370}{2}+\dfrac{400}{2})\text{mm}=7445\text{mm}>1.025l_n+\dfrac{b}{2}=(1.025\times$

$7060+200)\text{mm}=7437\text{mm}$，取 $l_0=7437\text{mm}$。

中间跨：$l_0=7500\text{mm}$

各跨度差小于 10%，可按等跨计算。计算简图如图 11-21 所示。

(3)内力计算。按弹性计算法查阅等跨连续梁内力系数表，弯矩和剪力计算公式为

$$M=k_1gl_0+k_2ql_0$$
$$V=k_1g+k_2q$$

主梁的内力计算及最不利内力组合参见表 11-3。

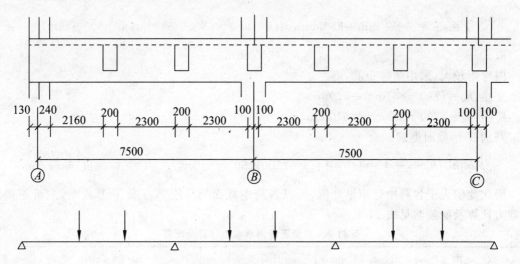

图 11-21　主梁设计计算简图(单位:mm)

表 11-3　主梁的内力计算表

序号	荷载简图	弯矩/kN·m			剪力/kN		
		k/M_1	k/M_B	k/M_2	k/V_A	k/V_{Bl}	k/V_{Br}
①		0.244 148.41	−0.267 −163.09	0.067 41.10	0.733 59.95	−1.267 −103.62	1.000 81.784
②		0.244 311.39	−0.267 −342.19	0.067 86.23	0.733 125.78	−1.267 −217.42	1.000 171.60
③		0.289 368.82	−0.133 −170.45	−0.133 −171.17	0.866 148.61	−0.134 −194.60	—
④		−0.044 −56.15	−0.133 −170.45	0.200 257.40	−0.133 −22.82	−0.133 −22.82	1.000 171.60
⑤		0.229 292.25	−0.311 (0.089) −398.58 (114.06)	0.170 218.79	0.689 118.23	−1.311 −224.97	1.222 209.70
⑥		0.274 349.68	−0.178 −227.16	—	0.822 141.06	−1.178 −202.15	0.222 38.10
最不利内力组合		①+③ 517.23	①+⑤ −561.67 ①+⑤ −49.03	①+④ 298.50 ①+③ −49.03	①+③ 208.56	①+⑤ −328.59	①+⑤ 291.49

(4)主梁正截面受弯承载力计算。支座截面按矩形截面 $b \times h = 300\text{mm} \times 700\text{mm}$ 计算,跨中截面 T 形截面计算,其受压翼缘计算宽度取值如下:

$$b'_f = \frac{l_0}{3} = \frac{7500}{3} \text{mm} = 2500\text{mm} < (b + s_0) = (300 + 6300)\text{mm} = 6900(\text{mm})$$

取　　　　　　　　　　　　　　　$b = 2500\text{mm}$

因弯矩较大,采用两排布筋,则

支座:$h_0 = (700 - 80)\text{mm} = 620\text{mm}$

跨中:$h_0 = (700 - 60)\text{mm} = 640\text{mm}, h'_f = 80\text{mm}$

判别 T 形截面类别:

$$\alpha_1 f_c b'_f h'_f \left(h_0 - \frac{h'_f}{2}\right) = 1.0 \times 14.3 \times 2500 \times 80 \times (640 - \frac{80}{2})\text{kN·m} = 1716\text{kN·m}$$

因此此值大于各跨中弯矩设计值,所以各跨中截面均属于第一类 T 形截面,主梁正截面承载力计算及配筋参见表 11-4。

表 11-4　主梁正截面承载力计算及配筋

截面	边跨跨中	B、C 支座	中间跨中	
弯矩设计值/N·mm	517230000	−561670000	298500000	−130070000
M/N·mm	—	−512380000	—	—
$b'_f h_0 (bh_0)$	2500×640	300×620	2500×640	300×620
$\alpha_s = \dfrac{M}{\alpha_1 f_c b'_f h_0^2}$	0.035	0.311	0.020	0.079
ξ	0.036	0.385	0.019	0.082
$A_s = \dfrac{\alpha_1 f_c b'_f h_0 \xi}{f_y}$	2746	3413	1449	727
选配钢筋	6ϕ25 (2945mm²)	2ϕ22+6ϕ25 (3705mm²)	4ϕ22 (1520mm²)	2ϕ22 (760mm²)

(5)主梁斜截面承载力计算。

验算截面尺寸:　　　$\dfrac{h_w}{b} = \dfrac{620 - 80}{300} = 1.8$

$$0.25\beta_c f_c bh_0 = 0.25 \times 1.0 \times 14.3 \times 300 \times 620\text{kN}$$
$$= 664.95\text{kN} > V_{b1} = 328.59\text{kN}$$

为各截面最大剪力,故各跨截面尺寸均满足要求。不设弯筋,只设箍筋。

$$0.7f_t bh_0 = 0.7 \times 1.43 \times 300 \times 620\text{kN} = 186.19\text{kN} < V_{br} = 291.49\text{kN}$$

故各跨均需按计算配置箍筋。

AB 跨:取 $V = V_{b1} = 328.5$,则

$$\frac{nA_{sv1}}{s} = \frac{V_{b1} - 0.7f_t bh_0}{1.25f_{yv}h_0} = \frac{328590 - 186190}{1.25 \times 210 \times 620} = 0.875$$

选用 ϕ8 双肢箍,　　　$n = 2 \times 50.3\text{mm}^2 = 100.6\text{mm}^2$

$$s = \frac{100.6}{0.875}\text{mm} = 115\text{mm}$$

取 $s = 100\text{mm}$,则

$$\rho_{sv} = \frac{nA_{sv1}}{bs} = \frac{100.6}{300 \times 100} = 0.335\%$$

$$> \rho_{sv. min} = 0.24 \frac{f_t}{f_{yv}} = 0.24 \times \frac{1.43}{210} = 0.1$$

BC 跨：取 $V = V_{b1} = 291.4$，则

$$\frac{nA_{sv1}}{s} = \frac{V_{b1} - 0.7 f_t b h_0}{1.25 f_{yv} h_0} = \frac{291490 - 186190}{1.25 \times 210 \times 620} = 0.647$$

选用 $\phi 8$ 双肢箍，$n = 2 \times 50.3 \text{mm}^2 = 100.6 \text{mm}^2$

$$s = \frac{100.6}{0.647} \text{mm} = 155.5 \text{mm}$$

取 $s = 100 \text{mm}$，则

$$\rho_{sv} > \rho_{sv. min}$$

（6）主梁附加横向钢筋计算。次梁传来的集中荷载设计值为

$$F = (81.79 + 171.60) \text{kN} = 253.40 \text{kN}$$

在次梁支撑处可配置附加横向钢筋的范围为

$$h_1 = (700 - 450) \text{mm} = 250 \text{mm}$$

$$s = 2h_1 + 3b = (2 \times 250 + 3 \times 200) \text{mm} = 1100 \text{mm}$$

由附加箍筋和附加吊筋共同承担，设置 $\phi 8$ 双肢箍共 6 道，$A_{sv1} = 50.3 \text{mm}^2$。
由 $F \leqslant m A_{sv} f_{yv} + 2 A_{sb} f_y \sin\alpha$，得

$$A_{sb} \geqslant \frac{F - m A_{sv} f_{yv}}{2 f_{yv} \sin\partial_s} = \frac{253400 - 6 \times 2 \times 50.3 \times 210}{2 \times 300 \times 0.707} \text{mm}^2 = 299 \text{mm}^2$$

选用 $2 \phi 14 (A_{sb} = 308 \text{mm}^2)$。

5. 施工图

如图 11-22 所示，为节省篇幅，板配筋图、次梁和主梁配筋的平面表示法在同一图上表达，其中 A 表示在主梁上于次梁截面两侧各配置加密箍筋 $\phi 8$ 双肢箍 3 道，间距为 50mm，并设置 $2 \phi 14$ 附加吊筋。

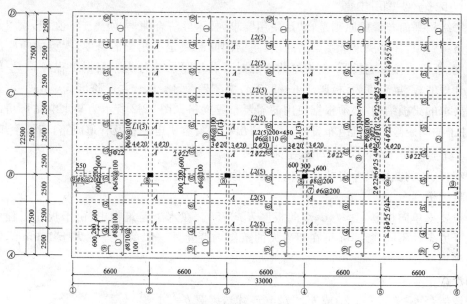

图 11-22　肋形楼盖板的配筋图

项目 12　水电站厂房及刚架结构

项目重点

水电站厂房结构的平面布置及设计的一般规定,水电站厂房楼板的荷载计算、内力计算与配筋构造,刚架结构的计算要点与构造要求,牛腿的截面尺寸的确定、配筋计算及构造,柱下独立基础的构造。

教学目标

能对水电站厂房的楼板、刚架、牛腿、柱下独立基础等结构进行设计。

任务 1　水电站厂房结构布置

知识目标

掌握厂房结构平面布置的一般方法和厂房结构设计的一般规定。

能力目标

能识读厂房结构平面布置图。

模块 1　水电站厂房的结构组成

图 12-1 所示为某水电站主厂房示意简图,主要由屋面梁板结构、楼面梁板结构、带牛腿柱、吊车与吊车梁、发电机组、水轮机组等组成。

1.厂房结构平面布置

厂房结构平面布置的原则是:满足使用要求,技术经济合理,方便施工。在板、次梁、主梁、柱的梁格布置中,柱距决定了主梁的跨度,主梁的间距决定了次梁的跨度,次梁的间距决定了板的跨度,板跨直接影响板厚,而板厚的增加对材料用量影响较大。根据工程经验,一般建筑中较为合理的板、梁跨度为:板跨 1.5~2.7m,次梁跨度 4~6m,主梁跨度 5~8m。对于有特殊使用要求的梁板结构,必须根据使用的需要布置梁格。图 12-2 所示为某水电站厂房的平面布置,柱子的间距除满足机组布置外,还要留出孔洞安装机电设备及管道线路,布置不规则。

2.厂房中板、梁的尺寸构造要求

连续板、梁的截面尺寸可按高跨比关系和刚度要求确定。

1)连续板

一般要求单向板厚 $h \geqslant l/40$,双向板厚 $h \geqslant l/50$。在水工建筑物中,由于板在工程中所处部位及受力条件不同,板厚 h 可在相当大的范围内变化。一般薄板厚度大于 100mm,特殊情况下适当加厚。

2)次梁

一般梁高 $h \geqslant l/20$(简支)或 $h \geqslant l/25$(连续),梁宽 $b = (1/3 \sim 1/2)h$。

3)主梁

一般梁高 $h \geqslant l/12$(简支)或 $h \geqslant l/15$(连续),梁宽 $b = (1/3 \sim 1/2)h$。

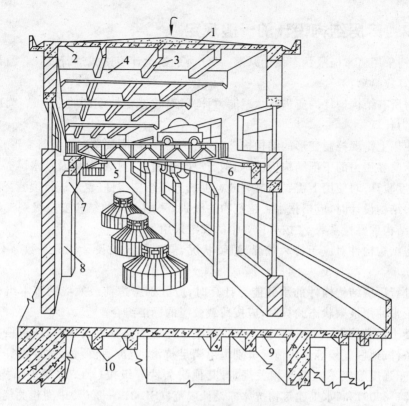

图 12-1　水电站主厂房

1—屋面构造；2—屋面板；3—纵梁；4—横梁；5—吊车；
6—吊车梁；7—牛腿；8—柱；9—楼板；10—纵梁

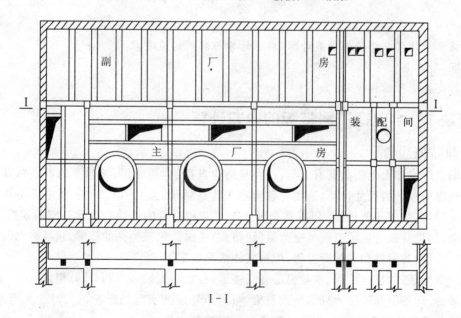

图 12-2　某水电站厂房的平面布置

模块 2　厂房结构设计的一般规定

厂房结构采用概率极限状态设计原则,以分项系数设计表达式进行设计。设计时按下列规定进行计算或验算:

(1)厂房所有结构构件均应进行承载能力计算;对建造在地震区的水电站,尚应进行结构的抗震承载力计算。

(2)对使用上需要控制变形的结构构件(如吊车梁、厂房刚架等),应进行变形验算。

(3)对承受水压力的下部结构构件(如钢筋混凝土蜗壳、闸墩、胸墙及挡水墙等),应进行抗裂或裂缝宽度验算;对使用上需要限制裂缝宽度的上部结构构件,也应进行裂缝宽度 验算。

(4)厂房结构设计时,应根据水工建筑物的级别,采用不同的结构安全级别。结构安全级别及对应的结构重要性系数 γ_0 按项目 3 中的规定采用。

(5)厂房结构构件对应于持久状况、短暂状况、偶然状况的设计状况系数 ψ 分别取 1.0、0.95 和 0.85。

(6)在进行厂房结构构件的承载能力计算时,应分别考虑荷载效应的基本组合和偶然组合;在进行正常使用极限状态验算时,应按荷载效应的标准组合。

(7)混凝土强度等级:水电站厂房各部位混凝土除应满足强度要求外,还应根据所处环境条件、使用条件、地区气候等具体情况分别提出满足抗渗、抗冻、抗侵蚀、抗冲刷等相应耐久性要求。混凝土强度等级不宜低于相关规定;其他耐久性等级按《水工混凝土结构设计规范》(DL/T 5057—2009)和《水工建筑物抗冰冻设计规范》(SL 211—2006)中的相关规定采用。

任务 2　水电站厂房楼板的计算与构造

知识目标

掌握水电站厂房楼板的荷载计算、内力计算与配筋构造要求。

能力目标

能对楼板进行结构设计。

模块 1　水电站厂房楼板的内力计算

1.荷载效应分析

作用在厂房楼面上的荷载有三类:一类是结构自重(包括面层、装修等的重量),其数值可以按材料容重和结构尺寸计算,这类荷载为永久荷载(恒荷载)。第二类是机电设备重量。设备一经安装,其位置不再改变,但其重量因生产工艺和材料的原因往往有一定的误差,因此,在设计时,这类荷载一般可以按可变荷载(活荷载)考虑。第三类是活荷载,包括检修时放在楼板上的工具、设备附件和人群荷载等,应视具体情况而定。

主厂房安装间、发电机层、水轮机层各层楼面,在机组安装、运行和检修期间,由设备堆放、部件组装、搬运等引起的楼面局部荷载及集中荷载,均应按实际情况考虑。对于大型水电站,可以按设备部件的实际堆放位置分区确定各区间的荷载值。

安装间的楼面活荷载主要是机组安装检修时堆放大件的重量。由于设备底部总有枕木、垫块等支垫,考虑荷载扩散作用后,活荷载一般按均布荷载考虑,设计时可以按经验公式估算:

$$q_k = (0.07 \sim 0.10)G_k \tag{12-1}$$

式中：q_k——安装间楼面均布活荷载标准值；

$\quad\quad G_k$——安装间需堆放的最大部件重力，一般是发电机转子连轴重力。

式(12-1)中较小的系数适用于大容量、低转速的机组。

发电机层楼面在检修时只堆放一些小件或零部件，楼面活荷载可以取$(0.25 \sim 0.5)q_k$。当缺乏资料时，主厂房各层楼面的均布活荷载可以按表 12-1 取用。

表 12-1　主厂房楼面均布活荷载标准值

序　号	楼层名称	标准值/(kN/m²)		
		$300 > P \geqslant 100$	$100 > P \geqslant 50$	$50 > P \geqslant 5$
1	安装间	160～140	140～60	60～30
2	发电机层	50～40	40～20	20～10
3	水轮机层	30～20	20～10	10～6

注：P——单机容量，MW；当 $P \geqslant 300$MW 时，均布荷载值可以视实际情况酌情增大。

在设计楼面的主梁、墙、柱和基础时，应对楼面活荷载标准值乘以 0.8～0.85 的折减系数。

当考虑搬运、装卸重物，车辆行驶和设备运转对楼面板和梁的动力作用时，应将活荷载乘以动力系数，动力系数可以为 1.1～1.2。

一般情况下，楼面活荷载的作用分项系数可以采用 1.2；对于安装间及发电机层楼面，当堆放设备的位置在安装、检修期间有严格控制并加放垫木时，其作用分项系数可以采用 1.05。

2. 楼板的内力计算

水电站主厂房楼面具有荷载大、孔洞多、结构布置不规则等特点，内力计算比一般肋形梁板结构复杂得多。实际工程设计中往往采用近似计算方法，下面对其要点予以介绍。

(1)发电机层楼面由于有动荷载作用，又经常处于振动状态，对裂缝宽度有严格的限制，因此，应按弹性方法计算内力。

(2)根据楼面的结构布置情况，将整个楼面划分为若干个区域，每一区域内选择有代表性的跨度的板块按单向板或双向板计算其内力，同一区域内相应截面的配筋量取为相同。对于三角形板块，当板的两条直角边长之比小于 2 时，也是双向板。计算时可以将三角形双向板简化为矩形双向板，两个方向的计算跨度取为各自边长的 $\dfrac{2}{3}$，如图 12-3 所示。

对于楼板只计算弯矩，不计算剪力。

(3)楼面结构在厂房四周和中部，以上下游底墙、机墩或风罩、柱子等作为支承构件，按以下条件考虑边界条件：

①当楼面结构搁置在支承构件上时(如板、梁搁置在砖墙或牛腿上时)，板或梁按简支端考虑；

②当楼板或梁与支承构件刚接，且支承构件的线刚度($\dfrac{EI}{l}$)大于楼板或梁的线刚度的 4 倍时，按固定端考虑。

③当为弹性支承(即介于以上两者之间)时，可以先将弹性支承端视为简支端，计算出边跨跨中弯矩 M_0，而边跨跨中和弹性端支座处均按 $0.7M_0$ 配置钢筋，或边跨跨中按 M_0 配筋，弹性

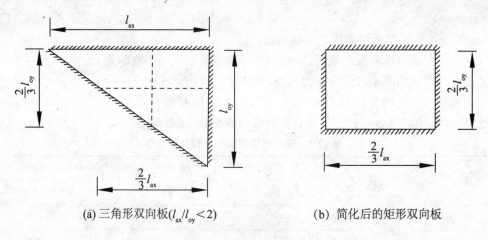

(a) 三角形双向板($l_{ax}/l_{oy} < 2$)　　　　　　(b) 简化后的矩形双向板

图 12-3　三角形双向板的简化

支座处钢筋取边跨跨中钢筋的一半。

（4）对于多跨连续板，可以不考虑活荷载的最不利布置，一律按满布荷载计算板块跨中和支座截面的内力。

（5）当板的中间支座两侧为不同的板块时，支座弯矩近似取两侧板块支座弯矩的平均值。

水电站主厂房楼面梁承受板传来的荷载的确定方法和内力计算与项目 11 中一般梁板结构的相同。

模块 2　楼板配筋构造要求

水电站厂房梁板结构的配筋计算和构造要求与项目 11 中一般梁板结构的基本相同。这里仅就几个特殊的构造问题加以说明。

1. 不等跨单向板的配筋

不等跨连续单向板当跨度相差不大于 20% 时，受力钢筋可以参考图 12-4 确定。配筋方式有弯起式和分离式两种。

当 $\gamma_Q q_K \leqslant \gamma_G g_k$ 时，图 12-4 中

$$a_1 = \frac{l_{01}}{4}, \quad a_2 = \frac{l_{02}}{4}, \quad a_3 = \frac{l_{03}}{4}$$

当 $\gamma_Q q_K > \gamma_G g_k$ 时，图 12-4 中

$$a_1 = \frac{l_{01}}{3}, \quad a_2 = \frac{l_{02}}{3}, \quad a_3 = \frac{l_{03}}{3}$$

图 12-4(a) 中弯起钢筋的弯起角，当板厚 $h < 120\text{mm}$ 时，可以为 30°；当 $h \geqslant 120\text{mm}$ 时，可以为 45°。

对于下部受力钢筋，一般情况下可以根据钢筋的实际长度，采用逐跨配筋（如 b_1）所示或连通配筋（如 b_2）所示。当混凝土板和板下支承的钢梁按钢-混凝土组合结构设计时，应采用 b_2 所示的连通配筋型式。

在板跨较短的区域，常将上、下钢筋连通而不予切断，以简化施工。

当板的跨度相差大于 20% 时，图 12-4 中上部受力钢筋伸过支座边缘的长度 a_1、a_2、a_3 仍应按弯矩图形确定。

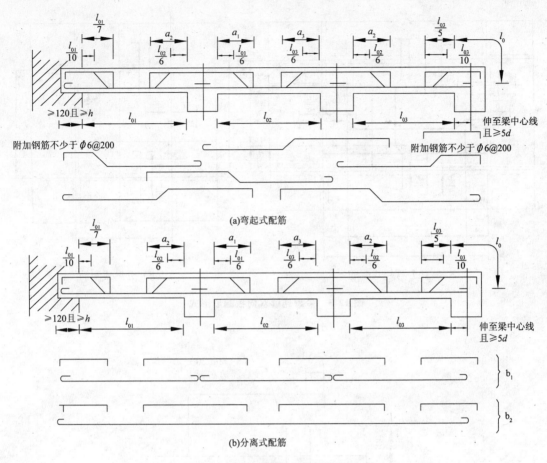

(a)弯起式配筋

(b)分离式配筋

图 12-4　不等跨连续单向板配筋形式

单向板中的构造钢筋应按项目 11 中的要求配置。

2.双向板的配筋

多跨连续双向板的配筋形式如图 12-5 所示。对单跨及多跨连续双向板的边支座配筋，可以按单向板的边支座钢筋形式配置。

3.板上小型设备基础

当厂房楼板上有较大的集中荷载或震动较大的小型设备时，其基础应放置在梁上。设备荷载的分布面积较小时可以设单梁，分布面积较大时应设双梁。

一般情况下，设备基础宜与楼板同时浇筑。当因施工条件限制需要二次浇筑时，应将设备基础范围内的板面做成毛面，洗刷干净后再行浇捣。当设备震动较大时，应按图 12-6 在楼板与基础之间配置连接钢筋。

4.板上开洞处理

对开有孔洞的楼板，当荷载垂直于板面时，除应验算板的承载力外，还需对洞口周边按以下方式进行构造处理：

（1）当 b 或 d（b 为垂直于板的受力钢筋方向的孔洞宽度，d 为圆孔直径）小于 300mm 并小于板宽的 $\frac{1}{3}$ 时，可以不设附加钢筋，只将受力钢筋间距作适当调整，或将受力钢筋绕过孔洞周

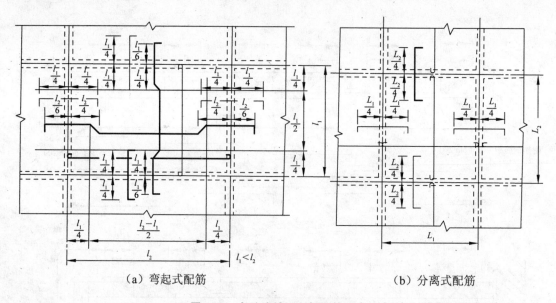

（a）弯起式配筋　　　　　　　　　　　　（b）分离式配筋

图 12-5　多跨连续双向板配筋形式

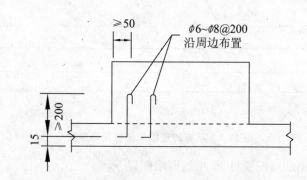

图 12-6　楼板与小型设备基础之间的连接（单位：mm）

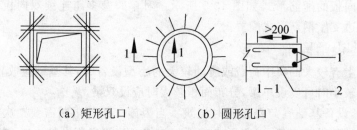

（a）矩形孔口　　　　　（b）圆形孔口

图 12-7　边长大于 1000mm 的孔口周边的构造钢筋

边，不予切断。

（2）当 b 或 d 大于 300mm 但小于 1000mm 时，应在洞边每侧配置附加钢筋，每侧的附加钢筋截面积不应小于洞口宽度内被切断的钢筋截面积的 $\frac{1}{2}$，且不少于 2 根直径为 10mm 的钢筋；当板厚大于 200mm 时，宜在板的顶部、底部均配置附加钢筋。

（3）当 b 或 d 大于 1000mm 时，除按上述规定配置附加钢筋外，在矩形孔洞四角尚应配置

45°方向的构造钢筋如图 12-7(a)所示;在圆孔周边尚应配置不少于 2 根直径为 10mm 的环向钢筋,搭接长度为 30d(此处 d 为钢筋直径),并设置直径不小于 8mm、间距不大于 300mm 的放射形径向钢筋,如图 12-7(b)所示。

(4)当 b 或 d 大于 1000mm 并在孔洞附近有较大的集中荷载作用时,宜在洞边加设肋梁。当 b 或 d 大于 1000mm 而板厚小于 0.3b 或 0.3d 时,也宜在洞边加设肋梁;当板厚大于 300mm 时,宜在洞边加设暗梁或肋梁。

任务 3 刚架结构的设计要点与构造要求

知识目标

掌握刚架结构的设计要点与构造要求。

能力目标

能进行刚架结构的设计。

刚架是由横梁和立柱刚性连接(刚结点)所组成的承重结构。图 12-8(a)所示为支承渡槽槽身,图 12-8(b)所示为支承工作桥桥面的承重刚架。当刚架高度小于 5m 时,一般采用单层刚架;当刚架高度大于 5m 时,宜采用双层刚架或多层刚架。根据使用要求,刚架结构也可以是单层多跨或多层多跨。刚架结构通常也称框架结构。

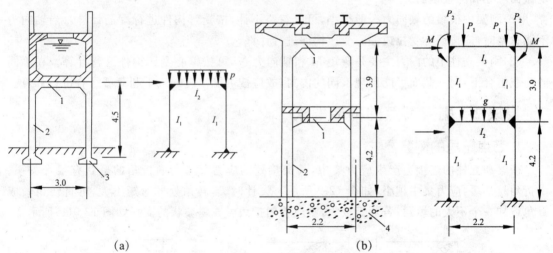

(a)   (b)

图 12-8 刚架结构实例(单位:m)
1—横梁;2—柱;3—基础;4—闸墩

模块 1 刚架结构的设计要点

在整体式刚架结构中,纵梁、横梁和柱整体相连,实际上构成了空间结构。因为结构的刚度在两个方向是不一样的,同时,考虑到结构空间作用的计算较复杂,所以一般是忽略刚度较小方向(立柱短边方向)的整体影响,而把结构偏安全地当做一系列平面刚架进行计算。

1.计算简图

平面刚架的计算简图应反映刚架的跨度和高度、节点和支承的形式、各构件的截面惯性矩，以及荷载的形式、数值和作用位置。

图 12-8(b)中绘出了工作桥承重刚架的计算简图。刚架的轴线采用构件截面重心的连线，立柱和横梁的连接均为刚性连接，柱子与闸墩整体浇筑，故也可看做固端支承。荷载的形式、数值和作用位置可根据实际情况确定。刚架中横梁的自重是均布荷载，如果上部结构传下的荷载主要是集中荷载，为了计算方便，也可将横梁自重化为集中荷载处理。

刚架是超静定结构，在内力计算时要用到截面的惯性矩，确定自重时也需要知道截面尺寸。因此，在进行内力计算之前，必须先假定构件的截面尺寸。内力计算后，若有必要再加以修正，一般只有当各杆件的相对惯性矩的变化（较初设尺寸的惯性矩）超过 3 倍时才需重新计算内力。

如果刚架横梁两端设有支托，但其支座截面和跨中截面的高度之比 $h_c/h < 1.6$，或截面惯性矩的比值 $i_c/i < 4$ 时，可不考虑支托的影响，而按等截面横梁刚度来计算。

2. 内力计算

刚架内力可按结构力学方法计算。对于工程中的一些常用刚架，可以利用现有的计算公式或图表，也可以采用软件计算。

3. 截面设计

(1)根据内力计算所得内力（M、V、N），按最不利情况组合后，即可进行承载力计算，以确定截面尺寸和配置钢筋。

(2)刚架中横梁的轴向力一般很小，可以忽略不计，按受弯构件进行配筋计算。当轴向力不能忽略时，应按偏心受拉或偏心受压构件进行计算。

(3)刚架立柱中的内力主要是弯矩 M 和轴向力 N，可按偏心受压构件进行计算。在不同的荷载组合下，同一截面可能出现不同的内力，故应按可能出现的最不利荷载组合进行计算。

模块 2　刚架节点的构造要求

1. 节点贴角的构造要求

横梁和立柱的连接会产生应力集中，其交接处的应力分布与内折角的形状有很大关系。内折角越平缓，应力集中越小，如图 12-9 所示。设计时，若转角处的弯矩不大，可将转角做成直角或加一个不大的填角；若弯矩较大，则应将内折角做成斜坡状的支托如图 12-9(c)所示。

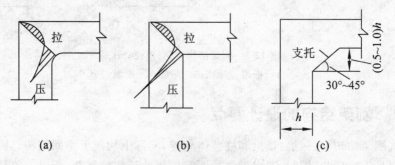

图 12-9　刚节点应力集中与支托

转角处有支托时，横梁底面和立柱内侧的钢筋不能内折（见图 12-10(a)），而应沿斜面另加直钢筋，如图 12-10(b)所示。另加的直钢筋沿支托表面放置，其数量不少于 4 根，直径与横梁

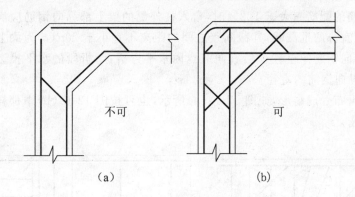

图 12-10　支托的钢筋布置

沿梁底面伸入节点内的钢筋直径相同。

2.顶层端节点构造要求

图 12-11 所示为常用的刚架顶部节点的钢筋布置:刚架顶层端节点处,可将柱外侧纵向钢筋的相应部分弯入梁内,作梁的上部纵向钢筋使用,也可将梁上部纵向钢筋与柱外侧纵向钢筋在顶层端节点及其附近部位搭接。搭接可采用下列方式。

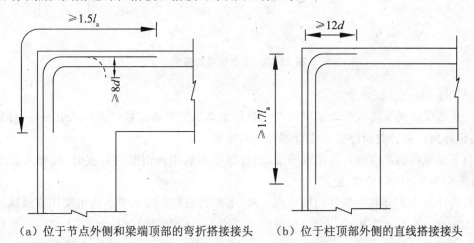

（a）位于节点外侧和梁端顶部的弯折搭接接头　　　（b）位于柱顶部外侧的直线搭接接头

图 12-11　梁上部纵向顶部与柱外侧纵向钢筋在顶层端节点的搭接

（1）搭接接头可沿顶层端节点外侧及梁端顶部布置（见图 12-11（a）），搭接长度不应小于 $1.5l_a$,其中,伸入梁内的外侧柱纵向钢筋截面积不宜小于外侧柱纵向钢筋全部截面积的 65%；梁宽范围以外的外侧柱纵向钢筋宜沿节点顶部伸至柱内边,当柱纵向钢筋位于柱顶第一层时,至柱内边后宜向下弯折不小于 $8d$ 后截断;当柱纵向钢筋位于柱顶第二层时,可不向下弯折。当有现浇板且板厚不小于 80mm、混凝土强度等级不低于 C20 时,梁宽范围以外的外侧柱纵向钢筋可伸入现浇板内,其长度与伸入梁内的柱纵向钢筋的相同。当外侧柱纵向钢筋配筋率大于 1.2% 时,伸入梁内的柱纵向钢筋应满足以上规定,且宜分两批截断,其截断点之间的距离不宜小于 $20d$。梁上部纵向钢筋应伸至节点外侧并向下弯至梁下边缘高度后截断。此处,d 为柱外侧纵向钢筋的直径。

（2）搭接接头也可沿柱顶外侧布置（见图 12-11（b）），此时,搭接长度竖直段不应小于 $1.7l_a$。

当梁上部纵向钢筋的配筋率大于 1.2%时,弯入柱外侧的梁上部纵向钢筋应满足以上规定的搭接长度要求,且宜分两批截断,其截断点之间的距离不宜小于 $20d$(d 为梁上部纵向钢筋的直径)。柱外侧纵向钢筋伸至柱顶后宜向节点内水平弯折,弯折段的水平投影长度不宜小于 $12d$(d 为柱外侧纵向钢筋的直径)。

　　节点的箍筋可布置成扇形,如图 12-12(a)所示,也可按图 12-12(b)中那样布置。节点处的箍筋应适当加密。

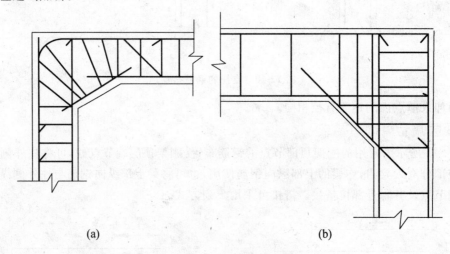

(a)　　　　　　　　　　　　　　　　　　(b)

图 12-12　节点箍筋的布置

3.中间节点构造要求

　　(1)连续梁中间支座或框架梁中间节点处的上部纵向钢筋应贯穿支座或节点,且自节点或支座边缘伸向跨中的截断位置应符合项目 3 的规定。

　　(2)下部纵向钢筋应伸入支座或节点,当计算中不利用该钢筋的强度时,其伸入长度应符合项目 5 中 $KV > V_c$ 时的规定。

　　(3)当计算中充分利用钢筋的抗拉强度时,下部钢筋在支座或节点内可采用直线锚固形式(见图 12-13(a)),伸入支座或节点内的长度不应小于受拉钢筋锚固长度 l_a;下部纵向钢筋也可采用带 90°弯折的锚固形式(见图 12-13(b));或伸过支座(节点)范围,并在梁中弯矩较小处设置搭接接头(见图 12-13(c))。

　　(4)当计算中充分利用钢筋的抗压强度时,下部纵向钢筋应按受压钢筋锚固在中间节点或中间支座内,此时,其直线锚固长度不应小于 0.7。下部纵向钢筋也可伸过节点或支座范围,并在梁中弯矩较小处设置搭接接头。

4.中间层端节点构造要求

　　图 12-14 所示为刚架中间层边节点的钢筋布置。

　　(1)框架中间层端节点处,上部纵向钢筋在节点内的锚固长度不小于 l_a,并应伸过节点中心线。当钢筋在节点内的水平锚固长度不够时,应伸至对面柱边后再向下弯折,经弯折后的水平投影长度不应小于 $0.4l_a$,垂直投影长度不应小于 $15d$(见图 12-14)。此处,d 为纵向钢筋直径。

　　当在纵向钢筋的弯弧内侧中点处设置一根直径不小于该纵向钢筋直径且不小于 25mm

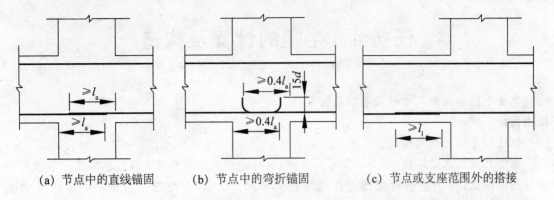

（a）节点中的直线锚固　　（b）节点中的弯折锚固　　（c）节点或支座范围外的搭接

图 12-13　梁下部纵向钢筋在中间节点或中间支座范围的锚固与搭接

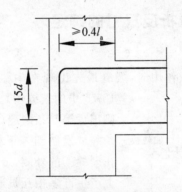

图 12-14　刚架中间层边节点钢筋布置

的横向插筋时，纵筋弯折前的水平投影长度可乘以折减系数 0.85，插筋长度应取为梁截面宽度。

（2）下部纵向钢筋伸入端节点的长度要求与伸入中间节点的相同。

5. 刚架柱的构造要求

（1）框架柱的纵向钢筋应贯穿中间层中间节点和中间层端节点，柱纵向钢筋接头应设在节点区以外。

（2）顶层中间节点的柱纵向钢筋及顶层端节点的内侧柱纵向钢筋可用直线方式锚入顶层节点，其自梁底标高算起的锚固长度不应小于规定的锚固长度 l_a，且柱纵向钢筋必须伸至柱顶。当顶层节点处梁截面高度不足时，柱纵向钢筋应伸至柱顶并向节点内水平弯折。当充分利用其抗拉强度时，柱纵向钢筋锚固段弯折前的竖直投影长度不应小于 $0.5l_a$，弯折后的水平投影长度不宜小于 12d。当柱顶有现浇板且板厚不小于 80mm、混凝土强度等级不低于 C20 时，柱纵向钢筋也可向外弯折，弯折后的水平投影长度不宜小于 12d。此处，d 为纵向钢筋的直径。

（3）梁上部纵向钢筋与柱外侧纵向钢筋在节点角部的弯弧内半径，当钢筋直径 $d \leqslant 25$mm 时，不宜小于 6d；当钢筋直径 $d > 25$mm 时，不宜小于 8d。

任务 4　牛腿的计算及构造

知识目标

掌握牛腿的截面尺寸确定与钢筋配置。

能力目标

能进行牛腿的结构设计。

水电站或抽水站厂房中,为了支承吊车梁,从柱内伸出的短悬臂构件俗称牛腿。牛腿是一个变截面深梁,与一般悬臂梁的工作性能完全不同。所以,不能把它当做一个短悬臂梁来设计。

模块 1　牛腿试验分析及尺寸的确定

1. 试验结果

试验表明,当仅有竖向荷载作用时,裂缝最先出现在牛腿顶面与上柱相交的部位(见图 12-15 中的裂缝①)。随着荷载的增大,在加载板内侧出现第二条裂缝(见图 12-15 中的裂缝②),当这条裂缝发展到与下柱相交时,就不再向柱内延伸。在裂缝②的外侧,形成明显的压力带。当在压力带上产生许多相互贯通的斜裂缝,或突然出现一条与斜裂缝②大致平行的斜裂缝③时,预示着牛腿将要破坏。当牛腿顶部除有竖向荷载作用 F_v 外,还有水平拉力 F_h 作用时,则裂缝将会提前出现。

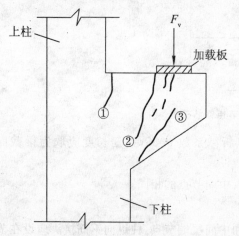

图 12-15　牛腿的破坏现象

2. 牛腿截面尺寸的确定

立柱上的独立牛腿(当剪跨比 $a/h_0 \leqslant 1.0$ 时)的宽度 b 与柱的宽度通常相同,牛腿的高度 h 可根据裂缝控制要求来确定(见图 12-16)。一般是先假定牛腿高度 h,然后按式(12-2)进行验算:

$$F_{vk} \leqslant \beta\left(1 - 0.5\,\frac{F_{hk}}{F_{vk}}\right)\frac{f_{tk}bh_0}{0.5 + \dfrac{a}{h_0}} \tag{12-2}$$

式中:F_{vk}——按荷载标准值计算得出的作用于牛腿顶部的竖向力值,N;

F_{hk}——按荷载标准值计算得出的作用于牛腿顶部的水平拉力值,N;

f_{tk}——混凝土轴心抗拉强度标准值,N/mm²;

β——裂缝控制系数,对水电站厂房立柱的牛腿,取 $\beta = 0.65$,对承受静荷载作用的牛腿,取 $\beta = 0.80$;

a——竖向力作用点至下柱边缘的水平距离,应考虑安装偏差 20mm;当考虑 20mm 的安装偏差后的竖向力作用点位于下柱以内时,应取 $a = 0$;

b——牛腿宽度,mm;

h_0——牛腿与下柱交接处的垂直截面的有效高度,mm,取 $h_0 = h_1 - a_s + \cot\alpha$,在此 h_1、

a_s、c 及 a 的含义如图 12-16 所示，当 $\alpha > 45°$ 时，取 $\alpha = 45°$。

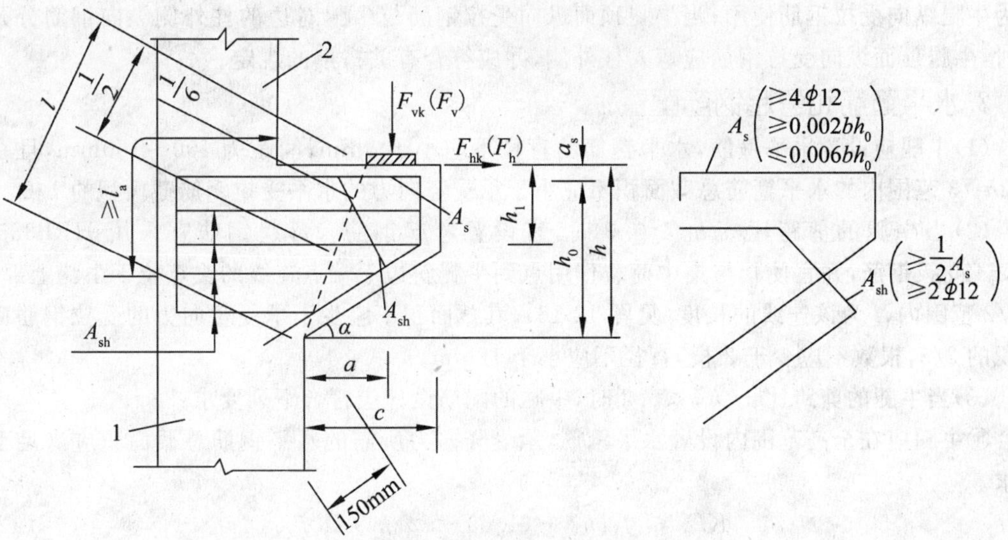

图 12-16　牛腿的外形及钢筋布置

牛腿的外形尺寸还应满足以下要求：

(1)牛腿的外边缘高度 $h_1 > h/3$，且不应小于 200mm；

(2)吊车梁外边缘与牛腿外缘的距离不应小于 100mm；

(3)牛腿顶部在竖向力 F_{vk} 作用下，其局部压应力不应超过 $0.75f_c$。

模块 2　牛腿的钢筋配置

1. 受力钢筋配置

当牛腿的剪跨比 $a/h_0 \geqslant 0.2$ 时，牛腿的配筋设计应符合下列要求。

由承受竖向力所需的受拉钢筋和承受水平拉力所需的锚筋组成的受力钢筋的总截面积 A_s 按式(12-3)计算：

$$A_s \geqslant K\left(\frac{F_v a}{0.85 f_y h_0} + 1.2\frac{F_h}{f_y}\right) \tag{12-3}$$

式中：K——承载力安全系数；

　　F_v——作用在牛腿顶部的竖向力设计值，N；

　　F_h——作用在牛腿顶部的水平拉力设计值，N。

牛腿的受力钢筋宜采用 HRB400 级钢筋。

(1)承受竖向力所需的水平受拉钢筋的配筋率(以截面积 bh_0 计)不应小于 0.2%，也不宜大于 0.6%，且根数不宜少于 4 根，直径不应小于 12mm。受拉钢筋不应下弯兼作弯起钢筋。

(2)承受水平拉力的锚筋不应少于 2 根，直径不应小于 12mm，锚筋应焊在预埋件上。

(3)全部纵向受力钢筋及弯起钢筋宜沿牛腿外边缘向下伸入下柱内 150mm 后截断(见图 12-16)。纵向受力钢筋及弯起钢筋伸入上柱的锚固长度，当采用直线锚固时，不应小于规定的受拉钢筋锚固长度 l_a；当上柱尺寸不足时，钢筋的锚固应符合梁上部钢筋在框架中间层端节点中带 90°弯折的锚固规定。此时，锚固长度应从上柱内边算起。

（4）当牛腿设于上柱柱顶时，宜将牛腿对边的柱外侧纵向受力钢筋沿柱顶水平弯入牛腿，作为牛腿纵向受拉钢筋使用；当牛腿顶面纵向受拉钢筋与牛腿对边的柱外侧纵向钢筋分开配置时，牛腿顶面纵向受拉钢筋应弯入柱外侧，并应符合有关搭接的规定。

2.水平箍筋和弯起钢筋配置

（1）牛腿应设置水平箍筋，水平箍筋的直径不应小于 6mm，间距为 100～150mm，且在上部 $2h_0/3$ 范围内的水平箍筋总截面积不应小于承受竖向力的水平受拉钢筋截面积的 $1/2$。

（2）当牛腿的剪跨比 $a/h_0 \geqslant 0.3$ 时，宜设置弯起钢筋。弯起钢筋宜采用 HRB335 或 HRB400 级钢筋，并宜使其与集中荷载作用点到牛腿斜边下端点连线的交点位于牛腿上部 $l/6$～$l/2$ 范围内，l 为该连线的长度（见图 12-16），其截面积不应少于承受竖向力的受拉钢筋截面面积的 $2/3$，根数不应少于 3 根，直径不应小于 12mm。

（3）当牛腿的剪跨比 $a/h_0 < 0.2$ 时，牛腿的配筋设计应符合下列要求：

①牛腿应在全高范围内设置水平钢筋，承受竖向力所需的水平钢筋总截面积应满足下列要求。

$$KF_v \leqslant f_t bh_0 + (1.65 - 3a/h_0)A_{sh}f_y \tag{12-4}$$

式中：A_{sh}——牛腿全高范围内，承受竖向力所需的水平钢筋总截面积，mm^2；

$\quad\quad f_t$——混凝土抗拉强度设计值，N/mm^2；

$\quad\quad f_y$——水平钢筋抗拉强度设计值，N/mm^2。

②配筋时，应将承受竖向力所需的水平钢筋总截面积的 40%～60%（剪跨比较小时取小值，较大时取大值）作为牛腿顶部受拉钢筋，集中配置在牛腿顶面；其余作为水平箍筋均匀配置在牛腿全高范围内。

③当牛腿顶面作用有水平拉力 F_h 时，则顶部受拉钢筋还包括承受水平拉力所需的锚筋在内，锚筋的截面积按 $1.2KF_h/f_y$ 计算。

④承受竖向力所需的受拉钢筋的配筋率（以 bh_0 计）不应小于 0.15%。顶部受拉钢筋的配筋构造要求和锚固要求同上。

⑤水平箍筋应采用 HRB335 级钢筋，直径不小于 8mm，间距不应大于 100mm，其配筋率 $\rho_{sh} = nA_{sh1}/(bs_v)$ 应不小于 0.15%，A_{sh1} 为单肢箍筋的截面积；n 为肢数；s_v 为水平箍筋的间距。

⑥当牛腿的剪跨比 $a/h_0 < 0$ 时，可不进行牛腿的配筋计算，仅按构造要求配置水平箍筋。但当牛腿顶面作用有水平拉力 F_h 时，承受水平拉力所需的锚筋仍按③的规定计算配置。

任务5　柱下独立基础的构造

知识目标

掌握柱下独立基础的构造要求。

能力目标

能识读柱下独立基础图。

基础是建筑物向基岩或地基传递荷载的下部结构。如水电站主厂房机组段刚架柱上的荷载通过底墙或下部块体结构传递至尾水管基础底板，再传递给基岩，机组段之外的其他框架或排架柱上的荷载则必须通过基础传递给下部地基或基岩。柱下基础的类型很多，此处只介绍较常见的柱下钢筋混凝土独立基础。这种基础在水电站厂房中并不多见,但在其他水工建筑物(如水工渡槽的排架基础)和建筑工程中却经常采用。

常用的柱下独立基础有阶梯形基础和锥形基础两种形式,如图 12-17 所示。

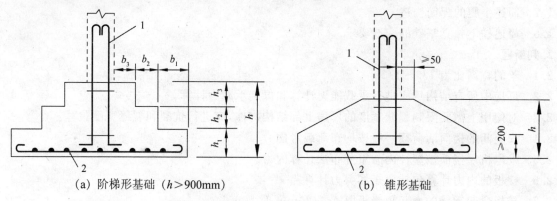

（a）阶梯形基础（$h>900\text{mm}$）　　　　（b）锥形基础

图 12-17　柱下独立基础的构造

柱下独立基础应满足以下构造要求。

(1)基础垫层。钢筋混凝土基础通常在底板下面浇筑一层素混凝土垫层,该垫层可以作为绑扎钢筋的工作面,以保证底板钢筋混凝土的施工质量。垫层混凝土强度等级不宜低于 C10;其厚度不宜小于 70mm;垫层四周各伸出基础底板不小于 50mm。

(2)底板厚度。钢筋混凝土基础底板厚度应经计算确定。阶梯形基础每阶高度为 300～500mm。第一阶的高度 h_1 一般不小于 200mm,也不宜大于 500mm;各阶挑出的宽度在第一阶宜采用 $b_1 \leqslant 1.75h_1$,其余各阶 $b_i \leqslant h_i$,如图 12-17 所示。锥形基础底板的外边缘厚度不宜小于 200mm,基础顶面四边应比柱子宽出 50mm 以上,以便安装柱子模板,如图 12-17 所示。

(3)底板钢筋。底板受力钢筋用 HRB335 级或 HPB235 级钢筋,直径不宜小于 10mm,间距不宜大于 200mm,也不宜小于 100mm。当有垫层时,钢筋保护层厚度不宜小于 40mm,无垫层时,不宜小于 70mm。当基础底面边长大于 2.5m 时,有一半的底板钢筋长度可以减少 10%,并交错排列。

(4)混凝土强度等级。基础混凝土强度等级不应低于 C20。

(5)柱与基础的连接。对现浇钢筋混凝土柱的基础,应预留插筋与柱内纵向钢筋搭接,如图 12-17 所示。基础内预留插筋的根数、直径、位置应与柱内钢筋的相同;插筋伸出基础顶面的长度应能保证与柱内钢筋的搭接长度要求;插筋下端宜弯成 70～10mm 的直钩,以便与底板钢筋网绑扎固定。基础内固定插筋的箍筋数量一般为 2～3 个,其直径和尺寸应与柱内箍筋相同。

习　　题

1. 思考题

1.1　简述柱、主梁、次梁、板的间距与跨度之间的关系。

1.2　简述厂房结构设计的一般规定。

1.3　简述楼面荷载的类型及计算方法。

1.4　简述不等跨单向板的配筋方式。

1.5　简述板上开洞的处理方法。

1.6　简述刚架节点的配筋构造。

1.7　简述牛腿的配筋构造。

1.8　简述柱下独立基础的构造要求。

2. 判断题

2.1　梁的宽高比为 $1/3 \sim 1/2$。　　　　　　　　　　　　　　　　　（　　）

2.2　厂房中所有结构均应进行承载能力计算和抗震承载力计算。　　　（　　）

2.3　对使用上需要限制裂缝宽度的厂房上部结构构件,应进行抗裂和裂缝宽度验算。（　　）

2.4　安装间的楼面活荷载一般按均布荷载考虑。　　　　　　　　　　（　　）

2.5　发电机层楼面按塑性内力重分布法计算内力。　　　　　　　　　（　　）

2.6　楼板的内力计算包括弯矩和剪力计算。　　　　　　　　　　　　（　　）

2.7　楼板弯起钢筋的弯起角当板厚 $h < 120\text{mm}$ 时为 $60°$。　　　（　　）

2.8　振动较大的小型设备的基础应放置在梁上。　　　　　　　　　　（　　）

2.9　当刚架横梁两端设有支托时,应按变截面横梁来进行刚度计算。　（　　）

2.10　牛腿在确定其截面尺寸时总是先确定宽度再确定高度。　　　　（　　）

2.11　牛腿的高度 h 可根据裂缝控制要求来确定。　　　　　　　　　（　　）

2.12　牛腿承受竖向力所需的水平受拉钢筋根数不宜少于 4 根,可下弯兼作弯起钢筋。

　　　　　　　　　　　　　　　　　　　　　　　　　　　　　　　　（　　）

2.13　当牛腿的剪跨比 $a/h_0 < 0$ 时,可不进行牛腿的配筋计算,不需要配置水平箍筋。（　　）

2.14　基础垫层混凝土强度等级不宜低于 C15;其厚度不宜小于 50mm。　（　　）

2.15　基础第一阶的高度 h_1 越高越好。　　　　　　　　　　　　　（　　）

项目 13　水工非杆件结构

项目重点

非杆件结构的配筋图。

教学目标

理解水工建筑物中非杆件结构的基本概念；熟悉非杆件结构的设计原理及其构造要求。

任务 1　非杆件结构的基本概念

知识目标

熟悉水工建筑物中常见的非杆件结构；了解非杆件结构的计算方法。

能力目标

会查规范进行简单的计算。

模块 1　水工建筑物中常见的非杆件结构

1. 非杆件结构的基本概念

一个大型的水利枢纽包括挡水和泄水建筑物、输水和取水建筑物、发电建筑物等。混凝土重力坝、拱坝等挡水坝和水电站厂房是水利枢纽中最主要的建筑物。在这些主要建筑物中，有一部分可以简化为杆件结构进行内力计算，而后按前面已讲述的原理进行承载力计算，但另外还有相当大的一部分是属于需要配筋的非杆件结构，难以简化为梁、板、柱等基本构件，无法利用结构力学方法计算构件控制截面的内力（弯矩 M、轴向力 N、剪力 V 或扭矩 T 等），从而不能按相应截面极限承载力计算公式计算钢筋用量和配置钢筋。这些结构包括以下几种。

1) 体型复杂的结构

体型复杂的结构如水电站厂房的蜗壳及尾水管等。这些结构形状复杂，轮廓尺寸变化大，计算简图很难准确确定，也无法简化为杆件。

2) 尺寸比例超出杆件范围的结构

此类结构形状虽较规整，但尺寸比例已超出一般杆件范畴，例如深梁，其跨高比 $l_0/h < 2.0$ 时，截面正应力呈明显的非线性分布；又如船闸等坞式结构，底板厚度很大，底板应力沿高度也呈明显的非线性分布。此类结构构件不能作为一般受弯构件进行配筋计算。

3) 大体积混凝土结构中外部混凝土范围很大的孔口类结构

此类结构如坝内廊道、泄水孔、引水道等，无法简化为杆系结构。

4) 与围岩联结的地下洞室类结构

此类结构如隧洞、地下厂房、地下岔管等。计算时必须考虑围岩的抗力作用。

2. 非杆件体系结构的特点

（1）部分形体复杂的结构同时还具有大体积混凝土结构的特点，进行内力计算时还必须考虑温度应力的影响。

（2）结构空间整体性强，如简化为平面问题分析将引起较大失真。

（3）部分结构缺乏实际工程的破损实例，难以提出承载能力极限状态的设计标准和计算模型。

由于上述特点，非杆件体系结构只能采用弹性力学分析方法（弹性力学有限元或弹性模型试验等）计算结构各点的应力状态。本书只对其基本的原理和构造要求进行讲解，具体计算读者可以参考《水工混凝土结构设计规范》（SL 191—2008）、（DL/T 5057—2009）。

模块 2　非杆件体系结构的配筋计算方法

目前，非杆件体系结构常用的配筋计算方法有三种。

1. 按实验公式配筋

对于一些常用的、尺寸不大且形状较规整的构件，如深梁、牛腿、弧形支座等，已积累了一定数量的试验资料。在此基础上，通过理论分析并结合工程实际经验，《水工混凝土结构设计规范》（SL 191—2008）分别根据承载能力极限状态和正常使用极限状态设计要求，提出了相应的配筋计算公式。

2. 按弹性应力图形配筋

按弹性应力图形配筋即通常所谓的应力图形法，其思路是：先通过有限元计算或模型试验得出结构的线弹性应力图形，再根据配筋截面拉应力图形面积计算拉应力合力，然后按全部或部分拉力由钢筋承担的原则，计算所需配置的钢筋用量并配置钢筋。

按弹性应力图形配筋时工程设计中常用的传统设计方法，方便易行，可适用于各种形体复杂的结构，但理论依据不够完善。

按弹性应力图形配筋在一般情况下偏于保守，但对开裂前后应力状态有明显改变的结构有时也可能偏于危险。此外，按弹性应力图形配筋也无法得知裂缝开展的具体情况。

3. 按钢筋混凝土有限单元法配筋

20 世纪 70 年代发展起来的钢筋混凝土有限单元法已日趋成熟，在工程设计中得到了广泛应用，现在已有相当数量的工程应用实例，国内外一些主要设计规范对其计算原则也给出了相应的规定。按钢筋混凝土有限单元法配筋，能了解结构从加载到破坏整个过程的工作状态，确定结构的薄弱部位，并可根据计算结果调整结构尺寸和钢筋配置数量，以取得最有利的设计结果。

应用钢筋混凝土有限单元法进行结构计算需要专门的应用程序，计算工作量大，且钢筋混凝土的本构关系、强度准则、单元网格的划分与形态、运算过程中的迭代方式等都会影响计算结果，因而要求设计人员熟悉钢筋混凝土结果基本理论与有限单元方法，并对计算结果具有分析判断能力。所以，目前大面积应用钢筋混凝土有限单元法进行配筋设计尚存在一定的困难。但尽管如此，对于需要严格控制裂缝宽度的非杆件体系结构，仍应采用钢筋混凝土有限单元法进行正常使用极限状态计算；对结构或结构构件开裂前后应力状态有明显改变的非杆件体系结构，承载力所需的钢筋用量在按弹性应力图形中拉应力面积确定后，也还宜采用钢筋混凝土有限单元法进行进一步分析、校核和调整。

对于这类非杆件体系结构，采用钢筋混凝土有限单元法进行计算时需要进行全过程分析，本书仅对设计步骤进行简要说明，具体计算过程，读者可以参考相关规范。

(1)按弹性应力图形初步确定钢筋用量与钢筋配置。

(2)对需要严格控制裂缝宽度的非杆件体系结构,采用钢筋混凝土有限单元法计算使用荷载作用下的裂缝宽度和钢筋应力,若裂缝宽度或钢筋应力大于相应限值,应首先考虑调整钢筋布置方式,必要时再增加钢筋用量,重新进行计算,直至裂缝宽度或钢筋应力满足设计要求。

(3)对开裂前后应力状态有明显改变的非杆件体系结构,采用钢筋混凝土有限单元法按承载能力极限状态要求进行计算分析,若不能满足承载力要求,应调整钢筋用量与配置,再重新进行计算,直至满足承载力要求。

模块 3 水工非杆件结构的裂缝控制

1. 抗裂验算

水工钢筋混凝土结构如果有可靠的防渗措施或不影响正常使用,也可以不进行抗裂验算。坝内埋管、蜗壳、下游坝面管、压力隧洞等非杆件结构,一般都有钢板衬砌,《水工混凝土结构设计规范》(DL/T 5057—2009)中除弧门支座及闸墩颈部给出了抗裂验算公式外,对其他水工非杆件结构的抗裂问题均未作出明确的规定。一些非杆件结构分析计算的结果为应力,当有必要时建议用《水工混凝土结构设计规范》(DL/T 5057—2009)中规定的原则进行抗裂验算,即

$$\alpha_{tk} \leqslant \gamma_m \alpha_{ct} f_{tk} \tag{13-1}$$

式中: α_{tk} ——受拉边缘按标准组合计算的应力;

f_{tk} ——混凝土轴心抗拉强度标准值;

α_{ct} ——拉应力现值系数,取 0.85;

γ_m ——截面塑性抵抗矩系数。

2. 裂缝开展宽度验算

需要进行裂缝开展宽度验算的水工非杆件结构,其最大的裂缝开展宽度的计算值不应超过《水工混凝土结构设计规范》(DL/T 5057—2009)中规定的允许值。非杆件结构当其截面应力图形接近线性分布时,可以换成内力,而后按项目 10 中相应的公式进行裂缝开展宽度的验算,而当其截面应力图形偏离线性分布较大时,可以通过限制钢筋应力间接控制裂缝宽度,即

$$\alpha_{sk} \leqslant \alpha_s f_{yk} \tag{13-2}$$

式中: α_{sk} ——标准组合下受拉钢筋的应力, $\alpha_{sk} = \dfrac{T_k}{A_s}$, T_k 为钢筋承担的总拉力,按《水工混凝土结构设计规范》(DL/T 5057—2009)中附录 D 计算;

f_{yk} ——钢筋强度标准值;

α_s ——考虑环境影响的钢筋应力限制系数, $\alpha_s = 0.5 \sim 0.7$ 。

对于需控制内部裂缝的非杆件结构,其裂缝控制可以参照《水工混凝土结构设计规范》(DL/T 5057—2009)中第 10.3.3 条进行。

任务 2 深受弯构件的承载力计算及配筋构造要求

知识目标

熟悉深受弯构件的承载力计算步骤;熟悉深受弯构件的配筋构造要求。

能力目标

能对简单的深受弯构件进行配筋设计。

模块 1　深受弯构件的含义及工作特性

深受弯构件在工业与民用建筑中有时会遇到,在港口码头中则经常遇到。例如,剪力墙结构的底层大梁、地下室墙壁和墙式基础梁,各类储仓或水池的侧壁,桥梁结构中的横隔梁等都具有深梁的特点。水工结构中许多都是"庞然大物",独立的深梁和短梁虽然并不多见,但从水电站厂房的尾水管结构、一些厚度与其长宽尺寸比相对较大的厚板中,常常可以简化成深受弯构件来计算。

1. 深受弯构件的含义

深受弯构件是指跨高比 $\dfrac{l_0}{h} < 5$ 的受弯构件,包括深梁、短梁和厚板。深梁为跨高比 $\dfrac{l_0}{h} \leqslant 2$(简支)或 $\dfrac{l_0}{h} \leqslant 2.5$(连续)的梁,介于深梁和浅梁($\dfrac{l_0}{h} \geqslant 5$)之间的梁为短梁。深受弯构件虽属非杆件结构,但通过近 40 多年的相关试验研究已建立了一套完整的承载力计算的方法及配筋构造方法。

2. 深受弯构件的工作特性

简支深受弯构件的试验表明:随着荷载的增加,首先在跨中产生垂直裂缝,继而在两侧出现斜裂缝,形成以纵筋为拉杆、斜裂缝上部混凝土为拱腹的拉杆拱受力机构。最后的破坏形态与纵筋的配筋率有关。若纵筋较少而先屈服,则产生弯曲破坏;若纵筋较多而拱腹混凝土先压坏,则产生剪压破坏,还可能产生弯剪破坏。因此,简支深受弯构件的破坏可以归结为以下两种形态。

1)弯曲破坏

弯曲破坏即纵向受拉钢筋屈服,跨中挠度明显增大而破坏。

2)剪切破坏

剪切破坏即拉杆拱受力机构的拱腹混凝土压碎,承力机构突然崩垮而破坏。

连续深受弯构件的工作特性和破坏形态也可以分成弯曲破坏和剪切破坏。纵筋配筋率比较低时,跨中受拉钢筋先屈服,垂直裂缝向上开展,然后中间支座上侧出现垂直裂缝。当该截面的受拉钢筋也屈服时,结构产生较大变形而破坏。当纵筋配筋率较高时,除了在跨中产生垂直裂缝外,还在梁腹产生斜裂缝,形成拉杆拱受力机构,这种机构的破坏也是由拉筋屈服和拱腹压碎而引起的,如图 13-1 所示。

模块 2　深受弯构件的承载力计算

1. 深受弯构件的正截面受弯承载力的计算

《水工混凝土结构设计规范》(DL/T 5057—2009)中提出了如下的正截面受弯承载力的计算公式:

$$M \leqslant \frac{1}{\gamma_d} f_y A_s z \tag{13-3}$$

$$z = \alpha_d (h_0 - 0.5x)$$

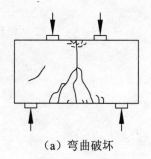

（a）弯曲破坏

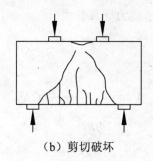

（b）剪切破坏

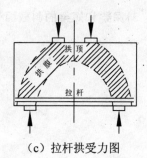

（c）拉杆拱受力图

图 13-1　连续深梁的破坏形态

$$\alpha_d = 0.8 + 0.04 \frac{l_0}{h}$$

式中：γ_d —— 钢筋混凝土结构系数；

　　M —— 弯矩设计值；

　　f_y —— 钢筋抗拉强度设计值；

　　A_s —— 纵向受拉钢筋截面积；

　　z —— 内力臂，当 $\frac{l_0}{h} < 1$ 时，取 $z = 0.6 l_0$；

　　x，h_0 —— 截面受压区高度和截面有效高度。

2. 深受弯构件受剪承载力计算

1）深受弯构件受剪承载力的影响因素

与普通浅梁一样，影响其斜截面受剪承载力的主要因素有混凝土强度等级、纵筋配筋率、剪跨比、腹筋的强度及数量等。对于深受弯构件，当截面尺寸、混凝土强度等级、纵筋配筋率等因素相同时，影响其受剪承载力的因素有跨高比、剪跨比以及腹筋的数量及其强度。试验说明，在集中荷载作用下，剪跨比是影响抗剪承载力的主要因素，而跨高比的因素是可以忽略的。深受弯构件中的腹筋分为水平腹筋和竖向腹筋。同时说明腹筋的作用是明显的，在跨高比较大时，竖向腹筋大多数可以屈服，说明竖向腹筋起主要的作用；而在跨高比较小时（如 $\frac{l_0}{h} \leqslant 3$ 时）大多数水平腹筋可以屈服，说明水平腹筋的作用更大一些。

2）截面尺寸的限制条件

为避免发生斜压破坏，深梁和短梁的截面尺寸应符合下列要求：

当 $\frac{h_w}{b} \leqslant 4$ 时，

$$V \leqslant \frac{1}{60 \gamma_d} \left(\frac{l_0}{h} + 10 \right) f_c b h_0 \tag{13-4}$$

当 $\frac{h_w}{b} \geqslant 6$ 时

$$V \leqslant \frac{1}{60 \gamma_d} \left(\frac{l_0}{h} + 7 \right) f_c b h_0 \tag{13-5}$$

当 $4 < \frac{h_w}{b} < 6$ 时，采用内插法计算。

3)深梁和短梁的斜截面受剪承载力计算公式

$$V \leqslant \frac{1}{\gamma_d}(V_c + V_{sv} + V_{sh}) \tag{13-6}$$

$$V_c = 0.7 \frac{8 - \dfrac{l_0}{h}}{3} f_c b h_0 \tag{13-7}$$

$$V_{sv} = \frac{1}{3}\left(\frac{h_0}{h} - 2\right) f_{yv} \frac{A_{sv}}{s_h} h_0 \tag{13-8}$$

$$V_{sh} = \frac{1}{6}\left(5 - \frac{l_0}{h}\right) f_{yh} \frac{A_{sh}}{s_v} h_0 \tag{13-9}$$

对于集中荷载作用下的矩形截面独立梁,由混凝土承担的受剪承载力 V_c 应按下式计算:

$$V_c = 0.5 f_c b h_0 \tag{13-10}$$

式中:f_{yv},f_{yh}——竖向分布钢筋和水平分布钢筋的抗拉强度设计值,但取值不应大于 360kN/mm^2;

　A_{sv} ——间距为 s_h 的同一排竖向分布钢筋的截面积;

　A_{sh} —— 间距为 s_v 的同一层水平分布钢筋的截面积;

　s_v、s_h——水平和竖向分布钢筋的竖向和水平间距。

4)承受分布荷载的实心厚板的斜截面受剪承载力计算

$$V \leqslant \frac{1}{\gamma_d}(V_c + V_{sb}) \tag{13-11}$$

$$V_{sb} = \alpha_{sb} f_{yb} A_{sb} \sin\alpha_s \tag{13-12}$$

式中:V_c ——混凝土受剪承载力;

　V_{sb} ——弯起钢筋的受剪承载力;当按式(13 -12)计算的 V_{sb} 大于 $0.08 f_t b h_0$ 时,取 $V_{sb} = 0.08 f_t b h_0$;

　f_{yb} ——弯起钢筋的抗拉强度设计值;

　A_{sb} ——同一弯起平面内弯起钢筋的截面积;

　α_s ——弯起钢筋的弯起角,一般可以取为 $60°$;

　α_{sb} ——弯起钢筋的受剪承载力系数(用以考虑跨高比较小时弯起钢筋抗剪作用降低的

　　　影响),$\alpha_{sb} = 0.6 + 0.08 \dfrac{l_0}{h}$,当 $\dfrac{l_0}{h} < 2.5$ 时,取 $\dfrac{l_0}{h} = 2.5$。

3. 深受弯构件的正常使用极限状态验算

1)抗裂验算

(1)使用上不允许出现垂直裂缝的深受弯构件应进行抗裂验算。其验算公式仍为项目 10 中抗裂验算公式,但式中的截面抵抗矩塑性系数 γ_m 应乘以跨高比调整系数 α_γ。

$$\alpha_\gamma = 0.7 + 0.06 \frac{l_0}{h} \tag{13-13}$$

当 $\dfrac{l_0}{h} < 1$ 时,取 $\dfrac{l_0}{h} = 1$。

(2)使用上要求不出现斜裂缝的深梁,应满足下式要求:

$$V_k \leqslant 0.5 f_{tk} b h \tag{13-14}$$

式中:V_k —— 按荷载效应标准组合计算的剪力值。

2）裂缝宽度验算

使用上要求限制裂缝宽度的深受弯构件应验算裂缝宽度，最大垂直裂缝宽度计算公式同项目 10 中裂缝宽度验算公式，但式中构件受力特征系数 α_{cr} 应取为

$$\alpha_{cr} = \frac{(0.76\frac{l_0}{h} + 1.9)}{3} \tag{13-15}$$

当 $\frac{l_0}{h} < 1$ 时，可以不作裂缝宽度验算。

3）挠度验算

深受弯构件可以不进行挠度验算。

模块3　深受弯构件的配筋构造要求

1. 深梁的纵向受拉钢筋

（1）深梁的下部纵向受拉钢筋应均匀布置在下边缘以上 0.2h 的高度范围内，如图 13-2 和图 13-3 所示。

（2）连续深梁的中间支座截面上的上部纵向受拉钢筋应按规范要求的分段范围和比例均匀布置，并可以利用水平分布钢筋作为纵向受拉钢筋。不足部分应加配附加水平钢筋，并均匀配置在该段支座两边离支座中点距离为 $0.4l_0$ 范围内（见图 13-3）。对于 $\frac{l_0}{h} \leqslant 1$ 的连续深梁，在中间支座以上 0.2～0.6h 的高度范围内，总配筋率不应小于 0.5%。

（3）简支或连续深梁的下部纵向受拉钢筋应全部伸入支座，不得在跨中弯起或切断。纵向受拉钢筋应在端部沿水平方向弯折锚固，如图 13-2 所示，且锚固长度不小于 $1.1l_a$。当不能满足上述要求时，应采取在纵向受拉钢筋上加焊横向短筋，或可靠地焊在锚固钢板上，或将纵向受拉钢筋末端搭接焊成环形等锚固措施。

（4）深梁及短梁的纵向受拉钢筋配筋率（$\rho = \frac{A_s}{bh_{db}}$）不应小于《水工混凝土结构设计规范》（DL/T 5057—2009）中关于最小配筋率的规定。

2. 深梁的水平分布钢筋和竖向分布钢筋

（1）深梁应配置不少于两片由水平分布钢筋和竖向分布钢筋组成的钢筋网，如图 13-2 所示，而短梁可以不配置水平分布钢筋。

（2）水平分布钢筋和竖向分布钢筋的直径均不应小于 8mm，间距不应大于 200mm，也不宜小于 100mm。

（3）在分布钢筋的最外排两肢之间应设置拉筋，拉筋沿水平和竖向两个方向的间距均不宜大于 600mm。在支座处高度与宽度各为 0.4h 的范围内，如图 13-2 和图 13-3 中虚线部分，拉筋的水平和竖向间距不宜大于 300mm。

（4）水平分布钢筋宜在端部弯折锚固或在中部错位搭接，其搭接接头面积的百分率应符合相关规范中的规定。

（5）深梁的水平分布钢筋和竖向分布钢筋配筋率不应小于《水工混凝土结构设计规范》（DL/T 5057—2009）中的规定。

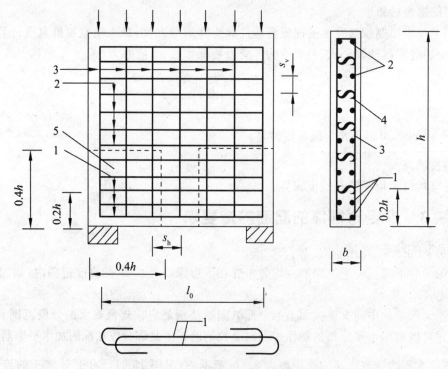

图 13-2　单跨简支深梁钢筋布置图

1—下部纵向受拉钢筋；2—水平分布钢筋；3—竖向分布钢筋

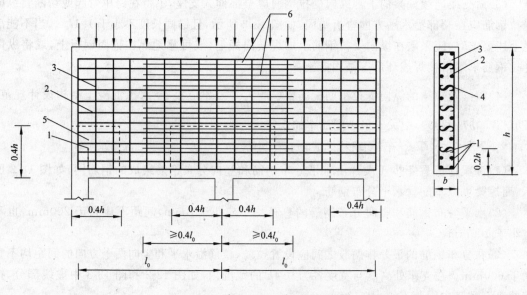

图 13-3　连续深梁钢筋布置图

1—下部纵向受拉钢筋；2—水平分布钢筋；3—竖向分布钢筋；

4—拉筋；5—拉筋加密区；6—支座截面上部的附加水平钢筋

任务 3　水工混凝土坝内廊道及孔口结构的配筋计算及构造要求

知识目标

掌握坝内廊道及孔口结构的荷载作用；熟悉坝内廊道和孔口结构的配筋构造要求。

能力目标

会识读混凝土坝内廊道及孔口结构的配筋图。

模块 1　坝内廊道及孔口结构上的荷载作用

1. 混凝土坝内设置廊道和孔口结构的影响

混凝土重力坝内设置的廊道及孔口，主要是为了提供交通并进行施工期的灌浆、运行期的观测和排水等，还有的作为施工导流、泄洪及输水用，根据其功能的不同，可以分为泄洪孔、导流孔、输水管道、排水管道、灌浆廊道、监测廊道、交通廊道、闸门操作廊道、电梯井、电缆洞、通风孔、水泵房等。其形状主要有圆形、矩形、马蹄形（下方上圆）及椭圆形等。在混凝土坝内设置这些孔口和廊道不可避免地破坏了坝剖面的连续性。其影响有两个方面：一是坝剖面整体的应力分布发生了改变；二是在孔口周围产生了较大的应力集中，从而提出了孔口周边的强度问题。前者的影响对小孔口而言是微小的，一般可以忽略不计，坝剖面的应力仍可以按无孔口的情况作为连续体进行分析。后者的影响则不容忽略。这些问题是：孔口周围的应力如何计算，如何保证孔口周围的强度？

2. 坝内廊道和孔口结构的荷载作用

1）内水压力

对于坝内输水道，内水压力则是最主要的荷载。简化计算时，可以把孔口中心处的水压力作为均匀的压力计算。孔口尺寸较大时，应考虑顶部与底部的压力差。

2）坝体应力

坝体应力是指坝剖面在孔口中心处的应力分量 σ_x、σ_y、τ_{xy}（或 σ_1、σ_2），坝体应力是由作用在混凝土重力坝上的荷载而引起的。这些作用包括永久荷载、可变荷载和偶然荷载。

坝体应力的计算按规定，应考虑基本组合和偶然组合两大类。混凝土坝在上述这些荷载作用下产生的应力一般可以用材料力学中的公式计算，必要时需进行模型试验或用有限单元法进行计算（如对于高坝或地质条件较复杂的坝）。具体的计算方法可以参阅《混凝土重力坝设计规范》（DL 5108—1999）。

3）温度作用

一些孔口产生裂缝常由温度应力引起。温度应力大致有以下三类：

（1）由施工中混凝土的水化热产生的温差引起的应力；

（2）边界温度的季节温差引起的应力；

（3）孔口内的水温变化引起的应力。

第 2、3 类由水温和气温变化产生的温度应力，有时可能还比较大，必要时要进行温度应力计算。

3. 大、小孔口的区别

这里所讲的孔口和廊道的应力,都是指小孔口应力。小孔口是指坝内设置该孔口后并不改变通过孔口的截面上的整体应力分布,而仅在孔口周围产生局部的应力改变。反之,如果有孔时的截面应力分布与无孔时的截面应力分布不仅在孔口周边,而且在其他部位均差别较大,则称为大孔口。

模块 2　坝内廊道及孔口结构的配筋要求

1. 坝内廊道及孔口结构受力破坏形态

孔口和廊道的配筋不同于杆件结构,无压孔主要受坝体荷载的作用,其破坏形态较复杂,缺乏实际工程破坏的例子。只是观察到裂缝的存在,也很难判断这些裂缝对坝体危害的程度。坝内孔口和廊道的破坏,仅有一些模型试验的资料,但模型试验毕竟与实际工程有些差异。模型试验表明其破坏形态都在受拉控制截面先产生裂缝,受拉钢筋应力增大,裂缝逐步向上、下两个方向发展(局部破坏),当荷载很大时,孔口两侧产生斜向或竖向的劈裂破坏(整体破坏)。受拉钢筋有的在整体破坏前即已屈服。

事实上,整体破坏属于混凝土坝的破坏。这种破坏必须通过降低坝内的应力来解决,属于整个坝剖面的设计问题,无法通过配筋来防止这种破坏。孔口结构的破坏应属于局部破坏,孔口和廊道的配筋是为了解决其周边的局部强度问题。通过配筋来增大周边的强度,限制裂缝开展,保持孔口周围混凝土的整体性,不产生大范围的裂缝,以确保混凝土坝的整体安全。

2. 坝内廊道及孔口结构的配筋案例

坝内廊道及孔口结构的配筋计算及构造要求参考《水工混凝土结构设计规》(DL/T 5057—2009),下面给出了矩形孔口和标准廊道的配筋示意图,如图 13-4 所示。

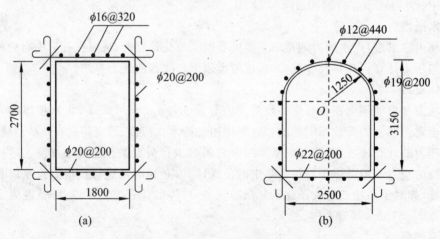

图 13-4　矩形孔口和标准廊道的配筋示意图(单位:mm)

关于坝内孔口和廊道的配筋,还有一些尚待研究解决的问题。相关规范中对于孔口和廊道是否一定要配筋并未作硬性规定。根据一些相关研究和观测的成果来看,坝内的一些小型廊道和孔口,周围的拉应力区范围及拉应力值都很有限,一些工程技术人员及研究人员认为,在这种情况下是可以不配筋的。国内外的工程实践中,也有不配筋的廊道,如我国的富春江大坝的灌浆廊道、新安江大坝的部分检查廊道等都没有配筋。这些廊道,有的有裂缝,有的没有裂缝。裂缝大多是由温度作用引起的。因此,当廊道与上游坝面的距离较大、裂缝不致扩展到上游坝面、结构上又采用了椭圆形或其他避免应力集中的措施、施工时又有严格的温控措施时,则可以少配置或不配置钢筋。

但是,当廊道或孔口处于坝内高应力区时,或裂缝一旦产生就会继续扩展,甚至可能扩展到坝体上游面,造成水渗透入廊道,且危及坝的整体安全时,则必须计算所需的面积,配置钢筋。

任务4　蜗壳、尾水管及闸门支承结构的配筋要求及案例

知识目标

　　理解蜗壳、尾水管、闸门支承结构在水工建筑物中的作用;掌握它们的结构设计原理及构造要求。

能力目标

　　会识读蜗壳、尾水管、闸门支承结构的配筋图。

模块1　蜗壳、尾水管及闸门支承结构的作用

1. 蜗壳在水工建筑物中的作用

蜗壳是水轮机的过流部分。蜗壳有金属蜗壳和混凝土蜗壳。金属蜗壳适用于中高水头电站,断面一般为圆形。根据构造方法不同,有金属蜗壳与外围混凝土分开单独受力的方式和金属蜗壳与外围混凝土联合受力的方式。目前,我国通常采用单独受力的方式,联合受力则用得不多。混凝土蜗壳适用于水头低于 40m 的电站,断面形式一般采用梯形。蜗壳承受的荷载有结构自重、机墩传来的静荷载和动荷载、水轮机层的活荷载和设备重力、内水压力、外水压力和温度应力。

2. 尾水管在水工建筑物中的作用

尾水管是水轮机的出流部分。大中型水电站多采用弯肘形尾水管,由直管段、弯肘段和水平扩散段组成,几何形状十分复杂。作用在尾水管上的荷载有结构自重、上部传来的设备和结构重力、上部厂房排架柱脚或挡水墙传来的荷载、内水压力、外水压力、基础扬压力等。

3. 闸门支承结构在水工建筑物中的作用

水利水电工程中的泄水闸是用来控制水位和调节流量的水工建筑物,特别是在大中型水利水电枢纽工程中,泄水闸更是不可缺少的组成部分。对于整个枢纽的安全运行和综合利用,泄水闸起了巨大的作用。

当闸孔跨径较大时,多采用弧形闸门来控制水位和调节流量。在高水头、大流量的水流作用下,弧形闸门承受了巨大的水推力,这种水推力通过弧形闸门的肢腿传递给支承结构。支承结构是指支承弧形闸门的闸墩及设置在闸墩上的弧形闸门支座。水推力的传递路径为:水压力→弧门面板→弧门肢腿→弧门支座→闸墩→底板或溢流坝。弧门支座和闸墩的可靠性直接关系到整个泄水闸以及整个枢纽的安全运行。

中小型的泄水建筑物,由于水推力不大,支承结构一般可以用钢筋混凝土结构。大型的泄水建筑物,特别是当弧门的总推力标准值达到 25000kN 时,宜采用预应力混凝土结构。

模块 2　蜗壳设计原理、构造要求及图例识读

1. 蜗壳设计原理

蜗壳根据材料分为金属蜗壳和混凝土蜗壳,设计时应分别对待。金属蜗壳与外围混凝土分开单独受力,其金属蜗壳只承受内水压力,机墩和水轮机层传来的荷载由外围混凝土结构承受。外围混凝土结构的内力一般选择几个截面,切取平面"Γ"形框架计算,该方法不考虑外围混凝土结构的环向整体作用,沿径向切取构件,环向取单位长度。框架的简化方式可以分为等截面框架和变截面框架两种。而混凝土蜗壳一般做成梯形截面,由顶板、侧墙、下游压力墙、尾水锥体组成,一般简化为平面框架进行计算,或运用环形板墙法计算,大型蜗壳结构宜采用三维有限元法计算,或进行结构模型试验。

2. 构造要求

1)金属蜗壳

分开单独受力的金属蜗壳外围混凝土结构,由于不承受内水压力,且尺寸较大,受力计算结果往往不需要钢筋或按构造配筋。必须注意,虽在计算中假定其环向不受力,但实际上环向是空间整体受力的,因此,在环向仍需配置一定数量的构造钢筋。图 13-5 所示为一般蜗壳配筋示意图。

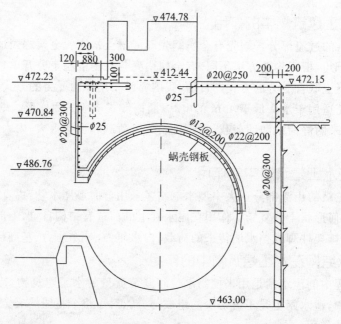

图 13-5　一般蜗壳配筋示意图(高程单位:m;尺寸单位:mm)

2)混凝土蜗壳

(1)顶板。

若按平面 Γ 形框架计算内力时,顶板按偏心受拉构件计算。顶板径向钢筋是受力钢筋,环向按计算假定并无内力,但仍应配置上、下层环向构造钢筋,其数量不少于径向受力钢筋的50%。顶板径向钢筋应呈辐射状布置,一般分上、下两层,下层钢筋宜与固定导叶(座环蝶形边)焊接,上层钢筋靠侧墙一端应加密,并与侧墙钢筋间距保持协调一致。

环向钢筋为了施工方便,宜用环形而避免用螺旋形。为与顶板外围轮廓相适应,环向钢筋

可以用圆弧形钢筋分段电焊搭接。环向钢筋间距为 200～300mm。

（2）侧墙。

按框架计算时,侧墙竖向受力钢筋按偏心受拉构件计算配置,环向按计算假定并无内力,但应配置足够数量的构造钢筋。

侧墙的竖向高度一般不大,故在沿墙身整个高度上可以按最大弯矩截面配置钢筋,在竖向不切断。为考虑计算中的近似性,墙内、外两侧均配置钢筋。进口段侧墙较高,竖直方向钢筋应配得多一些,往后沿水流方向钢筋用量逐渐减少。环向布置的构造钢筋,沿内、外层水平放置。侧墙的竖向钢筋面积应不小于最小配筋率。在内、外层钢筋之间,需配置必要的横向连系钢筋,其间距为 500～1000mm,直径为 $\phi 12 \sim \phi 16$。在截面折角处,另加 45° 斜筋用来承担局部压力。

（3）尾水锥体。

尾水锥体可以简化成等厚圆筒进行内力分析和配筋计算。尾水锥体常常按构造配置钢筋,沿其表面在垂直及水平方向均配置直径为 $\phi 16 \sim \phi 20$、间距为 200～500mm 的钢筋。

（4）按三维有限元法计算时的配筋。

当蜗壳按三维有限元法计算时,可以根据各部位控制截面的应力分布图形,按相应公式进行配筋计算,并应符合上述构造要求。

模块 3　尾水管设计原理、构造要求及图例识读

1. 尾水管设计原理

尾水管的计算简图,通常切取沿水流方向单宽的平面框架计算,如图 13-6 所示。

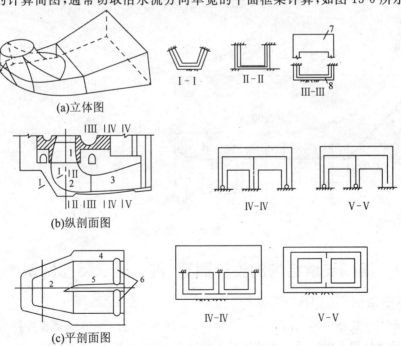

(a)立体图

(b)纵剖面图

(c)平剖面图

图 13-6　弯肘形尾水管体形图及计算简图

1—锥管;2—弯管段;3—扩散段;4—边墩;5—中墩;

6—尾水闸门;7—上部深梁;8—下部框架

　　根据各剖面构件的相对刚度,分别假定按上端固定的倒框架、下端固定或铰接的框架、弹性地基上的框架以及深梁等进行计算。当尾水管按弹性地基上的板或框架计算时,基础反力由计算确定。

2. 构造要求

　　(1)按平面框架分析时,顶板、底板的分布钢筋不应少于受力钢筋的30%,肘管段顺水流方向的钢筋不应少于垂直水流向钢筋的75%,且每延米不少于5根,直径不小于16mm。

　　(2)顶板、底板垂直水流方向的受力钢筋最小配筋率应符合附录表 C-3 中的规定。

　　(3)侧墙水平分布钢筋应不少于竖向受力钢筋的30%,且每延米不少于5根,直径不小于16mm。

　　(4)整体式尾水管的顶板、底板与侧墙交角处的外侧钢筋宜做成封闭式,内侧宜设置加强斜筋。

　　尾水管形状复杂,钢筋图较难表达。在选择钢筋间距时应尽可能做到协调一致,以方便施工,钢筋的直径和种类宜尽量减少。绘制配筋图时宜参考已建工程图纸。

3. 图例识读

　　尾水管一般配筋图如图 13-7 所示。

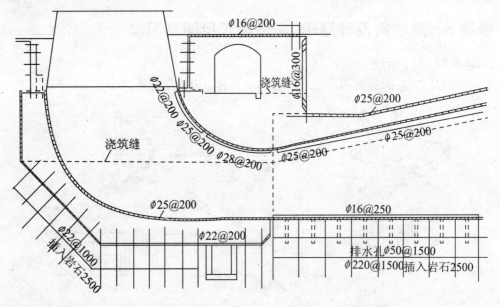

图 13-7　尾水管一般配筋图

模块 4　闸门支承结构的设计原理、构造要求及图例识读

1. 闸门支承结构的设计原理

　　现阶段水工建筑物中的闸门多为弧形闸门,弧门支座是一个短悬臂非杆件结构。一般通过分析弧门推力作用下闸墩及支座的裂缝开展过程得到闸墩及支座的破坏形态,从而进行相关承载能力的计算,具体计算公式参考《水工混凝土结构设计规》(DL/T 5057—2009)。

2.构造要求

1)局部受拉钢筋的布置形式

闸墩局部受拉钢筋宜优先考虑扇形配筋方式,如图 13-8 所示,扇形钢筋与弧门推力方向的夹角不宜大于 $30°$,扇形钢筋应通过支座高度中点截面(截面 2-2)上的 $2b$(b 为支座宽度)有效范围内。

闸墩局部受拉钢筋从弧门支座支承面(截面 1-1)算起的延伸长度,应不小于 $2.5h$(h 为支座高度),局部受拉钢筋宜长短相间地截断。闸墩局部受拉钢筋的另一端应伸过支座高度中点截面(截面 2-2),并且至少有一半钢筋应伸至支座底面(截面 3-3),并采取可靠的锚固措施。

2)弧门支座的构造尺寸

弧门支座的剪跨比 $\dfrac{a}{h_0}$ 宜小于 0.3,其截面尺寸应符合下列要求(见图 13-8):

(1)满足公式 $F_k \leqslant 0.7 f_{tk} bh$ 的要求。

(2)支座的外边缘高度 h_1 不应小于 $\dfrac{h}{3}$。

(3)在弧门支座推力设计值 F 作用下,支座支承面上的局部受压应力不应超过 $0.9 f_c$,否则应采取加大受压面积、提高混凝土强度等级或设置钢筋网等有效措施。

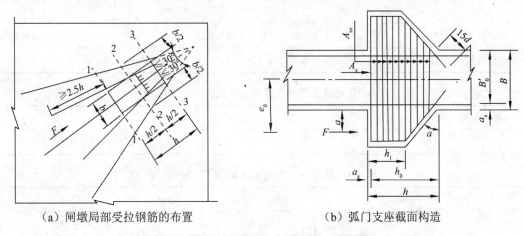

（a）闸墩局部受拉钢筋的布置　　　　　（b）弧门支座截面构造

图 13-8　闸墩局部受拉的计算模型及配筋图

3)支座受力钢筋和箍筋的构造要求

承受弧门支座推力所需的纵向受力钢筋的配筋率不宜小于 0.2%。中墩支座内的纵向受力钢筋宜贯穿中墩厚度,纵筋应沿弧门支座下弯并伸入墩内不小于 $15d$。边墩支座内的纵向受力钢筋应伸过边墩中心线后再延伸一个锚固长度 l_a,另一端伸入墩内的长度不小于 $15d$。

弧门支座应设置箍筋,箍筋直径不应小于 $12mm$,其间距可以为 $150\sim250mm$,且在支座顶部 $\dfrac{2h_0}{3}$ 范围内的水平箍筋总截面积不应小于纵向受力钢筋截面积 A_s 的 $\dfrac{1}{2}$。

对于承受大推力的弧门支座,宜在垂直水平箍筋方向布置适当的垂直箍筋。

附录 A　常用材料强度取值及弹性模量取值

表 A-1　混凝土强度标准值(单位:N/mm²)

强度等级	符号	混凝土强度等级									
		C15	C20	C25	C30	C35	C40	C45	C50	C55	C60
轴心抗压	f_{ck}	10.0	13.4	16.7	20.1	23.4	26.8	29.6	32.4	35.5	38.5
轴心抗拉	f_{tk}	1.27	1.54	1.78	2.01	2.20	2.39	2.51	2.64	2.74	2.85

表 A-2　混凝土强度设计值(单位:N/mm²)

强度等级	符号	混凝土强度等级									
		C15	C20	C25	C30	C35	C40	C45	C50	C55	C60
轴心抗压	f_c	7.2	9.6	11.9	14.3	16.7	19.1	21.1	23.1	25.3	27.5
轴心抗拉	f_t	0.91	1.10	1.27	1.43	1.57	1.71	1.80	1.89	1.96	2.04

表 A-3　混凝土弹性模量 E_c(单位:×10⁴ N/mm²)

混凝土强度等级	C10	C15	C20	C25	C30	C35	C40	C45	C50	C55	C60
E_c	1.75	2.20	2.55	2.80	3.00	3.15	3.25	3.35	3.45	3.55	3.60

表 A-4　普通钢筋强度标准值(单位:N/mm²)

种　类	符　号	d/mm	f_{yk}
热轧钢筋 HPB235	A	8～20	235
热轧钢筋 HPB300	A	8～20	300
热轧钢筋 HRB335	B	6～50	335
热轧钢筋 HRB400	C	6～50	400
热轧钢筋 RPB400	C^R	8～40	400
热轧钢筋 HPB500	D	6～50	500

注:(1)热轧钢筋直径 d 是指公称直径;
(2)当采用直径大于 40mm 的钢筋时,应有可靠的工程经验。

表 A-5　预应力钢筋强度标准值(单位:N/mm²)

种　　类		符号	公称直径 d/mm	f_{ptk}
钢绞线	1×2	Φ_s	5,5,8	1570,1720,1860,1960
			8,10	1470,1570,1720,1860,1960
			12	1470,1570,1720,1860
	1×3		6,2,6,5	1570,1720,1860,1960
			8,6	1470,1570,1720,1860,1960
			8,74	1570,1670,1860
			10,8,12,9	1470,1570,1720,1860,1960
	1×3I		8,74	1570,1670,1860
	1×7		9,5,11,1,12,7	1720,1860,1960
			15,2	1470,1570,1670,1720,1860,1960
			15,7	1770,1860
			17,8	1720,1860
	(1×7)C		12,7	1860
			15,2	1820
			18	1720
消除应力钢丝	光圆螺旋肋	Φ_p Φ_H	4,4,8,5	1470,1570,1670,1770,1860
			6,6,25,7	1470,1570,1670,1770
			8,9	1470,1570
			10,12	1470
	刻痕	Φ_I	≤5	1470,1570,1670,1770,1860
			>5	1470,1570,1670,1770
钢棒	螺旋肋	Φ_{HR}	6,7,8,10,12,14	1080,1230,1420,1570
螺纹钢筋	PSB785	Φ_{PS}	18,25,32,40,50	980
	PSB830			1030
	PSB930			1080
	PSB1080			1230

注:(1)钢绞线直径 d 是指钢绞线外接圆直径,即现行国家标准《预应力混凝土用钢绞线》(GB/T 5224—2003)中的公称直径 D_n,钢丝钢棒和螺纹钢的直径 d 均指公称直径;

(2)1×3I 为三根刻痕钢丝捻制的钢绞线;(1×7)C 为七根钢丝捻制又经模拔的钢绞线;

(3)根据国家标准,同样规格的钢丝(钢绞线、钢棒)有不同的强度级别,因此表中对同一规格的钢丝(钢绞线、钢棒)列出了相应的 f_{ptk} 值,设计中可以自行选定。

表 A-6 普通钢筋强度设计值(单位:N/mm²)

种 类		符 号	f_y	f'_y
热轧钢筋	HPB235(Q235)	A	210	210
	HRB335(20MnSi)	B	300	300
	HRB400(20MnSiV、20MnSiNb、20MnSiTi)	C	360	360
	RRB400(k20MnSi)	D^R	360	360
	HRB500	D	420	400

注:在钢筋混凝土结构中,轴心受拉和小偏心受拉构件的钢筋抗拉强度设计值大于 300N/mm² 时,仍应按 300N/mm² 取用。

表 A-7 预应力钢筋强度设计值(单位:N/mm²)

种 类		符 号	f_{ptk}	f_{py}	f'_{py}
钢绞线	1×2 1×3 1×3I 1×7 (1×7)C	Φ_s	1470	1040	390
			1570	1110	
			1670	1180	
			1720	1220	
			1770	1250	
			1820	1290	
			1860	1320	
			1960	1380	
消除应力钢丝	光圆	Φ_p	1470	1040	410
			1570	1110	
	螺旋肋	Φ_H	1670	1180	
	刻痕	Φ_I	1770	1250	
			1860	1320	
钢棒	螺旋槽	Φ_{HG}	1080	760	400
			1230	870	
	螺旋肋	Φ_{HR}	1420	1005	
			1570	1110	
螺纹钢筋	PSB785	Φ_{PS}	980	650	400
	PSB830		1030	685	
	PSB930		1080	720	
	PSB1080		1230	820	

注:(1)当预应力钢绞线、钢丝、钢棒的强度标准值不符合附录表 A-5 的规定时,其强度设计值应进行换算;
(2)表中消除预应力钢丝的抗拉强度设计值 f_{py} 仅适用于低松弛钢丝。

表 A-8　钢筋弹性模量 E_s（单位：N/mm²）

钢　筋　种　类	E_s
HPB235、HPB300 级钢筋	2.1×10^5
HRB335、HRB400、HRB500 级钢筋	2.0×10^5
消除应力钢丝（光圆钢丝、螺旋肋钢丝、刻痕钢丝）	2.05×10^5
钢绞线	1.95×10^5
钢棒（螺旋槽钢棒、螺旋肋钢棒、带肋钢棒）、螺纹钢筋	2.0×10^5

表 A-9　混凝土结构构件的承载力安全系数 K

水工建筑物级别		1		2、3		4、5	
荷载效应组合		基本组合	偶然组合	基本组合	偶然组合	基本组合	偶然组合
钢筋混凝土、预应力混凝土		1.35	1.15	1.20	1.00	1.15	1.00
素混凝土	按受压承载力计算的受压构件、局部承压构件	1.45	1.25	1.30	1.10	1.25	1.05
	按受拉承载力计算的受压、受弯构件	2.20	1.90	2.00	1.70	1.90	1.60

注：(1)水工建筑物的级别应根据《水利水电工程等级及洪水标准》(SL 252—2000)确定；

(2)对结构在使用、施工、检修期的承载力计算，安全系数 K 应按表中基本组合取值；对地震及校核洪水位的承载力计算，安全系数 K 应按表中偶然组合取值；

(3)当荷载效应组合由永久荷载控制时，表列安全系数 K 应增加 0.05；

(4)当结构的受力情况较为复杂、施工特别困难、荷载不能准确计算、缺乏成熟的设计方法或结构有特殊要求时，安全系数 K 宜适当提高。

附录 B 钢筋的计算截面积及理论质量

表 B-1 钢筋的公称直径、公称截面积及理论质量

公称直径 d/mm	不同根数钢筋的公称截面积/mm²									单根钢筋理论质量/(kg/m)
	1	2	3	4	5	6	7	8	9	
6	28.3	57	85	113	142	170	198	226	255	0.222
6.5	33.2	66	100	133	166	199	232	265	299	0.260
8	50.3	101	151	201	252	302	352	402	453	0.395
10	78.5	157	236	314	393	471	550	628	707	0.617
12	113.1	226	339	452	565	678	791	904	1017	0.888
14	153.9	308	461	615	769	923	1077	1231	1385	1.21
16	201.1	402	603	804	1005	1206	1407	1608	1809	1.58
18	254.5	509	763	1017	1272	1527	1781	2036	2290	2.00
20	314.2	628	942	1256	1570	1884	2199	2513	2827	2.47
22	380.1	760	1140	1520	1900	2281	2661	2041	3421	2.98
25	490.9	982	1473	1964	2454	2945	3436	3927	4418	3.85
28	615.8	1232	1847	2463	3079	3695	4310	4926	5542	4.83
32	804.2	1609	2413	3217	4021	4826	5630	6434	7238	6.31
36	1017.9	2036	3054	4072	5089	6107	7125	8143	9161	7.99
40	1256.6	2513	3770	5027	6283	7540	8796	10053	11310	9.87
50	1964	3928	5892	7856	9820	11784	13748	15712	17676	15.42

表 B-2 各种钢筋间距时每米板宽中的钢筋截面积

钢筋间距/mm	钢筋直径/mm 为下列数值时的钢筋截面积/mm²															
	6	6/8	8	8/10	10	10/12	12	12/14	14	14/16	16	16/18	18	20	22	25
70	404	561	718	320	1122	1369	1616	1907	2199	2536	2872	3254	3635	4488	5430	7012
75	377	524	670	859	1047	1278	1508	1780	2053	2367	2681	3037	3393	4189	5068	6545
80	353	491	628	805	982	1198	1414	1669	1924	2219	2513	2847	3181	3927	4752	6136
85	333	462	591	758	924	1127	1331	1571	1811	2088	2365	2680	2994	3696	4472	5775
90	314	436	559	716	873	1065	1257	1484	1710	1972	2234	2531	2827	3491	4224	5454
95	298	413	529	678	827	1009	1190	1405	1620	1868	2116	2398	2679	3307	4001	5167

续表

钢筋间距/mm	钢筋直径/mm 为下列数值时的钢筋截面积/mm²															
	6	6/8	8	8/10	10	10/12	12	12/14	14	14/16	16	16/18	18	20	22	25
100	283	393	503	644	785	958	1131	1335	1539	1775	2011	2278	2545	3142	3801	4909
110	257	357	457	585	714	871	1028	1214	1399	1614	1828	2071	2313	2856	3456	4462
120	236	327	419	537	654	798	942	1113	1283	1479	1676	1898	2121	2618	3168	4091
125	226	314	402	515	628	767	905	1068	1232	1420	1608	1822	2036	2513	3041	3297
130	217	302	387	495	604	737	870	1027	1184	1365	1547	1752	1957	2417	2924	3776
140	202	280	359	460	561	684	808	954	1100	1268	1436	1627	1818	2244	2715	3506
150	188	262	335	429	524	639	754	890	1026	1183	1340	1518	1696	2094	2534	3272
160	177	245	314	403	491	599	707	834	962	1109	1257	1424	1590	1963	2376	3068
170	166	231	296	379	462	564	665	785	906	1044	1183	1340	1497	1848	2236	2887
180	157	218	279	358	436	532	628	742	855	986	1117	1265	1414	1745	2112	2727
190	149	207	265	339	413	504	595	703	810	934	1058	1199	1339	1653	2001	2584
200	141	196	251	322	393	479	565	668	770	887	1005	1139	1272	1571	1901	2454
220	129	178	228	293	357	436	514	607	700	807	914	1035	1157	1428	1728	2231
240	118	164	209	268	327	399	471	556	641	740	838	949	1060	1309	1584	2045
250	113	157	201	258	314	383	452	534	616	710	804	911	1018	1257	1521	1963
260	109	151	193	248	302	369	435	514	592	683	773	876	979	1208	1462	1888
280	101	140	180	230	280	342	404	477	550	634	718	813	909	1122	1358	1753
300	94	131	168	215	262	319	377	445	513	592	670	759	848	1047	1267	1636
320	88	123	157	201	245	299	353	418	481	555	628	712	795	982	1188	1534
330	86	119	152	195	238	290	343	405	466	538	609	690	771	952	1152	1487

表 B-3　预应力混凝土用螺纹钢筋的公称直径、公称截面积及理论质量

公称直径/mm	公称截面积/mm²	理论质量/(kg/m)	公称直径/mm	公称截面积/mm²	理论质量/(kg/m)
18	254.5	2.11	40	1256.6	10.34
25	490.9	4.10	50	1963.5	16.28
32	804.2	6.65			

表 B-4 预应力混凝土用钢绞线公称直径、公称截面积及理论质量

种类	公称直径/mm	公称截面积/mm²	理论质量/(kg/m)	种类	公称直径/mm	公称截面积/mm²	理论质量/(kg/m)
1×2	5.0	9.8	0.077	1×3I	8.74	38.6	0.303
	5.8	13.2	0.104	1×7	9.5	54.8	0.430
	8.0	25.1	0.197		11.1	74.2	0.582
	10.0	39.3	0.309		12.7	98.7	0.775
	12	56.5	0.444		15.2	140	1.101
1×3	6.2	19.8	0.155		15.7	150	1.178
	6.5	21.2	0.166		17.8	191	1.500
	8.6	37.7	0.296	(1×7)C	12.7	112	0.890
	8.74	38.6	0.303		15.2	165	1.295
	10.8	58.9	0.462		18	223	1.750
	12.9	84.8	0.666				

表 B-5 预应力混凝土用钢丝公称直径、公称截面积及理论质量

公称直径/mm	公称截面积/mm²	理论质量/(kg/m)	公称直径/mm	公称截面积/mm²	理论质量/(kg/m)
4.0	12.57	0.099	7.0	38.48	0.302
4.8	18.1	0.142	8.0	50.26	0.394
5.0	19.63	0.154	9.0	63.62	0.499
6.0	28.27	0.222	10.0	78.54	0.616
6.25	30.68	0.241	12.0	113.10	0.888

表 B-6 预应力混凝土用钢棒公称直径、公称截面积及理论质量

公称直径/mm	不同根数钢筋的公称截面积/mm²									单根钢棒理论质量/(kg/m)
	1	2	3	4	5	6	7	8	9	
6	28.3	57	85	112	142	170	198	226	255	0.222
7	38.5	77	116	154	193	231	270	308	347	0.302
7.1	40.0	80	120	160	200	240	280	320	360	0.314
8	50.3	101	151	201	252	302	352	402	453	0.394
9	64	128	192	256	320	384	448	512	576	0.502
10	78.5	157	236	314	393	471	550	628	707	0.616
10.7	90.0	180	270	360	450	540	630	720	810	0.707
11	95.0	190	285	380	475	570	665	760	855	0.746

公称直径 /mm	不同根数钢筋的公称截面积/mm²									单根钢棒理论质量 /(kg/m)
	1	2	3	4	5	6	7	8	9	
12	113	226	339	452	565	678	791	904	1017	0.888
12.6	125	250	375	500	625	750	875	1000	1125	0.981
13	133.0	266	399	532	665	798	931	1064	1197	1.044
14	153.9	308	461	615	769	923	1077	1231	1385	1.209
16	201.1	402	603	804	1005	1206	1407	1608	1809	1.578

附录 C 一般构造规定

表 C-1 纵向受力钢筋的混凝土保护层最小厚度(单位:mm)

项 次	构件类别	环境类别				
		一	二	三	四	五
1	板、墙	20	25	30	40	50
2	梁、柱、墩	30	35	45	55	60
3	截面厚度不小于 2.5m 的底板及墩墙	—	40	50	60	65

注:(1)直接与地基土接触的结构底层钢筋或无检修条件的,保护层厚度应适当增大;

(2)有抗冲耐磨要求的结构面层钢筋,保护层厚度应适当增大;

(3)混凝土强度等级不低于 C30 且浇筑质量有保证的预制构件或薄板,保护层厚度可按表中数值减小 5mm;

(4)钢筋表面涂料或结构外表面敷设永久涂料或面层时,保护层厚度可以适当减小;

(5)严寒和寒冷地区受冰冻的部位,保护层厚度还应符合现行《水工建筑物抗冻设计规范》(SL 211—2006)的规定。

表 C-2 普通受拉钢筋的最小锚固长度 l_a

项 次	钢筋类型	混凝土强度等级				
		C15	C20	C25	C30、C35	≥C40
1	HPB235 钢筋	40d	35d	30d	25d	20d
2	HRB335 钢筋	—	40d	35d	30d	25d
3	HRB400 钢筋、RRB400 钢筋	—	50d	40d	35d	30d

注:(1)表中 d 为钢筋直径;

(2)表中光圆钢筋的锚固长度 l_a 值不包括弯钩长度。

表 C-3 钢筋混凝土构件纵向受力钢筋的最小配筋率 ρ_{min}

项 次	分 类	钢筋等级		
		HPB235	HRB335	HRB400、RRB400
1	受弯构件、偏心受拉构件的受拉钢筋			
	梁	0.25	0.20	0.20
	板	0.20	0.15	0.15
2	轴心受压柱的全部纵向钢筋	0.60	0.60	0.55

续表

项　次	分　类	钢　筋　等　级		
		HPB235	HRB335	HRB400、RRB400
3	偏心受压构件的受拉或受压钢筋			
	柱、肋拱	0.25	0.20	0.20
	墩墙	0.20	0.15	0.15

注：(1)项次 1、3 中的配筋率是指钢筋截面积与构件肋宽乘以有效高度的混凝土截面积的比值，即 $\rho = \dfrac{A_s}{bh_0}$ 或 $\rho' = \dfrac{A'_s}{bh_0}$；项次 2 中的配筋率是指全部纵向钢筋截面积与柱截面积的比值；

(2)温度、收缩等因素对结构产生的影响较大时，手拉钢筋的最小配筋率宜适当增大；

(3)当结构有抗震设防要求时，钢筋混凝土框架结构构件的最小配筋率应按相关规范确定。

附录 D　正常使用验算的有关限值

表 D-1　环境条件类别

环 境 类 别	环 境 条 件
一	室内正常条件
二	露天环境；室内潮湿环境；长期处于地下或水下环境
三	淡水水位变动区；有轻度化学侵蚀性地下水的地下环境；海水水下区
四	海上大气区；海水水位变动区；轻度盐雾作用区；中度化学侵蚀性环境
五	海水浪溅区及重度盐雾作用区；使用除冰盐的环境；严重化学侵蚀性环境

注：(1)海上大气区与浪溅区的分界线为设计最高水位加 1.5m；浪溅区与水位变动区的分界线为设计最高水位减 1.0m；水位变动区与水下区的分界线为设计最低水位减 1.0m；重度盐雾作用区为离涨潮岸线 50m 内的陆上室外环境；轻度盐雾作用区为离涨潮岸线 50～500m 的陆上室外环境；

(2)冻融比较严重的二类、三类环境条件下的建筑物，可将其环境类别提高到三类、四类。

表 D-2　钢筋混凝土结构构件的最大裂缝宽度限值(单位：mm)

环 境 类 别	钢筋混凝土结构	预应力混凝土结构	
	ω_{lim}	裂缝控制等级	ω_{lim}
一	0.40	三	0.20
二	0.30	二	—
三	0.25	一	—
四	0.20	一	—
五	0.15	一	—

注：(1)表中的规定适用于采用热轧钢筋的钢筋混凝土结构和预应力钢丝、钢绞线、螺纹钢筋及钢棒的预应力混凝土结构；当采用其他类别的钢筋时，其裂缝控制要求可按专门标准确定；

(2)结构构件的混凝土保护层厚度大于 50mm 时，表列数值可以增加 0.05；

(3)当结构构件不具备检修维护条件时，表列最大裂缝宽度限值宜适当减小；

(4)当结构构件承受水压且水力梯度 $i>20$ 时，表列数值宜减小 0.05；

(5)当结构构件表面设有专门的防渗面层等防护措施时，最大裂缝宽度限值可以适当加大；

(6)对严寒地区，当年冻融循环次数大于 100 时，表列最大裂缝宽度限值宜适当减小。

表 D-3 受弯构件的挠度限值

项 次	构 建 类 型	挠度限值(以计算跨度 l_0 计算)
1	吊车梁: 手动吊车 电动吊车	$l_0/500$ $l_0/600$
2	渡槽槽身和架空管道: 当 $l_0 \leqslant 10\mathrm{m}$ 时 当 $l_0 > 10\mathrm{m}$ 时	$l_0/400$ $l_0/500(l_0/600)$
3	工作桥及启闭机大梁	$l_0/400(l_0/500)$
4	屋盖、楼盖: 当 $l_0 < 6\mathrm{m}$ 时 当 $6\mathrm{m} \leqslant l_0 \leqslant 12\mathrm{m}$ 时 当 $l_0 > 12\mathrm{m}$ 时	$l_0/200(l_0/250)$ $l_0/300(l_0/350)$ $l_0/400(l_0/450)$

注:(1)表中 l_0 为构件的计算跨度;

(2)表中括号内的数值适用于使用上对挠度有较高要求的构件,悬臂喉间的挠度限值可按照表中的相应数值取用;

(3)如果构件制作时预先起拱,则在验算最大挠度时,将计算所得的挠度减去起拱值;预应力混凝土构件尚可减去预加应力所产生的反拱值;

(4)悬臂构件的挠度限值按表中相应数值乘以 2 取用。

表 D-4 截面抵抗矩的塑性系数 γ_m 值

项次	截 面 特 征		γ_m	图例
1	矩形截面		1.55	
2	翼缘位于受压区的 T 形截面		1.50	
3	对称 I 形或 箱形截面	$b_f/b \leqslant 2, h_f/h$ 为任意值	1.45	
		$b_f/b > 2, h_f/h \geqslant 0.2$	1.40	
		$b_f/b > 2, h_f/h < 0.2$	1.35	

续表

项　次	截　面　特　征		γ_m	图　例
4	翼缘位于受拉区的倒 T 形截面	$b_f/b\leqslant2$，h_f/h 为任意值	1.50	
		$b_f/b>2$，$h_f/h\geqslant0.2$	1.55	
		$b_f/b>2$，$h_f/h<0.2$	1.40	
5	圆形和环形截面		$1.6-\dfrac{0.24d_1}{d}$	
6	U 形截面		1.35	

注：(1)对 $b'_f>b_f$ 的 I 形截面，可以按项次 2 与项次 3 之间的数值采用；对 $b'_f<b_f$ 的 I 形截面，可以按项次 3 与项次 4 之间的数值采用。

(2)根据 h 值的不同，表内数值尚应乘以修正系数 $(0.7+300/h)$，其值应不大于 1.1。式中 h 以 mm 计，当 $h>3000$mm 时，取 $h=3000$mm。对圆形和环形截面，h 即外径 d。

(3)对于箱形截面，表中 b 值系指各肋宽度的总和。

附录 E 等跨等截面连续梁在常用荷载作用下的内力系数表

梁内力按如下公式计算：

(1)在均布荷载及三角形荷载作用下：$M = \alpha_1 g l_0^2 + \alpha_2 q l_0^2$，$V = \beta_1 g l_n + \beta_2 q l_n$

(2)在集中荷载作用下：　　　　　　$M = \alpha_1 G l_0 + \alpha_2 Q l_0$，$V = \beta_1 G + \beta_2 Q$

内力正负号规定如下：

M——使截面下部受拉，上部受压为正；

V——对邻近所产生的力矩沿顺时针方向者为正。

表 E-1　两跨梁内力系数表

荷 载 图	跨内最大弯矩		支座弯矩	剪　力		
	M_1	M_2	M_B	V_B	V_{Bl} V_{Br}	V_C
	0.070	0.070	−0.125	0.375	−0.625 0.625	−0.375
	0.096	—	−0.063	0.437	−0.563 0.063	0.063
	0.156	0.156	−0.188	0.312	−0.688 0.688	−0.312
	0.203	−0.047	−0.094	0.406	−0.594 0.094	0.094
	0.222	0.222	−0.333	0.667	−1.334 1.334	−0.667
	0.278	−0.056	−0.167	0.833	−1.167 0.167	0.167
	0.266	0.266	−0.469	1.042	−1.958 1.958	−1.042
	0.383	−0.117	−0.234	1.266	−1.734 0.234	0.234

表 E-2 三跨梁内力系数表

荷 载 图	跨内最大弯矩		支座弯矩		剪 力			
	M_1	M_2	M_B	M_C	V_A	V_{Bl} V_{Br}	V_{Cl} V_{Cr}	V_D
	0.080	0.025	−0.100	−0.100	0.400	−0.600 0.500	−0.500 0.600	−0.400
	0.101	−0.050	−0.050	−0.050	0.450	−0.550 0	0 0.550	−0.450
	−0.025	0.075	−0.050	−0.050	−0.050	−0.050 0.500	−0.500 0.050	0.050
	0.073	0.054	−0.117	−0.033	0.383	−0.617 0.583	−0.417 0.033	0.033
	0.094	—	−0.067	0.017	0.433	−0.567 0.083	0.083 −0.017	−0.017
	0.175	0.100	−0.150	−0.150	0.350	−0.650 0.500	−0.500 0.650	−0.350
	0.213	−0.075	−0.075	−0.075	0.425	−0.575 0	0 0.575	−0.425
	−0.038	−0.175	−0.075	−0.075	−0.075	−0.075 0.500	−0.500 0.075	0.075
	0.162	0.137	−0.175	−0.050	0.325	−0.675 0.625	−0.375 0.050	0.050

续表

荷 载 图	跨内最大弯矩		支座弯矩		剪 力			
	M_1	M_2	M_B	M_C	V_A	V_{Bl} / V_{Br}	V_{Cl} / V_{Cr}	V_D
	0.200	—	−0.100	0.025	0.400	−0.600 / 0.125	0.125 / −0.025	−0.025
	0.244	0.067	−0.267	−0.267	0.733	−1.267 / 1.000	−1.000 / 1.267	−0.733
	−0.044	0.200	−0.133	−0.133	−0.133	−0.133 / 1.000	−1.000 / 10.133	0.133
	0.229	0.170	−0.311	−0.089	0.689	−1.311 / 1.222	−0.778 / 0.089	0.089
	0.274	—	−0.178	0.044	0.822	−1.178 / 0.222	0.222 / −0.044	−0.044
	0.313	0.125	−0.375	−0.375	1.125	−1.875 / 1.500	−1.500 / 1.875	−1.125
	0.406	−0.188	−0.188	−0.188	1.313	−1.688 / 0.000	0.000 / 1.688	−1.313
	−0.094	0.313	−0.188	−0.188	−0.188	−0.188 / 1.500	−1.500 / 0.188	0.188
	—	—	−0.437	−0.125	1.063	−1.938 / 1.812	−1.188 / 0.125	0.125
	—	—	−0.250	0.062	1.250	−1.750 / 0.312	0.312 / −0.062	−0.062

表 E-3　四跨梁内力系数表

荷载图	跨内最大弯矩				支座弯矩			剪　力				
	M_1	M_2	M_3	M_4	M_B	M_C	M_D	V_A	V_{Br} / V_{Br}	V_{Bl} / V_{Cr}	V_{Dl} / V_D	V_E
(g 满布)	0.077	0.036	0.036	0.077	-0.107	-0.071	-0.107	0.393	-0.067 / 0.536	-0.464 / 0.464	-0.536 / 0.607	-0.393
	0.100	—	0.081	-0.023	-0.054	-0.036	-0.054	0.446	-0.554 / 0.018	0.018 / 0.482	-0.518 / 0.054	0.054
	0.072	0.061	—	0.098	-0.121	-0.018	-0.058	0.380	-0.620 / 0.603	-0.397 / -0.040	-0.040 / 0.558	-0.442
	—	0.056	0.056	—	-0.036	-0.107	-0.036	-0.036	-0.036 / 0.429	-0.571 / 0.571	-0.429 / 0.036	0.036
	0.094	—	—	—	-0.067	0.018	-0.004	0.433	-0.567 / 0.085	0.085 / -0.022	-0.022 / 0.004	0.004
	—	0.074	—	—	-0.049	-0.054	0.013	-0.049	-0.049 / 0.496	-0.504 / 0.067	0.067 / -0.013	-0.013
	0.169	0.116	0.116	0.169	-0.161	-0.107	-0.161	0.339	-0.661 / 0.554	-0.446 / 0.446	-0.554 / 0.661	-0.339
	0.210	-0.067	0.183	-0.040	-0.080	-0.054	-0.080	0.420	-0.580 / 0.027	0.027 / 0.473	-0.527 / 0.080	0.080

续表

荷载图	跨内最大弯矩				支座弯矩			剪 力				
	M_1	M_2	M_3	M_4	M_B	M_C	M_D	V_A	V_{Br},V_{Bl}	V_{Bl},V_{Cr}	V_{Dl},V_D	V_E
	0.159	0.146	—	0.206	−0.181	−0.027	−0.087	0.319	−0.681 / 0.654	−0.346 / −0.060	−0.060 / 0.587	−0.413
	—	0.142	0.142	—	−0.054	−0.161	−0.054	−0.054	−0.054 / 0.393	−0.607 / 0.607	−0.393 / 0.054	0.054
	0.200	—	—	—	−0.100	0.027	−0.007	0.400	−0.600 / 0.127	0.127 / −0.033	−0.033 / 0.007	0.007
	—	0.173	—	—	−0.074	−0.080	0.020	−0.074	−0.074 / 0.493	−0.507 / 0.100	0.100 / −0.020	−0.020
	0.238	0.111	0.111	0.238	−0.286	−0.191	−0.286	0.714	−1.286 / 1.095	−0.905 / 0.905	−1.095 / 1.286	−0.714
	0.286	−0.111	−0.222	−0.048	−0.143	−0.095	−0.143	0.857	−1.143 / 0.048	0.048 / 0.952	−1.048 / 0.143	0.143
	0.226	0.194	0.111	0.282	−0.321	−0.048	−0.155	0.679	−1.321 / 1.274	−0.726 / −0.107	−0.107 / 1.155	−0.845
	—	0.175	0.175	—	−0.095	−0.286	−0.095	−0.095	−0.095 / 0.810	−1.190 / 1.190	−0.810 / 0.095	0.095
	0.274	—	—	—	−0.178	0.048	−0.012	0.821	−1.178 / 0.226	0.226 / −0.060	−0.060 / 0.012	0.012

续表

荷载图	跨内最大弯矩				支座弯矩			剪　力				
	M_1	M_2	M_3	M_4	M_B	M_C	M_D	V_A	V_{Br}, V_{Br}'	V_{Bl}, V_{Cr}	V_{Dl}, V_D	V_E
	—	0.198	—	—	−0.131	−0.143	0.036	−0.131	−0.131 / 0.988	−1.012 / 0.178	0.178 / −0.036	−0.036
	0.299	0.165	0.165	0.299	−0.402	−0.268	−0.402	1.098	−1.902 / 1.634	−1.336 / 1.336	−1.634 / 1.902	−1.098
	0.400	−0.167	0.333	−0.101	−0.201	−0.134	−0.201	1.299	−1.701 / 0.067	0.067 / 1.433	−1.567 / 0.201	−0.201
	—	—	—	—	−0.452	−0.067	−0.218	1.048	−1.952 / 1.885	−1.115 / −0.151	−0.151 / 1.718	1.282
	—	—	—	—	−0.134	−0.402	−0.134	−0.134	−0.134 / 1.232	1.232 / −1.768	−1.232 / 0.134	0.134
	—	—	—	—	−0.251	0.067	−0.017	1.249	−1.751 / 0.318	0.318 / 0.318	−0.084 / 0.017	0.017
	—	—	—	—	−0.184	−0.201	0.050	−0.184	−0.184 / 1.483	−1.517 / 0.251	0.251 / −0.050	−0.050

表 E-4　五跨梁内力系数表

荷载图	跨内最大弯矩 M_1	跨内最大弯矩 M_2	跨内最大弯矩 M_3	支座弯矩 M_B	支座弯矩 M_C	支座弯矩 M_D	支座弯矩 M_E	剪力 V_A	剪力 V_{Bl}	剪力 V_{Br}	剪力 V_{Cl}	剪力 V_{Cr}	剪力 V_{Dl}	剪力 V_D	剪力 V_{El}	剪力 V_{Er}	剪力 V_F
g 满布 $M_1 M_2 M_3 M_4 M_5$	0.0781	0.0331	0.0462	-0.105	-0.079	-0.079	-0.105	0.395	-0.606	0.526	-0.474	0.500	-0.500	0.474	-0.526	0.606	-0.395
q 隔跨	0.100	-0.0461	0.0855	-0.053	-0.040	-0.040	0.053	0.447	-0.553	0.013	0.013	0.500	-0.500	-0.013	-0.013	0.553	-0.447
q 隔跨	-0.0263	0.0787	-0.0395	-0.053	-0.040	-0.040	-0.053	-0.053	-0.053	0.513	-0.487	0	0	0.487	-0.513	0.053	0.053
q	0.073	0.059	—	-0.119	-0.022	-0.044	0.051	0.380	-0.620	0.598	-0.402	-0.023	-0.023	0.493	-0.507	0.052	0.052
q	—	0.055	0.064	-0.035	-0.011	-0.020	-0.057	-0.035	-0.035	0.424	-0.576	0.591	-0.409	-0.037	-0.037	0.557	-0.433
q	0.094	—	—	-0.067	-0.018	-0.005	0.001	0.433	-0.567	0.085	0.085	-0.023	-0.023	0.006	0.006	-0.001	-0.001
q	—	0.074	—	-0.049	-0.054	-0.014	-0.004	-0.049	-0.049	0.495	-0.505	0.068	0.068	-0.018	-0.018	0.004	0.004

续表

荷载图	跨内最大弯矩			支座弯矩				剪 力					
	M_1	M_2	M_3	M_B	M_C	M_D	M_E	V_A	V_{Bl} V_{Br}	V_{Cl} V_{Cr}	V_{Dl} V_D	V_{El} V_{Er}	V_F
	—	—	0.072	0.013	−0.053	−0.053	0.013	0.013	0.013 −0.066	−0.066 0.500	−0.500 0.066	0.066 −0.013	−0.013
	0.171	0.112	0.132	−0.158	−0.118	−0.118	−0.158	0.342	−0.658 0.540	−0.460 0.500	−0.500 0.460	−0.540 0.658	−0.342
	0.211	−0.069	0.191	−0.079	−0.059	−0.059	−0.079	0.421	−0.579 0.020	0.020 0.500	−0.500 −0.020	−0.020 0.579	−0.421
	−0.039	0.181	−0.059	−0.079	−0.059	−0.059	−0.079	−0.079	−0.079 0.520	−0.480 0	0 0.480	−0.520 0.079	0.079
	0.160	0.144	0.151	−0.179	−0.032	−0.066	−0.077	0.321	−0.679 0.647	−0.353 −0.034	−0.034 0.489	−0.511 0.077	0.077
	—	0.140	0.151	−0.052	−0.167	−0.031	−0.086	−0.052	−0.052 0.385	−0.615 0.637	−0.363 −0.056	−0.056 0.586	−0.414
	0.200	—	—	−0.100	0.027	−0.007	0.002	0.400	−0.600 0.127	0.127 −0.034	−0.034 0.009	0.009 −0.002	−0.002
	—	0.173	—	−0.073	−0.081	0.022	−0.005	−0.073	−0.073 0.493	−0.507 0.102	0.102 −0.027	−0.027 0.005	0.005

续表

荷载图	跨内最大弯矩 M₁	M₂	M₃	支座弯矩 M_B	M_C	M_D	M_E	剪力 V_A	V_Bl V_Br	V_Cl V_Cr	V_Dl V_D	V_El V_Er	V_F
	—	—	0.171	0.020	−0.079	−0.079	0.020	0.020	0.020 / −0.099	−0.099 / 0.500	−0.500 / 0.099	0.099 / −0.020	−0.020
	0.240	0.100	0.122	−0.281	−0.211	−0.211	−0.281	0.719	−1.281 / 1.070	−0.930 / 1.000	−0.100 / 0.930	−1.070 / 1.281	−0.719
	0.287	−0.117	0.228	−0.140	−0.105	−0.105	−0.140	0.860	−1.140 / 0.035	0.035 / 1.000	−1.000 / −0.035	−0.035 / 1.140	−0.860
	−0.047	0.216	−0.105	−0.140	−0.105	−0.105	−0.140	−0.140	−0.140 / 1.035	−0.965 / 0	0.000 / 0.965	−1.035 / 0.140	0.140
	0.227	0.189	—	−0.319	−0.057	−0.118	−0.137	0.681	−1.319 / 1.262	−0.738 / −0.061	−0.061 / 0.981	−1.019 / 0.137	0.137
	—	0.172	0.198	−0.093	−0.297	−0.054	−0.153	−0.093	−0.093 / 0.766	−1.204 / 1.243	−0.757 / −0.099	−0.099 / 1.153	−0.847
	0.274	—	—	−0.179	0.048	−0.013	0.003	0.821	−1.179 / 0.227	0.227 / −0.061	−0.061 / 0.016	0.016 / −0.003	−0.003
	—	0.198	—	−0.131	−0.144	0.038	−0.010	−0.131	−0.131 / 0.987	−1.013 / 0.182	0.182 / −0.048	−0.048 / 0.010	0.010
	—	—	0.193	0.035	−0.140	−0.140	0.035	0.035	0.035 / −0.175	−0.175 / 1.000	−1.000 / 0.175	0.175 / −0.035	−0.035

续表

荷载图	跨内最大弯矩			支座弯矩				剪　力					
	M_1	M_2	M_3	M_B	M_C	M_D	M_E	V_A	V_{Bl} / V_{Br}	V_{Cl} / V_{Cr}	V_{Dl} / V_D	V_{El} / V_{Er}	V_F
	0.302	0.155	0.204	−0.395	−0.296	−0.296	−0.395	1.105	−1.895 / 1.599	1.401 / 1.500	−1.500 / 1.401	−1.599 / 1.895	−1.105
	0.401	−0.173	0.352	−0.198	−0.148	−0.148	−0.198	1.302	−1.697 / 0.050	0.050 / 1.500	−1.500 / −0.050	−0.050 / 1.697	−1.302
	−0.099	0.327	−0.148	−0.198	−0.148	−0.148	−0.198	−0.197	−0.197 / 1.550	−1.450 / 0.000	0.000 / 1.450	−1.550 / 0.197	0.197
	—	—	—	−0.449	−0.081	−0.166	−0.193	1.051	−1.949 / 1.867	−1.133 / −0.085	−0.085 / 1.473	−0.139 / 1.715	0.193
	—	—	—	−0.130	−0.417	−0.076	−0.215	−0.130	−0.130 / 1.213	−1.787 / 1.841	−1.159 / −0.139	−1.527 / 0.193	−1.285
	—	—	—	−0.251	0.067	−0.018	0.004	1.249	−1.751 / 0.318	0.318 / −0.085	−0.085 / 0.022	0.022 / −0.004	−0.004
	—	—	—	−0.184	−0.202	0.054	−0.013	−0.184	−0.184 / 1.482	−1.518 / 0.256	0.256 / 0.067	−0.067 / −0.013	0.013
	—	—	—	−0.049	−0.197	−0.197	0.049	0.049	0.049 / −0.247	1.500 / −1.500	−1.500 / 0.247	0.247 / −0.049	−0.049

注: (1)分子及分母分别为 M_1 和 M_5 的弯矩系数;

(2)分子及分母分别为 M_2 和 M_4 的弯矩系数。

附录 F　双向板的内力和挠度系数表

1. 内力计算公式

$$M = 表中系数 \times ql$$

式中：l 取 l_x 和 l_y 之间的较小值。

表中内力系数为泊松比 $v=0$ 时求得的系数，当 $v\neq0$ 时，表中系数需要按下式换算：

$$m_x^v = m_x + vm_y$$

$$m_y^v = m_y + vm_x$$

对于混凝土可以取 $v=0.17$。

表中系数：

m_x，$m_{x\max}$ ——分别为平行于 l_x 方向板中心点单位板宽内的弯矩和板跨内最大弯矩；

m_y，$m_{y\max}$ ——分别为平行于 l_y 方向板中心点单位板宽内的弯矩和板跨内最大弯矩；

m_{ox}，m_{oy} ——分别为平行于 l_x 和 l_y 方向自由边的中点单位板宽内的弯矩；

m'_x ——固定边中点沿 l_x 方向单位板宽内的弯矩；

m'_y ——固定边中点沿 l_y 方向单位板宽内的弯矩；

m'_{xz} ——平行于 l_x 方向自由边上固定端单位板宽内的支座弯矩。

2. 挠度计算公式

$$f（或\ f_{\max}）= 表中系数 \times \frac{ql^4}{B_c}$$

$$B_c = \frac{Eh^3}{12(1-v^2)}（刚度）$$

式中：l —— l_x 和 l_y 之间的较小值；

E ——弹性模量；

h ——板厚；

v ——泊松比；

f，$f_{\max}$ ——分别为板中心点的挠度和最大挠度。

3. 正负号规定

弯矩——使板的受荷面积受压者为正；

挠度——变位方向与荷载方向相同者为正。

4. 边界约束符号规定

________代表自由边；- - - - - - - -代表简支边；┴┴┴┴┴┴┴┴代表固定板。

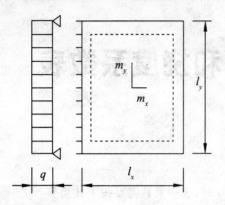

表 F-1　四边简支板

l_x / l_y	f	m_x	m_y	l_x / l_y	f	m_x	m_y
0.5	0.01013	0.0965	0.0174	0.80	0.00603	0.0561	0.0334
0.55	0.00940	0.0892	0.0210	0.85	0.00547	0.0506	0.0348
0.60	0.00867	0.0820	0.0242	0.90	0.00496	0.0456	0.0358
0.65	0.00793	0.0750	0.0271	0.95	0.00449	0.0410	0.0364
0.70	0.00727	0.0683	0.0296	1.00	0.00406	0.0368	0.0368
0.75	0.00663	0.0620	0.0317				

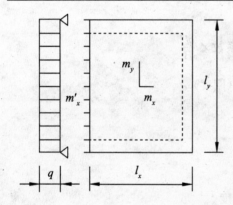

表 F-2　三边简支一边固定板

l_x / l_y	l_y / l_x	f	f_{max}	m_x	m_{xmax}	m_y	m_{ymax}	m'_x
0.50		0.00488	0.00504	0.0583	0.0646	0.0060	0.0063	-0.1212
0.55		0.00471	0.00492	0.0563	0.0618	0.0081	0.0087	-0.1187
0.60		0.00453	0.00472	0.0539	0.0589	0.0104	0.0111	-0.1153
0.65		0.00432	0.00448	0.0513	0.0559	0.0126	0.0133	-0.1124
0.70		0.00410	0.00422	0.0485	0.0529	0.0148	0.0154	-0.1087
0.75		0.00388	0.00399	0.0457	0.0496	0.0168	0.0174	-0.1048

续表

l_x / l_y	l_y / l_x	f	f_{max}	m_x	m_{xmax}	m_y	m_{ymax}	m'_x
0.80		0.00365	0.00376	0.0428	0.0463	0.0187	0.0193	−0.1007
0.85		0.00343	0.00352	0.0400	0.0431	0.0204	0.0211	−0.0965
0.90		0.00321	0.00329	0.0372	0.0400	0.0219	0.0226	−0.0922
0.95		0.00299	0.00306	0.0345	0.0369	0.0232	0.0239	−0.0880
1.00	1.00	0.00279	0.00285	0.0319	0.0340	0.0243	0.0249	−0.0839
	0.95	0.00316	0.0032	0.0324	0.0345	0.0280	0.0287	−0.0882
	0.90	0.00360	0.00368	0.0329	0.0347	0.0322	0.0330	−0.0926
	0.85	0.00409	0.00417	0.0329	0.0347	0.0370	0.0378	−0.0970
	0.80	0.00464	0.00473	0.0326	0.0343	0.0424	0.0433	−0.1014
	0.75	0.00526	0.00536	0.0319	0.0335	0.0485	0.0494	−0.1056
	0.70	0.00595	0.00605	0.0308	0.0323	0.0553	0.0562	−0.1096
	0.65	0.00670	0.00680	0.0291	0.0306	0.0627	0.0637	−0.1166
	0.60	0.00752	0.00762	0.0268	0.0289	0.0707	0.0717	−0.1166
	0.55	0.00835	0.00848	0.0239	0.0271	0.0792	0.0801	−0.1193
	0.50	0.00927	0.00935	0.0205	0.0249	0.0880	0.0888	−0.1215

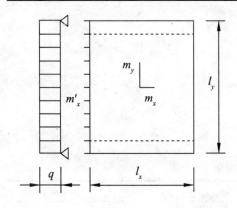

表 F-3 两边简支、两对边固定板

l_x / l_y	l_y / l_x	f	m_x	m_y	m'_x
0.50		0.00261	0.0416	0.0017	−0.0843
0.55		0.00259	0.0410	0.0028	−0.0843
0.60		0.00255	0.0402	0.0042	−0.0834
0.65		0.00250	0.0392	0.0057	−0.0826
0.70		0.00243	0.0379	0.0072	−0.0814
0.75		0.00236	0.0366	0.0088	−0.0799
0.80		0.00228	0.0651	0.0103	−0.0782

l_x / l_y	l_y / l_x	f	m_x	m_y	m'_x
0.85		0.00220	0.0335	0.0118	−0.0763
0.90		0.00211	0.0319	0.0133	−0.0743
0.95		0.00201	0.0302	0.0146	−0.0721
1.00	1.00	0.00192	0.0285	0.0158	−0.0698
	0.95	0.00223	0.0296	0.0189	−0.0746
	0.90	0.00260	0.0306	0.224	−0.0797
	0.85	0.00303	0.0314	0.0266	−0.0850
	0.80	0.00354	0.0319	0.0316	−0.0904
	0.75	0.00413	0.0321	0.0374	−0.0959
	0.70	0.00482	0.0318	0.0441	−0.1013
	0.65	0.00560	0.0308	0.0518	−0.1066
	0.60	0.00647	0.0292	0.0604	−0.1114
	0.55	0.00743	0.0267	0.0698	−0.1156
	0.50	0.00844	0.0234	0.0798	−0.1191

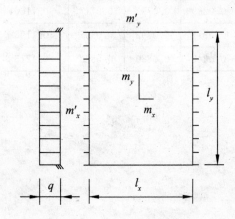

表 F-4　四边固定板

l_x / l_y	l_y / l_x	f	m_y	m'_x	m'_y
0.50	0.00253	0.0400	0.0038	−0.0829	−0.0570
0.55	0.00246	0.0385	0.0056	−0.0814	−0.0571
0.60	0.00236	0.0367	0.0076	−0.0793	−0.0571
0.65	0.00224	0.0345	0.0095	−0.0766	−0.0571
0.70	0.00244	0.0321	0.0113	−0.0735	−0.0569
0.75	0.00197	0.0296	0.0130	−0.0701	−0.0565
0.80	0.00182	0.0271	0.0144	−0.0664	−0.0559
0.85	0.00168	0.0246	0.0156	−0.0626	−0.0551
0.90	0.00153	0.0221	0.0165	−0.0588	−0.0541

l_x / l_y	l_y / l_x	f	m_y	m'_x	m'_y
0.95	0.00140	0.0198	0.0172	−0.0550	−0.0528
1.00	0.00127	0.0176	0.0176	−0.0513	−0.0513

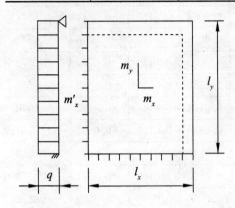

表 F-5　两邻边简支、两邻边固定

l_x / l_y	l_y / l_x	f	m_x	$m_{x\max}$	m_y	$m_{y\max}$	m'_x	m'_y
0.50	0.00468	0.00471	0.0559	0.0562	0.0079	0,0135	−0.1179	−0.0786
0.55	0.00445	0.00454	0.0529	0.0530	0.0104	0.0153	−0.1140	−0.0782
0.60	0.00419	0.00429	0.0496	0.0498	0.0129	0.0169	−0.1095	−0.0782
0.65	0.00391	0.00399	0.0461	0.0465	0.0151	0.0183	−0.1045	−0.0777
0.70	0.00363	0.00368	0.0426	0.0432	0.0172	0.0195	−0.0992	−0.0770
0.75	0.00335	0.00340	0.0391	0.0396	0.0189	0.0206	−0.0938	−0.0760
0.80	0.00308	0.00313	0.0356	0.0361	0.0204	0.0218	−0.0883	−0.0748
0.85	0.00281	0.00286	0.0322	0.0328	0.0215	0.0229	−0.0829	−0.0783
0.90	0.00256	0.00261	0.0291	0.0297	0.0224	0.0238	−0.0776	−0.0716
0.95	0.00232	0.00237	0.0261	0.0267	0.0230	0.0244	−0.0726	−0.0698
1.00	0.00210	0.00215	0.0234	0.0240	0.0234	0.0249	−0.0677	−0.0677

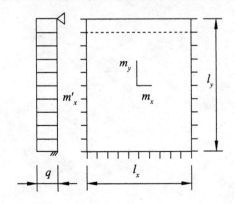

表 F-6 一边简支、三边固定板

l_x / l_y	l_y / l_x	f	f_{max}	m_x	$m_{x max}$	m_y	$m_{y max}$	m'_x	m'_y
0.50		0.00257	0.00258	0.0408	0.0409	0.0028	0.0089	−0.0836	−0.0569
0.55		0.00252	0.00255	0.0398	0.0399	0.0042	0.0093	−0.0827	−0.0570
0.60		0.00245	0.00249	0.0384	0.0386	0.0059	0.0105	−0.0814	−0.0571
0.65		0.00237	0.00240	0.0368	0.0371	0.0076	0.0116	−0.0796	−0.0572
0.70		0.00227	0.00229	0.0350	0.0354	0.0093	0.0127	−0.0774	−0.0572
0.75		0.00216	0.00219	0.0331	0.0335	0.0109	0.0137	−0.0750	−0.0572
0.80		0.00205	0.00208	0.0310	0.0314	0.0124	0.0147	−0.0722	−0.0570
0.85		0.00193	0.00196	0.0289	0.0293	0.0138	0.0155	−0.0693	−0.0567
0.90		0.00181	0.00184	0.0268	0.0273	0.0159	0.0163	−0.0663	−0.0563
0.95		0.00169	0.00172	0.0247	0.0252	0.0160	0.0172	−0.0631	−0.0558
1.00	1.00	0.00157	0.00160	0.0227	0.0231	0.0168	0.0180	−0.0600	−0.0550
	0.95	0.00178	0.00182	0.0229	0.0234	0.0194	0.0207	−0.0629	−0.0599
	0.90	0.00201	0.00206	0.0228	0.0234	0.0223	0.0288	−0.0656	−0.0653
	0.85	0.00227	0.00233	0.0225	0.0231	0.0255	0.0273	−0.0683	−0.0711
	0.80	0.00256	0.00262	0.0219	0.0224	0.0290	0.0311	−0.0707	−0.0772
	0.75	0.00288	0.00294	0.0208	0.0214	0.0329	0.0354	−0.0729	−0.0837
	0.70	0.00319	0.00327	0.0194	0.0200	0.0370	0.0400	−0.0748	−0.0903
	0.65	0.00352	0.00365	0.0175	0.0182	0.0412	0.0446	−0.0762	−0.0970
	0.60	0.00386	0.00403	0.0153	0.0160	0.0454	0.0493	−0.0778	−0.1033
	0.55	0.00419	0.00437	0.0127	0.0133	0.0496	0.0541	−0.0780	−0.1093
	0.50	0.00449	0.00463	0.0099	0.1103	0.0534	0.0588	−0.0784	−0.1146

参考文献

[1] 钮新强,汪基伟,章定国.新编水工混凝土结构设计手册[M].北京:中国水利水电出版社,2010.
[2] 彭明.建筑结构[M].北京:中国水利水电出版社,2010.
[3] 卢亦炎.水工混凝土结构[M].武汉:武汉大学出版社,2011.
[4] 熊丹安.建筑结构[M].广州:华南理工大学出版社,2011.
[5] 袁锦根.工程结构[M].上海:同济大学出版社,2009.